环境暴露与人群健康丛书

挥发性环境污染暴露与健康效应

安太成 李桂英 等 编著

科学出版社

北京

内 容 简 介

当前我国大气环境健康问题突出，大气污染问题更是威胁着生态环境和公共健康。其中 VOCs 的污染是对大气环境非常重要和常见的贡献者之一。本书结合我国大气挥发性污染防治工作的需求，系统总结了我国大气挥发性污染物的环境暴露与健康效应领域的创新性研究成果。全书共分 7 章：第 1 章主要介绍我国挥发性有机物污染问题的演变、源解析技术的发展历程及暴露与人体健康效应等问题；第 2 章介绍挥发性有机物的环境地球化学行为与来源解析；第 3 章介绍挥发性有机物的大气化学过程与机制研究；第 4 章介绍挥发性有机物在矿物界面的迁移转化机理；第 5 章介绍挥发性有机物的暴露与机制；第 6 章介绍挥发性有机物的健康效应；第 7 章介绍挥发性有机物的扩散传输及其风险评估。

本书的内容既具有中国特色又具有世界眼光，期望在服务国家目标、科学研究创新、保障民众健康等三个方面达成预期目标。本书的内容同时也可以为相关研究领域的政府管理与决策者提供一定的参考。

图书在版编目（CIP）数据

挥发性环境污染暴露与健康效应 / 安太成，李桂英等编著. —北京：科学出版社，2023.5

（环境暴露与人群健康丛书）

ISBN 978-7-03-075368-7

Ⅰ. ①挥… Ⅱ. ①安… ②李… Ⅲ. ①挥发性有机物-污染防治-研究 Ⅳ. ①X513

中国国家版本馆 CIP 数据核字（2023）第 064641 号

责任编辑：杨 震 刘 冉 / 责任校对：杜子昂
责任印制：吴兆东 / 封面设计：北京图阅盛世

科 学 出 版 社 出版

北京东黄城根北街 16 号
邮政编码：100717
http://www.sciencep.com

北京中科印刷有限公司 印刷
科学出版社发行 各地新华书店经销

*

2023 年 5 月第 一 版 开本：720 × 1000 1/16
2023 年 5 月第一次印刷 印张：15 1/2
字数：310 000

定价：120.00 元

（如有印装质量问题，我社负责调换）

丛书编委会

顾　　问：魏复盛　陶　澍　赵进才　吴丰昌

总 主 编：于云江

编　　委：（以姓氏汉语拼音为序）

安太成　陈景文　董光辉　段小丽　郭　杰

郭　庶　李　辉　李桂英　李雪花　麦碧娴

向明灯　于云江　于志强　曾晓雯　张效伟

郑　晶

丛书秘书：李宗睿

《挥发性环境污染暴露与健康效应》

编著者名单

安太成　李桂英　林钦浩　姬越蒙　张维娜

陈江耀　余应新　张　婷

丛 书 序

近几十年来，越来越多的证据表明环境暴露与人类多种不良健康结局之间存在关联。2021 年《细胞》杂志发表的研究文章指出，环境污染可通过氧化应激和炎症、基因组改变和突变、表观遗传改变、线粒体功能障碍、内分泌紊乱、细胞间通信改变、微生物组群落改变和神经系统功能受损等多种途径影响人体健康。《柳叶刀》污染与健康委员会发表的研究报告显示，2019 年全球约有 900 万人的过早死亡归因于污染，相当于全球死亡人数的 1/6。根据世界银行和世界卫生组织有关统计数据，全球 70%的疾病与环境污染因素有关，如心血管疾病、呼吸系统疾病、免疫系统疾病以及癌症等均已被证明与环境暴露密切相关。我国与环境污染相关的疾病近年来呈现上升态势。据全球疾病负担风险因素协作组统计，我国居民疾病负担 20%由环境污染因素造成，高于全球平均水平。环境污染所导致的健康危害已经成为影响全球人类发展的重大问题。

欧美发达国家自 20 世纪 60 年代就成立了专门机构开展环境健康研究。2004 年，欧洲委员会通过《欧洲环境与健康行动计划》，旨在加强成员国在环境健康领域的研究合作，推动环境风险因素与疾病的因果关系研究。美国国家研究理事会（NRC）于 2007 年发布《21 世纪毒性测试：远景与策略》，通过科学导向，开展系统的毒性通路研究，揭示毒性作用模式。美国国家环境健康科学研究所（NIEHS）发布的《发展科学，改善健康：环境健康研究计划》重点关注暴露、暴露组学、表观遗传改变以及靶点与通路等问题；2007 年我国卫生部、环保部等 18 个部委联合制订了《国家环境与健康行动计划》。2012 年，环保部和卫生部联合开展"全国重点地区环境与健康专项调查"项目，针对环境污染、人群暴露特征、健康效应以及环境污染健康风险进行了摸底调查。2016 年，党中央、国务院印发了《"健康中国 2030"规划纲要》，我国的环境健康工作日益受到重视。

环境健康研究的目标是揭示环境因素影响人体健康的潜在规律，进而通过改善生态环境保障公众健康。研究领域主要包括环境暴露、污染物毒性、健康效应以及风险评估与管控等。在环境暴露评估方面，随着质谱等大型先进分析仪器的有效利用，对环境污染物的高通量筛查分析能力大幅提升，实现了多污染物环境暴露的综合分析，特别是近年来暴露组学技术的快速发展，对体内外暴露水平进行动态监测，揭示混合暴露的全生命周期健康效应。针对环境污染低剂量长期暴露开展暴露评估模型和精细化暴露评估也成为该领域的新的研究方向；在环境污染物毒理学方面，高通量、低成本、预测能力强的替代毒理学快速发展，采用低等动物、体外试验和非生物手段的毒性试验替代方法成为毒性测试的重要方面，解析污染物毒性作用通路，确定生物暴露标志物正成为该领域研究热点，通过这些研究可以大幅提高污染物毒性的筛查和识别能力；在环境健康效应方面，近年来基因组学、转录组学、代谢组学和表观遗传学等的快速发展为探索易感效应生物标志物提供了技术支撑，有助于理解污染物暴露导致健康效应的分子机制，探寻环境暴露与健康、疾病终点之间的生物学关联；在环境健康风险防控方面，针对不同暴露场景开展环境介质-暴露-人群的深入调查，实现暴露人群健康风险的精细化评估是近年来健康风险评估的重要研究方向；同时针对重点流域、重点区域、重点行业、重点污染物开展环境健康风险监测，采用风险分区分级等措施有效管控环境风险也成为风险管理技术的重要方面。

环境健康问题高度复杂，是多学科交叉的前沿研究领域。本丛书针对当前环境健康领域的热点问题，围绕方法学、重点污染物、主要暴露类型等进行了系统的梳理和总结。方法学方面，介绍了现代环境流行病学与环境健康暴露评价技术等传统方法的最新研究进展与实际应用，梳理了计算毒理学和毒理基因组学等新方法的理论及其在化学品毒性预测评估和化学物质暴露的潜在有害健康结局等方面的内容，针对有毒有害污染物，系统研究了毒性参数的遴选、收集、评价和整编的技术方法；重点污染物方面，介绍了大气颗粒物、挥发性有机污染物以及阻燃剂和增塑剂等新污染物的暴露评估技术方法和主要健康效应；针对典型暴露场景，介绍了我国电子垃圾拆解活动污染物的排放特征、暴露途径、健康危害和健康风险管控措施，系统总结了污染场地土壤和地下水的环境健康风险防控技术方面的创新性成果。

近年来环境健康相关学科快速发展，重要研究成果不断涌现，亟须开展从环境暴露、毒理、健康效应到风险防控的全链条系统梳理，这正是本丛书编撰出版的初衷。"环境暴露与人群健康丛书"以科技部、国家自然科学基金委员会、生态环境部、卫生健康委员会、教育部、中国科学院等重点支持项目研究为基础，汇集了来自我国科研院所和高校环境健康相关学科专家学者的集体智慧，系统总结了环境暴露与人群健康的新理论、新技术、新方法和应用实践。其成果非常丰富，可喜可贺。我们深切感谢丛书作者们的辛勤付出。冀望本丛书能使读者系统了解和认识环境健康研究的基本原理和最新前沿动态，为广大科研人员、研究生和环境管理人员提供借鉴与参考。

2022 年 10 月

前　言

环境污染问题日益严峻，而大气污染问题更是威胁着生态环境安全和公共健康。其中挥发性有机物（VOCs）是大气环境中最重要和常见的污染物之一，也是挥发性环境污染的最重要贡献者，因此本书主要是以 VOCs 为主要污染物来阐明挥发性环境污染的问题。VOCs 来源包括自然源排放和人为活动过程的排放，特别是工业生产过程中会产生一系列的 VOCs。尽管这些工厂可能在建厂初期均位于城市的偏远地区，但由于城市化进程的加快，大多工厂目前都位于城市群居民区的附近，对附近居民的正常生活造成一定的干扰。因此，工业生产过程中所产生以及排放的 VOCs 也是当前区域防控的重点防治对象。释放到大气中的 VOCs 能够与·OH 自由基、NO_3·自由基、·Cl 自由基和 O_3 等大气活性氧物种进行氧化反应，其氧化产物进一步通过新粒子形成、缩聚/平衡分配、颗粒相反应以及非均相界面反应等一系列复杂化学反应过程形成二次有机气溶胶（SOA）。SOA 占到细颗粒物质量浓度的 10%~70%，显著影响气溶胶的成核能力、光学性质以及健康效应等。释放到大气中的 VOCs 除了发生大气光化学反应外，由于它们的物理和化学性质，以及它们在大气中的平均寿命（从几分钟到几个月不等），能够从排放源传播到很远的距离。广泛存在的 VOCs 使得人们不可避免地通过空气吸入、皮肤吸收和膳食摄入等途径接触到 VOCs。但由于其主要以气态形式分布在大气环境中，因此它们主要通过呼吸暴露途径威胁人体健康，约占所有三种暴露途径的 50%~70%。呼吸道疾病是世界范围内死亡率和发病率极高的重要疾病，在炎症性气道疾病患者中，死亡前几天暴露于环境污染物的环境中可导致哮喘相关死亡率增加 7%~11%。空气污染也可以造成高达 40%的慢性阻塞性肺疾病（COPD）死亡，30%的下呼吸道感染。因此，本书结合我国大气挥发性污染防治工作的需求，系统总结了我国大气挥发性污染物的环境暴露与环境健康效应领域的创新性研究成果。

本书共分 7 章：第 1 章主要介绍我国挥发性有机物污染问题的演变、源解析技术的发展历程及环境暴露与人体健康效应等问题；第 2 章介绍典型挥发性有机物的环境地球化学行为与来源解析方面的进展；第 3 章介绍典型挥发性有机物的迁移转化机制方面的理论研究进展；第 4 章介绍挥发性有机物在矿物界面的迁移转化机理方面的内容；第 5 章介绍挥发性有机物的暴露与机制方面的进展；第 6 章介绍挥发性有机物的健康效应方面的内容；第 7 章介绍挥发性有机物的扩散传输及其健康风险评估方面的内容。

　　本书由研究团队共同撰写，结合国内外相关领域的研究动态和我们自己取得的部分研究进展，进行了体系总结、全面梳理和整体分析。本书由安太成、李桂英等撰写和统稿，安太成修改和定稿。各章的编写人员为：第 1 章，安太成、李桂英；第 2 章，林钦浩、安太成；第 3 章，姬越蒙、张维娜、安太成；第 4 章，陈江耀、安太成；第 5 章，林钦浩、余应新、安太成；第 6 章，李桂英、安太成；第 7 章，张婷、李桂英、安太成。另外，任贺龙、仇智霖、雷锦婷、卢美娟、王美美、康伟、石秋菊、纪永鹏、赵宝聪、高蕾、郭镇浩、麦建铧等参与了资料整理工作。同时感谢在编写过程中负责进度推进的丛书秘书李宗睿老师等，也特别感谢科学出版社杨震编辑和刘冉编辑在整个出版过程中专业的指导和一丝不苟的编校工作。

　　本书是在国家重点研发计划专项项目"重点行业场地土壤污染物的人体暴露组学与生物标志物"（2019YFC1804500）、国家自然科学基金委员会重点项目"电子垃圾拆解排放典型大气毒害有机污染物的环境地球化学转化过程及其人体代谢产物研究"（41731279）、珠江人才计划本土创新科研团队项目"区域大气污染控制与健康防护创新团队"（2017BT01Z032）和广东省自然科学基金团队项目"珠三角地区挥发性有机物排放特征、污染机制及其控制机理研究"（S2012030006604）等基金项目的持续不断资助下完成的多年的集成成果。

　　本书可供高等院校环境科学、环境地球化学、暴露科学、环境毒理学、大气科学等专业的高年级本科生、研究生以及相关领域的科研人员和管理人员阅读参考。

　　本书所总结的成果是作者研究团队前期研究工作的初步体会结合国内外相关领域的研究动态，由于环境污染健康问题的复杂性和每个人研究领域及其自身知识水平的局限性，书中如存在疏漏之处或认知偏颇问题，敬请专家和读者批评指正。

编著者

2023 年 3 月

于广东工业大学环境健康与污染控制研究院

目　录

丛书序

前言

第1章　绪论 ·· 1

1.1　挥发性有机物的定义 ·· 1

1.2　挥发性有机物的污染状况 ··· 1

1.3　挥发性有机物的来源 ·· 4

1.3.1　室内 VOCs 的来源 ·· 4

1.3.2　室外 VOCs 的来源 ·· 6

1.4　挥发性有机物的暴露与健康效应 ··· 11

参考文献 ·· 12

第2章　挥发性有机物的环境地球化学行为与来源解析 ······················· 17

2.1　挥发性有机物样品采集和分析方法 ··· 18

2.2　挥发性有机物来源解析方法 ·· 19

2.3　典型工业区挥发性有机物时空分布特征及来源解析 ······················ 20

2.3.1　典型工业区挥发性有机物组成特征 ·· 20

2.3.2　典型工业区挥发性有机物时空分布特征 ··································· 22

2.3.3　典型工业区挥发性有机物溯源分析 ·· 25

2.4　典型挥发性有机物垂直分布特征 ·· 27

2.4.1　基于高层建筑研究挥发性有机物垂直分布特征 ·························· 28

2.4.2　基于气象塔研究挥发性有机物垂直分布特征 ····························· 29

2.4.2　基于无人机搭载平台研究挥发性有机物垂直分布特征 ·················· 30

2.4.3　基于系留气球搭载平台研究挥发性有机物垂直分布特征 ··············· 31

2.4.4　基于飞机搭载平台研究挥发性有机物垂直分布特征 ···················· 32

2.4.5　基于卫星遥感技术研究挥发性有机物柱浓度特征 ······················ 33

2.5　本章小结 ··· 34

参考文献 ·· 34

第3章　挥发性有机物的大气化学过程与机制研究 ····························· 38

3.1　VOCs 的大气氧化过程 ··· 39

3.1.1 VOCs 的大气均相氧化过程 ·· 39

3.1.2 VOCs 的非均相氧化反应 ·· 60

3.2 VOCs 的气液界面化学过程机制 ·· 66

3.2.1 醛类化合物的气液界面化学过程 ································· 67

3.2.2 有机酸的气液界面化学过程 ····································· 71

3.2.3 有机胺的气液界面化学过程 ····································· 74

3.3 VOCs 的液相成核机制 ··· 78

3.3.1 碳正离子介导的液相成核机制 ··································· 79

3.3.2 液相光氧化反应成核机制 ·· 82

3.3.3 有机胺的液相成核机制 ··· 85

3.4 本章小结 ··· 87

参考文献 ··· 88

第 4 章　挥发性有机物在矿物界面的反应过程与降解机理 ················· 99

4.1 矿物界面吸附酯类 VOCs 加速其光降解速率原理 ······················· 99

4.2 芳香烃类 VOCs 在表面结构调控的矿物界面光降解过程强化机制 ····· 103

4.2.1 芳香烃类 VOCs 在晶面暴露调控的矿物界面光降解过程强化

机制 ··· 103

4.2.2 芳香烃类 VOCs 在化学键联调控的矿物界面光降解过程强化

机制 ··· 109

4.2.3 芳香烃类 VOCs 在活性晶格氧调控的矿物界面光降解过程强化

机制 ··· 116

4.3 VOCs 在自由基调控矿物界面的光降解路径和微观机制 ··············· 119

4.3.1 丙烯醇在高浓度羟基自由基矿物界面优先形成双羧基产物路径和

机理 ··· 119

4.3.2 芳香烃类 VOCs 在羟基自由基调控矿物界面的定向成环路径和

机理 ··· 124

4.3.3 脂肪烃类 VOCs 在羟基和超氧自由基调控矿物界面的定向环氧化

路径和机理 ··· 127

4.4 矿物材料净化工业 VOCs 的机制与风险消减评价 ····················· 129

4.4.1 矿物材料净化工业 VOCs 的效率和机制 ······················ 129

4.4.2 矿物材料净化工业 VOCs 的风险消减评价 ···················· 136

4.5 本章小结 ··· 140

参考文献 ·· 141

第 5 章　挥发性有机物的暴露与机制 145

 5.1　VOCs 暴露途径 145

  5.1.1　VOCs 呼吸暴露途径 145

  5.1.2　VOCs 皮肤暴露途径 147

  5.1.3　VOCs 膳食暴露途径 148

 5.2　VOCs 暴露人群 149

  5.2.1　职业人群暴露 150

  5.2.2　易感人群暴露 153

  5.2.3　普通人群暴露 154

 5.3　VOCs 暴露参数 157

  5.3.1　成人暴露参数 159

  5.3.2　儿童暴露参数 164

  5.3.3　国内外暴露参数对比 166

 5.4　VOCs 暴露评估模型 170

  5.4.1　暴露评估模型简介 171

  5.4.2　呼吸暴露途径评估模型应用 176

  5.4.3　其他暴露途径评估模型应用 178

 5.5　本章小结 178

 参考文献 178

第 6 章　挥发性有机物的健康效应 187

 6.1　健康效应评估的研究进展 188

  6.1.1　健康效应的体外评估研究 188

  6.1.2　健康效应评估的活体动物研究 190

  6.1.3　人体健康效应评估研究 191

 6.2　挥发性有机物的呼吸暴露健康风险研究进展 191

  6.2.1　挥发性有机物的呼吸暴露健康风险研究 192

  6.2.2　恶臭挥发性有机物的呼吸暴露健康风险研究 196

 6.3　挥发性有机物的皮肤接触暴露和膳食暴露健康风险研究 200

 6.4　挥发性有机物的生物代谢研究 203

  6.4.1　挥发性有机物在呼吸道的代谢转化研究 203

  6.4.2　挥发性有机物在肝脏、肠道、胃等体内的代谢转化 205

 6.5　本章小结 206

 参考文献 207

第 7 章 挥发性有机物的扩散传输及其风险评估 ·············215

7.1 影响挥发性有机物扩散传输的主要因素 ·············216

7.2 VOCs 小尺度区域大气扩散模型的构建 ·············218

7.2.1 计算域建模及网格划分 ·············219

7.2.2 VOCs 扩散的数理模型 ·············223

7.2.3 VOCs 大气扩散模型验证与优化 ·············225

7.3 VOCs 大气扩散模型在人群暴露风险评估中的应用 ·············228

7.4 健康风险评估的意义 ·············229

7.5 本章小结 ·············230

参考文献 ·············230

第1章 绪 论

环境污染问题日益严峻，而大气污染问题更是威胁着生态环境健康和公共健康。其中挥发性有机物（volatile organic compounds，VOCs）是大气环境中最重要和常见的污染物之一。VOCs 是在常温下蒸发速率大、易挥发的一类有机化合物。VOCs 作为气体从某些固体或液体中排放，从而广泛存在于室内和室外的大气环境中，短期和长期暴露于 VOCs 均会对人体健康产生不利影响，特别是可能会导致哮喘等疾病患者的症状恶化，增加幼儿、老年人和对化学品高度敏感的易感人群的患病率。因此，本章将从挥发性有机物的定义、污染状况、来源、暴露与健康效应等多个方面进行简要介绍。

1.1 挥发性有机物的定义

目前，国际上对于挥发性有机物（VOCs）并无严格统一、公认的定义。根据世界卫生组织（WHO）的定义，总挥发性有机物（TVOCs）为熔点低于室温而沸点在 50~260℃的各种有机化合物。美国环境保护局（USEPA）认为除 CO、CO_2、H_2CO_3、金属碳化物、金属碳酸盐和碳酸铵外，任何参与大气光化学反应的含碳化合物称之为 VOCs。欧盟（EU）则认为除 CH_4 外，能和 NO_x 发生光化学反应的任何天然源和人为源排放的有机化合物均为 VOCs。而我国则认为，VOCs 是常温下饱和蒸气压>70 Pa、常压下沸点<260℃的有机化合物，或在 20℃且蒸气压≥10 Pa并具有相应挥发性的全部有机化合物[1]。

1.2 挥发性有机物的污染状况

VOCs 广泛存在于室内和室外的大气环境中。许多种类的 VOCs 在室内的浓度很高，甚至始终高于室外[2]。对上海市居民住宅室内环境中 VOCs 的污染情况研究发现，TVOCs 的平均浓度和超标率分别为 0.51 mg/m³ 和 24.2%，而其中甲醛的平均浓度为 0.09 mg/m³，超标率为 25.8%。TVOCs 的浓度变化与季节变化的相关性不高，而甲醛浓度的变化与季节交替有关，随着温度的上升甲醛的浓度会升高。TVOCs 的浓度由高到低依次为：娱乐室>厨卫>衣帽间>客厅>卧室、书房，但不同功能区之间甲醛的浓度无显著差异[3]。安太成等选取了三种经典的中式烹饪风格（蒸、炸、烤）对中式厨房 VOCs 污染的贡献进行研究，发现烧烤厨房空气中苯的浓度（（129.8 ± 163.2）μg/m³）超过中国室内空气质量标准的指导值（0.11 mg/m³），且显著高于蒸煮厨房（（52.24 ± 55.38）μg/m³）和煎炸厨房（（71.58 ± 79.39）μg/m³）的相应值。油炸厨房空气中甲苯的浓度（（222.6 ± 122.2）μg/m³）高于烧烤厨房（（122.1 ± 107.0）μg/m³）（无显著性差异），但显著高于蒸煮厨房（（87.58 ± 87.42）μg/m³）[4]。Cankaya 等对土耳其的 4 个微环境（餐馆、影印中心、干洗店和汽车油漆店）VOCs 的检测发现，汽车油漆店释放的 VOCs 最多（冬天 14066 μg/m³，夏天 3441 μg/m³），致癌风险约为汽车油漆店可接受限度的 310 倍。而餐馆、影印中心、干洗店所释放的 TVOCs 较低，均在 43~167 μg/m³ 之间[5]。Cacho 等综述了全球范围内办公室内 VOCs 的污染状况，发现亚洲国家室内 VOCs 浓度稍高（最高达到 1600 μg/m³），而欧洲和北美等的办公室内 VOCs 浓度在 0.1~1000 μg/m³ 之间，且大多数情况下平均浓度＜100 μg/m³。但整体而言，办公室内主要的 VOCs 污染物均包括芳香族化合物如苯系物（BTEX），直链和环烷烃（己烷、壬烷、甲基环己烷），萜烯（α-蒎烯、柠檬烯），羰基化合物（甲醛、乙醛）等[6]。

　　工农业行业排放、溶剂蒸发排放、生物质燃烧排放以及机动车辆等燃油交通工具的尾气排放等均会释放 VOCs 而造成大气环境的污染。安太成等对油漆生产的整个工艺所释放的 VOCs 污染特征进行分析发现，主要由乙酸乙酯、甲苯、乙苯、二甲苯、乙基甲苯和三甲苯等 VOCs 组成，其中乙苯和二甲苯的含量最高；在油漆生产的各个生产工艺流程中 TVOCs 浓度大小顺序为：研磨分散（（432.47 ± 53.40）mg/m³）＞预分散（（321.99 ± 59.48）mg/m³）＞调漆（（242.14 ± 71.03）mg/m³）＞过滤包装（（69.19 ± 22.42）mg/m³）[7]。

　　电子垃圾拆解活动目前在我国某些沿海地区开展较多，在电子垃圾拆解过程中可释放一系列的污染物，从而污染区域环境并危害拆解工人和周边居民的身体健康。对电子垃圾拆解过程中排放的 VOCs 的特征分析发现，所释放的 VOCs 主要包括芳香烃类、脂肪烃类、卤代烃类和含氮含氧类 VOCs。随着电子垃圾拆解工艺温度的升高，芳香烃类 VOCs、卤代烃类 VOCs 及含氮含氧类 VOCs 含量会显著升高，而脂肪烃类 VOCs 含量只是略微上升，并且其中芳香烃类 VOCs 始终是最主要的一类 VOCs。其中 VOCs 污染最严重的车间是旋转灰化炉拆解工艺车间，TVOCs 浓度在（3307.10 ± 15.96）~（32507.26 ± 1363.18）mg/m³ 之间。车间内的四类 VOCs 含量顺序为：芳香烃＞含氮含氧类＞卤代烃类＞脂肪烃类[8]。塑料回收再生是另外一种比较典型的工业活动。不同塑料再生所排放 VOCs 的特征也是不同的，研究发现 7 种热塑性材料在回收再生过程中会释放出 21 种烷烃，17 种芳香烃，11 种含氯和氮 VOCs，10 种含氧 VOCs 和 9 种烯烃。TVOCs 浓度介于 1.0×10^3~1.1×10^3 mg/m³ 之间，其中苯乙烯（$(6.3 \pm 2.1) \times 10^2$ mg/m³）和乙苯（$(1.5 \pm 0.5) \times 10^2$ mg/m³）的浓度最高[9]。在此基础上，进一步选择我国华南某典型电子垃圾拆解区，通过网格化采样法设置 81 个采样点，分别在 2015 年春、夏、秋、冬四季，2016~2018 年秋季采集空气中的 VOCs，发现整个区域浓度最高的几类物质分别为异戊烷、正戊烷、BTEX、1, 2-二氯乙烷、氟氯烃（一氟三氯甲烷、二氟二氯甲烷）和 1, 2-二氯丙烷。同时发现在每个功能区所有分析的 VOCs 在冬季或秋季浓度较高。通过时空分析发现 1, 2-二氯乙烷、BTEX 及 1, 2-二氯丙烷是电子垃圾拆解园区的热点污染物，表明这些 VOCs 可能是电子垃圾拆解时所释放的特征 VOCs[10]。

生物质燃烧和机动车辆等燃油也会排放一定的 VOCs，从而会影响局部区域的大气环境质量。如采用在线监测（PTR-TOF-MS）分析方法，发现城市高速路旁和车辆检测站的 TVOCs 分别为 170 ppb 和 220 ppb，其中含氧类 VOCs 分别占 TVOCs 的 76.3% 和 72.0%，且其中甲醇为主要的含氧类 VOCs。O_3 形成潜势的分析发现：VOCs 对 O_3 形成潜势的平均贡献分别为 850 μg/m^3 和 730 μg/m^3，其中含氧类 VOCs 是 O_3 形成潜势的主要贡献者[11]。同时利用 PTR-TOF-MS 对广州某工业园的 VOCs 排放进行在线监测，发现广州某工业园（工业源）、山东德州平原（农村源，生物质燃烧）和广州大学城（城市背景源）的 TVOCs 浓度分别为 352.5 ppb、75.1 ppb 和 129.2 ppb，工业源的 TVOCs 浓度要显著高于城市背景源和农村源。工业园含氮 VOCs 比例最高（43.3%），其次为含氧 VOCs。而在广州大学城和山东德州平原观测点中含氧 VOCs（60.2% 和 64.1%）则是所占比例最高的[12]。

除了工业生产直接能够释放 VOCs 外，生产工艺过程中产生的工业废水也会释放大量的 VOCs。如纺织印染行业产生的废水会释放出 50 种 VOCs，TVOCs 浓度在 1.26~2.79 mg/m^3 之间，其中占比最大的是含氮和含氧类 VOCs，达到 85.1%[13]。焦化废水也可以释放 17 种 VOCs，主要的 VOCs 为苯、甲苯和二甲苯。TVOCs 浓度从原水储罐（(857.86 ± 131.30) μg/m^3）到污水储罐（(28.56 ± 3.96) μg/m^3）逐渐降低。TVOCs 的释放速率为 1773.42 g/d，年排放量为 0.65 t/a[14]。

市政系统包括市政污水处理厂和市政垃圾处理过程中也会释放 VOCs。如在台湾的 2 个污水处理厂中检测到 71 种 VOCs，平均 TVOCs 浓度为 (1173.51 ± 187.69) μg/m^3，且发现冬季是夏季的 3~5 倍，主要的污染物是含氯、芳香类和烷烃类 VOCs[15]。美国的污水管网系统中释放 VOCs 的也有报道，发现包括丙酮（11~75.5 μg/m^3）、氯仿（15~117 μg/m^3）、氯甲烷（1.6~5.6 μg/m^3）、二氯二氟甲烷（2.5~4.5 μg/m^3）、1, 4-二氯苯（2.5~57 μg/m^3）、乙醇（7.5~329 μg/m^3）、二氯甲烷（0.6~3.2 μg/m^3）、戊烷（4.7~43.9 μg/m^3）、丙烷（1.0~2.7 μg/m^3）、四氯乙烷（2410~88 μg/m^3）、三氯乙烯（0.23~4.4 μg/m^3）、甲苯（5.3~43 μg/m^3）和总二甲苯（0.48~4 μg/m^3）等 VOCs[16]。

另外，由于生活垃圾含有大量的淀粉、脂肪、蛋白质等，在其腐烂时会释放大量的 VOCs，特别是恶臭 VOCs。如我们在实验室开展三类食物（混合蔬菜、混合水果和混合肉类）腐烂过程中释放 VOCs 的研究，发现它们腐烂时 VOCs 平均排放通量分别为 191.1 μg/（kg·h）、232.8 μg/（kg·h）和 373.5 μg/（kg·h），其中混合水果释放的含氧 VOCs（占 TVOCs 的 57.6%）最高，主要包括 2-丁酮和乙酸乙酯；而混合肉类和混合蔬菜释放的恶臭含硫 VOCs 最多，分别占 TVOCs 的 54.9%和58.6%，主要包括二甲基硫醚和二甲基二硫醚[17]。垃圾压缩过程中也会产生大量的VOCs，研究发现垃圾压缩机工作过程中释放的乙酸乙酯和芳香烃类物质含量较多，分别达到 306.03 μg/m³ 和 204.23 μg/m³；而其他的物质含量较少。垃圾压缩机不工作的过程释放的 VOCs 同样以芳香烃类和乙酸乙酯为主，但是浓度较低[18]。同样，垃圾填埋场由于垃圾的腐烂会释放出高浓度的 VOCs。Fang 等分析发现，垃圾填埋场的恶臭气味主要是厌氧条件下所排放的芳烃（甲苯、二甲苯、苯乙烯），含氧 VOCs（甲醇、丙酮、正丁醛），萜类化合物（α-派烯），NH₃ 和含硫 VOCs（甲硫醇、二甲基硫醚）[19]。为了发现垃圾填埋场恶臭污染物排放的季节性变化规律，Lu 等在中国某大型垃圾填埋场开展了为期两年的研究，并通过评估气味浓度、气味强度的贡献和所有样品中存在的每种化合物的频率，确定了 H₂S、α-派烯、乙醇、柠檬烯、甲硫醇、二甲基硫醚、二乙基硫化物和二甲基二硫醚作为我国城市垃圾填埋场气味化合物的指标[20]。垃圾发酵产生的渗滤液也会释放大量 VOCs，研究发现某垃圾填埋场的渗滤液排放的 VOCs 达 60 种，TVOCs 浓度为3.54~26.42 ppm，其中芳烃类含量最高，尤其是苯和甲苯，占 TVOCs 的 77.7%；同时也会产生恶臭含硫 VOCs，主要为二硫化碳（CS₂）和二甲基三硫醚[21]。但由于这些含硫 VOCs 的嗅阈值极低，在低浓度下就有强烈的刺激性臭味，因此是我国城镇居民投诉最多的环境问题之一。

1.3　挥发性有机物的来源

1.3.1　室内 VOCs 的来源

室内 VOCs 的来源，包括建筑材料（油漆、清漆、填缝料、黏合剂、木材防腐剂，地毯、乙烯基地板，复合木制品，室内装潢和泡沫等）、家具、家用电器、家庭和个人护理产品（空气清新剂、杀虫剂、防蛀剂、清洁剂、消毒剂、化妆品）、人类活动（呼吸、吸烟，干洗、复印机、打印机、校正液，烹饪，柴燃烧、煤燃烧，天然气或煤气燃烧等）的排放等。

建筑材料所释放的 VOCs 对室内空气的污染比较大，其中木质材料和涂料通常用于室内家具和大型表面，如墙壁、地板和天花板。木材主要由纤维素、半纤维素和木质素组成，但也含有其他几种有机和无机化合物。这些化合物的组成和含量因树种和生长地点而异，此外树种内部和单个树种内部的差异可能很大[22]。虽然大部分 VOCs 是在木材的干燥过程中释放的，但也有一部分是作为建筑材料后持续释放的。由于软木通常富含提取物，因此可以释放大量的 VOCs，主要是萜烯和醛类；而由于硬木不含挥发性萜烯，因此硬木的排放量明显低于软木的排放量。但是硬木会释放醛类，尤其是会排放大量的己醛和戊醛[23]。对木制家具 VOCs 的释放特性研究发现：实木家具能够释放 21 种 VOCs，甲醛含量最高，占 TVOCs 的 51.67%，同时也会释放苯、甲苯、对/间二甲苯、邻二甲苯等；而人造板家具能够释放 24 种 VOCs，其中丙酮含量最高，占 TVOCs 的 29.22%，同时甲醛、甲苯、对/间二甲苯、邻二甲苯的浓度也较高[24]。

油漆、清漆、涂料等已广泛应用于我们的日常生活中，它们既能保护物体表面，又能为人类提供丰富多彩的视觉体验。然而在生产和使用的过程中也会释放出大量的 VOCs。如 Alapieti 等采用小型烟雾箱开展了 28 天的实验研究，发现未涂布油漆的松木（Pinus sylvestris）VOCs 排放量较低。同时也发现涂布油漆的松木样品的排放物主要是油漆基化合物，但随着时间的推移，木材基化合物的比例也会增加。进一步发现油漆不同，所释放的 VOCs 也有差异，如使用渗透性最强的油漆时，木质排放明显更高[25]。涂料也会释放出大量的 VOCs，包括甲苯、二甲苯或乙苯等，这些主要是在生产涂料时所采用的溶剂挥发造成的。VOCs 的释放特征与涂料的种类和涂装方法有关，如由于水性涂料用水作为稀释剂来代替溶剂，因此水性涂料比油性涂料释放的 VOCs 量少。喷涂过程中 VOCs 的释放比刷涂和滚涂过程快，而刷涂和滚涂过程中 VOCs 的释放在统计学上是相似的[26]。

Lunderberg 等使用 PTR-TOF-MS 研究了美国加利福尼亚两个住宅中 200 多种 VOCs 的多季节采样的时间分辨暴露水平。发现大多数 VOCs 主要来源于建筑物的持续室内排放，也与居住者相关的活动（如烹饪）等有关[27]。如有研究发现中式厨房烹饪的方式，特别是非精制菜籽油煎炒，可以导致大量 VOCs 和颗粒物的排放，增加了中国上海非吸烟女性居民患肺癌的风险[28]。在三种经典的中式烹饪风格蒸、炸、烤，发现空气中萘的浓度最高，其次是甲苯和苯。炒炸厨房中甲苯的空气浓度高于烧烤厨房，但是也没有显著差异，但显著高于蒸煮厨房的污染水平，这可能与其他未知来源的甲苯排放有关。在该研究中天然气是不同厨房烹饪方式所使用的主要燃料，因此燃料引起的不同污染物的排放率可以忽略不计。一种可能的解释就是在三种中式风格厨房中使用的油的类型不同及可能不同的烹饪温度所造成的[4]。

另外，化妆品等个人护理品也会释放 VOCs[29, 30]。如为了增加产品质感，作为皮肤调理剂和润滑剂，辛基甲基硅酮是一种常用于化妆品的三硅氧烷。研究发现其在室内可以持续排放。检测到的丙酮可能是源于室内使用的指甲油去除剂，检测到的环硅氧烷是消费者个人护理产品的添加剂[27]。精油的使用也会导致 VOCs 的产生，研究发现柠檬油、薰衣草油、桉树油和葡萄籽油释放的最多的 VOCs

分别是 D-柠檬烯、桉树醇、乙酸芳樟酯和乙酸芳樟酯[31]。Hollbacher 等模拟了六种可能影响室内空气质量的常见用户场景，以获得关于用户活动对室内空气质量的影响，包括使用清洁剂、电动空气清新剂、乙醇壁炉和化妆品，以及吸烟和剥橘子。发现橘子剥皮过程中释放的 VOCs 的量最大，吸烟时羰基化合物显著升高[32]。

办公室内的 VOCs 污染可能是来源于电子设备，采用烟雾箱研究办公室的传真机、激光打印机、喷墨打印机、扫描仪和复印机等释放 VOCs 的速率，发现甲苯、乙苯、间二甲苯、对二甲苯和苯乙烯的释放速率最高，因为这些化合物通常用作打印机墨粉中的溶剂。而采用阴极射线管（CRT）或液晶（TFT）显示屏的台式电脑主要释放芳香烃、烷烃、醇、酮和醛，特别是甲醛[6]。近年来，3D 打印越来越流行，但由于大部分 3D 打印机所采用的是熔丝制造技术，主要是将热塑性树脂基体纤维装入挤出机，并在 180~270℃的温度下通过挤出机喷嘴时熔化，因此在打印过程中会释放出颗粒物和 VOCs[33]。而所释放的 VOCs 是不同化合物的混合物，且主要取决于所用的树脂纤维[34]。

1.3.2 室外 VOCs 的来源

室外 VOCs 的来源包括天然源和人为源。天然源包括生物释放（森林、草原、海洋生物排放）、火山喷发、森林火灾等，属植物生态功能性排放，为不可控源。而人为源是人类生产活动中的不完全燃烧过程和涉及有机产品的挥发散逸等过程，包括固定源［化石燃料和生物质（木材、秸秆）燃烧、溶剂使用、工业过程（如石油化工、煤炭和天然气等的开采和储运、炼钢炼焦）、市政垃圾堆放压缩及处理等］，流动源（所有和机动车、船、飞机等交通工具相关的排放）等。

天然源 VOCs 的来源很多，与其他来源排放的 VOCs 不同，几乎所有植物，尤其是树木，都会产生和排放大量生物源 VOCs（BVOCs），如对西地中海橡树林地区的 VOCs 的聚类分析确定了该林区所释放的 BVOCs 主要为异戊二烯、总单萜、对甲苯、甲基乙烯基酮、甲基丙烯醛和丙酮，同时发现这些 VOCs 主要是在早晨释放。这些释放的 BVOCs 具有重要的生态作用，加上太阳的高辐射和人为源的影响，从而可能增强大气中光化学反应的发生进而导致臭氧的形成和气溶胶的产生[35]。为了进一步研究 BVOCs 的释放规律，Yenisoy-Karakas 在土耳其博卢的一个半城市化地区进行了研究，共检测了 69 种具有生物来源（即异戊二烯、单萜和含氧 VOCs）和人为来源的 VOCs。发现 BVOCs 排放在白天和夏季释放的量较高，这是由于此时的光照强度、温度和叶片量增加和其排放量是高度相关的[36]。植被火灾也会释放出大量不同种类的 VOCs（图 1-1），类异戊二烯在防止非生物和生物应激方面发挥着重要作用，大量的类异戊二烯会因受伤和高温而释放[37]。因此，除了火灾附近的植被外，火灾还可能导致燃烧植被产生大量 BVOCs 排放[38]。另外土壤和水体也是 BVOCs 的巨大储存库和来源，这些 VOCs 主要是由分解的凋落物和死亡的有机物质形成，或由地下活的生物体或植物器官和组织合成的[39-41]。

图 1-1　燃烧阶段和排放的相关化合物：生物源 VOCs（BVOCs）；多环芳烃（PAHs）；
挥发性有机物（VOCs）[38]

相比于 VOCs 的天然排放源，VOCs 的人为排放源也种类繁多。Liu 等分析发现工业园区的工业排放是 VOCs 的重要来源，二甲苯和胺、酚类和酯类分别是铸造车间、耐火材料车间和印刷车间的主要排放的 VOCs[42]。石油化工是 VOCs 排放的重要人为源，对长江中游典型石化工业园区的研究发现，该园区所排放的重要 VOCs 包括烷烃、烯烃、含氧 VOCs、卤代烃、芳烃和乙炔等。正矩阵分解（PMF）模型发现燃料蒸发、工业源、乙烯工业和区域背景四个 VOCs 源的平均贡献率分别为 35.6%、12.0%、26.5% 和 25.9%[43]。

如塑料制品行业也是 VOCs 排放的主要来源之一。目前塑料主要有两种生产方式，一种是新塑料及其制品的生产，另外一种是废旧塑料的再生机器回收利用，其工艺流程大同小异，其中以废旧塑料回收生产工艺流程图（图 1-2）为代表进行分析。其有机废气主要来源于塑料及其添加剂的自身热解和氧化，产生于熔融塑化和注塑工艺过程，同时在塑料的着色阶段，包括喷涂和烘干工艺过程中也会有部分有机溶剂的挥发导致 VOCs 的产生[44]。而产生的 VOCs 的组成和浓度主要是由塑料的种类决定的，例如聚乙烯加工过程中产生的 VOCs 以烷烃或烯烃为主，而聚苯乙烯在热解时，会产生大量的单体以及苯系 VOCs[9]。另外，在温度达到 150~220℃时，所添加的稳定剂、抗氧剂、着色剂等也容易热解成甲醛、乙醛等毒害 VOCs。

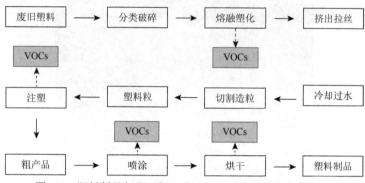

图 1-2   塑料制品行业一般工艺流程图及有机废气的产生[45]

如涂料行业，我国涂料的生产条件与生产工艺比较简单（图 1-3）。其中，涂料生产的每一个步骤都会产生大量的 VOCs，其主要的来源是涂料生产和使用过程中有机溶剂的挥发，特别是分散和研磨的过程中会释放出大量的 VOCs。我国目前的涂料大多是溶剂型，而这些溶剂主要含有烃类、芳香烃类、酯类和醇类等物质，因此生产和使用过程中会释放出这几类 VOCs。如我们前期定性和定量分析了实际油漆厂生产车间的 VOCs 污染特征，发现油漆生产的各个生产工艺流程中均有 VOCs 的释放，TVOCs 浓度大小顺序为：研磨分散＞预分散＞调漆＞过滤包装。其中主要的 VOCs 包括乙酸乙酯、甲苯、乙苯、二甲苯、乙基甲苯和二甲苯等，其中乙苯和二甲苯的浓度最高[7]。进一步我们分析了 4S 店喷漆室的 VOCs

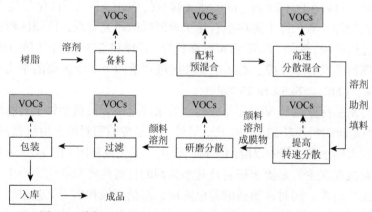

图 1-3   涂料生产行业一般工艺流程图及有机废气的产生[45]

污染特征，在喷漆过程中共检测到 23 种 VOCs，TVOCs 浓度至少是广东省汽车制造业表面涂层 VOCs 排放管道排放标准（9.0×10^4 μg/m³，DB 44/816—2010）的 6 倍。其中乙酸丁酯和邻二甲苯是主要的污染物[46]。

恶臭 VOCs 的来源相当广泛，工农业生产和人们的日常生活均能产生恶臭污染物，但是与人们密切相关的污染源主要有农牧业污染源、城市垃圾处理公共设施污染源、工业污染源等（表 1-1）。

表 1-1　恶臭污染物的主要来源及臭味性质[47]

恶臭污染物	主要产生源	臭味性质
醇类	石化业、林产化工、酿造业、制药业、合成材料工艺、合成洗涤剂制造等	刺激臭
烃类	炼焦厂、炼油厂、石化业、化肥工艺、电石制造、油漆业、内燃机排气、溶剂制造、油墨印刷工艺等	电石臭、刺激臭、卫生球臭
酮类	炼油厂涂料使用、燃料燃烧、油脂化工工艺、合成材料工艺等	刺激臭、汗臭、尿臭
酚类	焦化厂、钢铁业、合成材料工艺、染料制造、制药业、香料合成工艺等	刺激臭
有机卤素衍生物类	合成橡胶工艺、合成树脂工艺、灭火器材等	刺激臭
酯类	合成树脂工艺、合成纤维工艺、黏合剂工艺、涂料使用等	刺激臭、香水臭
脂肪酸类	石化业、皮革加工工艺、油脂加工工艺、食物腐烂粪便处理工艺、酿造业、合成洗涤剂制造、制药业、香料工艺等	刺激臭
醛类	石化业、炼油厂、医药业、垃圾处理场、内燃机排气、铸造业等	刺激臭
硝基化合物类	炸药爆炸、燃料燃烧、油漆业等	尿臭、刺激臭、芥子臭
吲哚类	炼焦厂、粪便处理工艺、生活污水处理厂、屠宰场等	粪臭
胺类	水产加工场、饲料厂、皮革加工工艺、畜产加工场、骨胶厂、油脂加工工艺等	腐肉臭、烂鱼肉臭、尿臭、刺激臭、汗臭
硫醚类	炼油厂、农皮纸厂、农药制造业、生活下水道、垃圾处理场等	蒜臭、烂甘蓝臭
硫醇类	炼油厂、造纸业、煤气业、合成树脂工艺、制药业、合成纤维工艺、合成橡胶工艺等	刺激臭、烂洋葱臭

农牧业的畜牧场、家禽饲养场、屠宰厂、水产加工以及食品加工厂等生产过程中产生的废物在微生物的作用下分解，会排放出具有粪臭、鱼臭、腐败臭、烂果臭的空气污染物[48-51]。如 Nowak 等研究发现家禽粪便可以释放出一甲胺、二甲胺、三甲胺和吲哚等恶臭 VOCs[52]。家禽屠宰场加工厂可释放大量的苯和 CS_2[53]，猪屠宰场污泥主要释放的恶臭 VOCs 包括三甲胺、2-戊酮、1-丙醇-2-甲基、二甲

基硫化物、二甲基二硫化物、二甲基三硫化物和苯乙酮等[54]。有研究表明，土地施用猪粪后可以导致恶臭 VOCs 的排放，包括八种挥发性脂肪酸（乙酸、丙酸、丁酸、异丁酸、戊酸、异戊酸、己酸和庚酸）、五种芳烃（苯酚、4-甲基苯酚、4-乙基苯酚、吲哚和 3-甲基吲哚（粪臭素））和两种含硫化合物（二甲基二硫化物和二甲基三硫化物），但在 4~8 小时后下降到低于检测水平和接近背景水平[55]。

伴随着城市化进程的加快，生活在城市中的人越来越多，相应地产生了更多的各种垃圾需要处理，近年来有关垃圾处理释放的恶臭污染投诉率很高，根据2018~2020 年"全国生态环境信访投诉举报管理平台"接到恶臭投诉，垃圾处理产生恶臭污染平均投诉率为 11.3%，平均投诉件数近 2 万件。这些垃圾废物在通过城市垃圾厂、污水处理厂、堆肥厂等的处理过程中，在厌氧或者好氧的条件下进行分解，排放出各种含硫、含氮以及其他 VOCs 等恶臭污染物。如我们在实验室模拟开展三类食物腐烂过程中释放 VOCs 的研究发现混合肉类和混合蔬菜可以释放出恶臭含硫 VOCs，主要包括二甲基硫醚和二甲基二硫醚[17]。再比如市政污水污泥堆肥过程中可释放 CS$_2$、甲硫醇、二甲基硫和二甲基二硫等恶臭含硫VOCs[56, 57]。农业废物、生物废物、绿色废物、污水污泥和城市固体废物堆肥时可以释放乙硫醇、甲硫醇、二甲基硫、二甲基二硫、二氧化硫、二甲基三硫、甲基丙基二硫、CS$_2$、二甲基亚砜[58]。废水生物固体的稳定化过程中会释放恶臭 VOCs，主要是挥发性硫化物，但同时也有大量的其他恶臭物质被释放，如三甲胺、氨、吲哚、对甲酚和蒎烯等，生物固体的种类不同释放的恶臭物质也有差异[59]。填埋场被视为恶臭 VOCs 排放到大气中的一个重要来源。在过去几十年中，许多研究人员对填埋场表面排放的气味进行表征发现主要的污染物包括硫化物、含氧化合物、芳烃、卤代烃和萜烯以及酸等[60, 61]。Wang 等在青岛小涧溪城市固体废物填埋场，研究了填埋不同年限垃圾的恶臭污染物的排放特征，发现主要恶臭污染物为氨气（NH$_3$）和 CS$_2$，填埋 1~3 年的垃圾所释放的恶臭物的恶臭强度高于填埋4 年的[62]。也就是说填埋龄较短的垃圾产气量高于填埋龄较长的垃圾[63]。在中国西南部的一个农村生活垃圾填埋场，对恶臭 VOCs 的表面排放调查发现，在渗滤液储存池和倾倒区恶臭 VOCs 的浓度很高，可追溯性分析表明扩散到下风边界的恶臭 VOCs 主要来源于这两个区域[64]。虽然目前的各种城市垃圾处理公共设施距离市中心比较远。但是这些恶臭污染物会对其周边的空气质量产生不良影响，甚至可以通过大气扩散作用扩散到数公里以外的居民区。因此，许多城市的垃圾处理公共设施已成为城市空气恶臭污染的另一个重要来源。

工业生产过程排放的恶臭污染物是造成恶臭污染的重要来源之一，主要部门有化工厂、油漆厂、造纸厂、制药厂等[65-68]。如香料香精行业使用的原辅材料涉及 VOCs 的数量众多，导致该行业排放的废气成分复杂且异味明显，分析发现生产杂环香料为主的企业感官刺激最为严重。根据理论臭气浓度值，初步识别导致该行业的关键恶臭特征物质为：芳香烃（苯、甲苯）、酯类（乙酸乙酯）、醇类（异丁醇、乙醇）、醛类（C9 及以下醛）及硫化物（甲硫醇、甲硫醚）等[69]。

恶臭污染物挥发性有机胺来源广泛，酰胺类物质如甲酰胺、乙酰胺、N-乙基乙酰胺等主要来源于烟草烟雾[70, 71]；而芳香胺主要来源于皮革制造、化工等工业生产以及聚合物的燃烧[72-74]。一甲胺在农业化学药剂、表面活性剂及照片成影剂中大量使用，是重要的有机化工原料和中间体，包括广泛用于制造医药、农药、聚合抑制剂、橡胶硫化促进剂、照相显影剂、涂漆剂、染料、涂料、火箭推进剂和炸药等，因此在生产和使用的过程中会释放出部分一甲胺。

整体而言，这些工业生产过程中会产生一系列的恶臭污染物。尽管这些工厂可能在建厂初期均位于城市的偏远地区，但是由于城市化进程的发展，大多工厂目前都位于城市的居民区的附近，对附近居民的正常生活造成严重干扰。因此，工业生产过程中所产生以及排放的 VOCs 及其恶臭污染物也是重点防治对象。

1.4　挥发性有机物的暴露与健康效应

空气污染是影响人体健康的一个主要环境风险。众所周知，VOCs 在大气化学反应过程中扮演着极其重要的角色，是 O_3 和二次有机气溶胶（SOA）形成的关键前驱体。释放到大气中的 VOCs 可以与 NO_3 自由基、OH 自由基、Cl 自由基和 O_3 等大气活性物种进行氧化反应，其氧化产物进一步通过经历新粒子形成、缩聚/平衡分配、颗粒相反应以及非均相界面反应等一系列复杂过程最后形成 SOA。除了这些产生的 O_3 和 SOA 会对人体产生危害之外，直接暴露于大气环境中的 VOCs 也会对人体造成一定的健康危害。

大气环境中的 VOCs 的人体暴露主要包括呼吸、皮肤接触和膳食暴露三种途径。由于 VOCs 主要以气态形式分布在环境中，因此 VOCs 主要通过呼吸暴露途径威胁人体健康，约占所有暴露途径的 50%~70%。VOCs 以不同的形式影响人类健康，主要是取决于化合物的类型，这些化合物从有毒到剧毒不等。但与其他污染物类似，除了物质本身的毒性以外，对人体健康影响的程度和性质将取决于其他的许多因素，包括暴露水平、暴露时间、暴露频率、其他的暴露场景及暴露个体。

急性/短期（小时至天）暴露于高浓度的 VOCs 常见症状和健康影响包括眼睛、鼻子和喉咙刺激，头痛，恶心/呕吐，头晕和哮喘症状恶化等；慢性（年至终生）暴露于高浓度的 VOCs 可以导致抽搐、昏迷、癌症，肝肾损害，中枢神经系统损伤造成记忆力减退等严重后果。如在某些发展中国家，由于烹饪和取暖用煤和生物质燃烧效率低下，从而造成室内空气的污染，包括 VOCs 在内的这些污染物除了和呼吸道疾病和癌症有关外，也发现急性和慢性暴露可能导致眼部疾病。主要的不良结局包括白内障（表明污染物会直接或间接地对晶状体组织产生不利影响）、年龄相关性黄斑变性（AMD）、干眼症、传染性眼病（沙眼/倒睫、角膜感染）的恶化等[75]。

有研究表明，VOCs 暴露会增加呼吸系统的疾病的风险[76]。在上呼吸道，健康人暴露于 VOCs 后，刺激性和气味强度的鼻部症状评分（NSS）增加，鼻灌洗液中多形核白细胞增加[77]。2002 年 Prestige 油轮在西班牙北部海域沉没，2009 年深水地平线石油钻井平台灾难发生后，参与环境净化的受试者在暴露后 5 年内出现持续或残留肺部疾病的迹象。这可能和燃油导致的 VOCs 暴露有关。因此 Amor-Carro 等开展了吸入暴露于燃油产生的 VOCs 动物模型来研究导致持续性呼吸道暴露导致其形成疾病的机制。发现动物暴露结果与人体研究的数据一致，两种吸入燃油衍生 VOCs 的大鼠都出现了气道高反应性，引起肺泡间隔细胞凋亡[78]。使用美国环境保护局评估致癌物和非致癌风险的方法发现，通过呼吸暴露途径，家禽屠宰场加工厂释放的大量的苯和 CS_2 有很高的非致癌风险，苯引起的癌症风险高于美国环境保护局提供的最大可接受水平[53]。对市政污水污泥堆肥过程中释放的 VOCs 的健康风险评估表明：该污染水平下单一的 VOCs 不会造成非致癌和致癌风险，然而 VOCs 混合物所造成的复合暴露则可能导致累积非致癌和致癌风险很高，尤其是对于初级发酵单元排放而言更有可能如此[56]。

另外，在同样的暴露情况下，有些人在接触某些 VOCs 后不久出现一定的直接症状，而有些人不会。发现患有哮喘的幼儿、老年人及对化学品高度的敏感人群，可能更容易受到 VOCs 的刺激并导致疾病症状恶化。如有研究调查了法国老年人室内暴露于醛类和其他 VOCs 对呼吸健康的影响，发现室内空气污染物水平相似的情况下老年人呼吸困难的风险高于其他暴露人群，且呼吸困难与居住在甲苯和邻二甲苯浓度高的住所之间的相关性在统计学上显著，在住宅通风不良的情况下，观察到正癸烷对呼吸困难老人有更显著的影响[79]。

（安太成　李桂英）

参 考 文 献

[1]　郝吉明, 马广大, 王书肖. 大气污染控制工程. 4 版. 北京: 高等教育出版社, 2021.

[2]　Kumar A, Singh BP, Punia M, et al. Assessment of indoor air concentrations of VOCs and their associated health risks in the library of Jawaharlal Nehru University, New Delhi. Environ. Sci. Pollut. Res., 2014, 21 (3): 2240-2248.

[3]　唐巍飚, 钟义林, 陈希尧, 等. 上海市居民住宅室内空气中典型 VOCs 浓度水平与污染特征. 环境化学, 2021, 40 (04): 1038-1047.

[4]　Huang L, Cheng H, Ma S, et al. The exposures and health effects of benzene, toluene and naphthalene for Chinese chefs in multiple cooking styles of kitchens. Environ. Int., 2021, 156: 106721.

[5] Cankaya S, Pekey H, Pekey B, et al. Volatile organic compound concentrations and their health risks in various workplace microenvironments. Hum. Ecol. Risk Assess., 2020, 26(3): 822-842.

[6] Cacho C, Silva GV, Martins AO, et al. Air pollutants in office environments and emissions from electronic equipment: A review. Fresenius Environ. Bull., 2013, 22(9): 2488-2497.

[7] He Z, Li J, Chen J, et al. Treatment of organic waste gas in a paint plant by combined technique of biotrickling filtration with photocatalytic oxidation. Chem. Eng. J., 2012, 200: 645-653.

[8] An T, Huang Y, Li G, et al. Pollution profiles and health risk assessment of VOCs emitted during e-waste dismantling processes associated with different dismantling methods. Environ. Int., 2014, 73: 186-194.

[9] He Z, Li G, Chen J, et al. Pollution characteristics and health risk assessment of volatile organic compounds emitted from different plastic solid waste recycling workshops. Environ. Int., 2015, 77: 85-94.

[10] Chen D, Liu R, Lin Q, et al. Volatile organic compounds in an e-waste dismantling region: From spatial-seasonal variation to human health impact. Chemosphere, 2021, 275: 130022.

[11] Han C, Liu R, Luo H, et al. Pollution profiles of volatile organic compounds from different urban functional areas in Guangzhou China based on GC/MS and PTR-TOF-MS: Atmospheric environmental implications. Atmos. Environ., 2019, 214: 116843.

[12] Luo H, Li G, Chen J, et al. Spatial and temporal distribution characteristics and ozone formation potentials of volatile organic compounds from three typical functional areas in China. Environ. Res., 2020, 183: 109141.

[13] Liang Z, Wang J, Zhang Y, et al. Removal of volatile organic compounds (VOCs) emitted from a textile dyeing wastewater treatment plant and the attenuation of respiratory health risks using a pilot-scale biofilter. J. Clean. Prod., 2020, 253: 120019.

[14] Zhang YX, Wei CH, Yan B. Emission characteristics and associated health risk assessment of volatile organic compounds from a typical coking wastewater treatment plant. Sci. Total Environ., 2019, 693: 133417.

[15] Huang CH, Chen KS, Wang HK. Measurements and PCA/APCS Analyses of volatile organic compounds in kaohsiung municipal sewer systems, Southern Taiwan. Aerosol Air Qual. Res., 2012, 12(6): 1315-1326.

[16] Pitiriciu M, Tansel B. Volatile organic contaminants (VOCs) emitted from sewer networks during wastewater collection and transport. J. Environ. Manage., 2021, 285: 112136.

[17] Zhang Y, Liang Z, Tang C, et al. Malodorous gases production from food wastes decomposition by indigenous microorganisms. Sci. Total Environ., 2020, 717: 137175.

[18] Li G, Zhang Z, Sun H, et al. Pollution profiles, health risk of VOCs and biohazards emitted from municipal solid waste transfer station and elimination by an integrated biological-photocatalytic flow system: A pilot-scale investigation. J. Hazard. Mater., 2013, 250-251: 147-154.

[19] Fang JJ, Yang N, Cen DY, et al. Odor compounds from different sources of landfill: Characterization and source identification. Waste Manage., 2012, 32(7): 1401-1410.

[20] Lu WJ, Duan ZH, Li D, et al. Characterization of odor emission on the working face of landfill and establishing of odorous compounds index. Waste Manage., 2015, 42: 74-81.

[21] Liao W, Liang Z, Yu Y, et al. Pollution profiles, removal performance and health risk reduction of malodorous volatile organic compounds emitted from municipal leachate treating process. J. Clean. Prod., 2021, 315: 128141.

[22] Steckel V, Welling J, Ohlmeyer M. Product emissions of volatile organic compounds from convection dried Norway spruce (Picea abies (L.) H. Karst.) timber. Int. Wood Prod. J., 2011, 2(2): 75-80.

[23] Alapieti T, Mikkola R, Pasanen P, et al. The influence of wooden interior materials on indoor environment: a review. Eur. J. Wood Wood Prod., 2020, 78(4): 617-634.

[24] 严石. 木制家具中 VOCs 释放特性研究及后处理工艺优化. 硕士, 北京林业大学, 2020.

[25] Alapieti T, Castagnoli E, Salo L, et al. The effects of paints and moisture content on the indoor air emissions

from pinewood (*Pinus sylvestris*) boards. Indoor Air, 2021, 31 (5): 1563-1576.

[26] Dinh TV, Son YS, Choi IY, et al. Emissions of volatile organic compounds associated with painting methods and an estimation of the alpha-dicarbonyl formation potential. Int. J. Environ. Sci. Technol., 2019, 16 (8): 3961-3970.

[27] Lunderberg DM, Misztal PK, Liu YJ, et al. High-resolution exposure assessment for volatile organic compounds in two California residences. Environ. Sci. Technol., 2021, 55 (10): 6740-6751.

[28] Zhong LJ, Goldberg MS, Gao YT, et al. Lung cancer and indoor air pollution arising from Chinese style cooking among nonsmoking women living in Shanghai, China. Epidemiology, 1999, 10 (5): 488-494.

[29] Palmisani J, Di Gilio A, Cisternino E, et al. Volatile organic compound (VOC) emissions from a personal care polymer-based item: simulation of the inhalation exposure scenario indoors under actual conditions of use. Sustainability, 2020, 12 (7): 2577.

[30] Nourian A, Abba MK, Nasr GG. Measurements and analysis of non-methane VOC (NMVOC) emissions from major domestic aerosol sprays at "source". Environ. Int., 2021, 146: 106152.

[31] Schwartz-Narbonne H, Du BW, Siegel JA. Volatile organic compound and particulate matter emissions from an ultrasonic essential oil diffuser. Indoor Air, 2021, 31 (6): 1982-1992.

[32] Hollbacher E, Ters T, Rieder-Gradinger C, et al. Emissions of indoor air pollutants from six user scenarios in a model room. Atmos. Environ., 2017, 150: 389-394.

[33] Byrley P, Wallace MAG, Boyes WK, et al. Particle and volatile organic compound emissions from a 3D printer filament extruder. Sci. Total Environ., 2020, 736: 139604.

[34] Gu J, Wensing M, Uhde E, et al. Characterization of particulate and gaseous pollutants emitted during operation of a desktop 3D printer. Environ. Int., 2019, 123: 476-485.

[35] Yanez-Serrano AM, Bach A, Bartolome-Catala D, et al. Dynamics of volatile organic compounds in a western Mediterranean oak forest. Atmos. Environ., 2021, 257: 118447.

[36] Yenisoy-Karakas S, Dorter M, Odabasi M. Intraday and interday variations of 69 volatile organic compounds (BVOCs and AVOCs) and their source pro files at a semi-urban site. Sci. Total Environ., 2020, 723: 138028.

[37] Centritto M, Brilli F, Fodale R, et al. Different sensitivity of isoprene emission, respiration and photosynthesis to high growth temperature coupled with drought stress in black poplar (*Populus nigra*) saplings. Tree physiol., 2011, 31 (3): 275-286.

[38] Ciccioli P, Centritto M, Loreto F. Biogenic volatile organic compound emissions from vegetation fires. Plant Cell Environ., 2014, 37 (8): 1810-1825.

[39] Penuelas J, Asensio D, Tholl D, et al. Biogenic volatile emissions from the soil. Plant Cell Environ., 2014, 37 (8): 1866-1891.

[40] Yu Z, Li Y. Marine volatile organic compounds and their impacts on marine aerosol-A review. Sci. Total Environ., 2021, 768: 145054.

[41] Dayan C, Fredj E, Misztal PK, et al. Emission of biogenic volatile organic compounds from warm and oligotrophic seawater in the Eastern Mediterranean. Atmos. Chem. Phys., 2020, 20 (21): 12741-12759.

[42] Liu Y, Xie Q, Li XH, et al. Profile and source apportionment of volatile organic compounds from a complex industrial park. Environ. Sci. Process Impacts, 2019, 21 (1): 9-18.

[43] Zheng H, Kong SF, Yan YY, et al. Compositions, sources and health risks of ambient volatile organic compounds (VOCs) at a petrochemical industrial park along the Yangtze River. Sci. Total Environ., 2020, 703: 135505.

[44] Patel SH, Xanthos M. Volatile emissions during thermoplastics processing—A review. Adv. Polym. Tech., 1995, 14 (1): 67-77.

[45] 何枝贵. 典型工业有机废气的光催化净化基础和应用研究: 排放特征、风险评价与消减机制. 博士, 中国科学院研究生院 (广州地球化学研究所), 2014.

[46] Chen J, Liu R, Gao Y, et al. Preferential purification of oxygenated volatile organic compounds than monoaromatics emitted from paint spray booth and risk attenuation by the integrated decontamination technique. J. Clean. Prod., 2017, 148: 268-275.

[47] 徐欣腾. 工业园区恶臭污染及源解析的研究. 硕士, 浙江大学, 2021.

[48] Wang YC, Han MF, Jia TP, et al. Emissions, measurement, and control of odor in livestock farms: A review. Sci. Total Environ., 2021, 776: 145735.

[49] Van der Heyden C, Brusselman E, Volcke EIP, et al. Continuous measurements of ammonia, nitrous oxide and methane from air scrubbers at pig housing facilities. J. Environ. Manage., 2016, 181: 163-171.

[50] Post PM, Hogerwerf L, Bokkers EAM, et al. Effects of Dutch livestock production on human health and the environment. Sci. Total Environ., 2020, 737: 139702.

[51] Nie EQ, Zheng GD, Ma C. Characterization of odorous pollution and health risk assessment of volatile organic compound emissions in swine facilities. Atmos. Environ., 2020, 223: 117233.

[52] Nowak A, Matusiak K, Borowski S, et al. Cytotoxicity of odorous compounds from poultry manure. Int. J. Environ. Res. Public Health, 2016, 13(11): 1046.

[53] Omidi F, Dehghani F, Fallahzadeh RA, et al. Probabilistic risk assessment of occupational exposure to volatile organic compounds in the rendering plant of a poultry slaughterhouse. Ecotox. Environ. Safe., 2019, 176: 132-136.

[54] Blazy V, de Guardi A, Benoist JC, et al. Odorous gaseous emissions as influence by process condition for the forced aeration composting of pig slaughterhouse sludge. Waste Manage., 2014, 34(7): 1125-1138.

[55] Parker DB, Gilley J, Woodbury B, et al. Odorous VOC emission following land application of swine manure slurry. Atmos. Environ., 2013, 66: 91-100.

[56] Nie EQ, Zheng GD, Shao ZZ, et al. Emission characteristics and health risk assessment of volatile organic compounds produced during municipal solid waste composting. Waste Manage., 2018, 79: 188-195.

[57] Talaiekhozani A, Bagheri M, Goli A, et al. An overview of principles of odor production, emission, and control methods in wastewater collection and treatment systems. J. Environ. Manage., 2016, 170: 186-206.

[58] Rincon CA, De Guardia A, Couvert A, et al. Chemical and odor characterization of gas emissions released during composting of solid wastes and digestates. J. Environ. Manage., 2019, 233: 39-53.

[59] Fisher RM, Alvarez-Gaitan JP, Stuetz RM. Review of the effects of wastewater biosolids stabilization processes on odor emissions. Crit. Rev. Environ. Sci. Technol., 2019, 49(17): 1515-1586.

[60] Zhang Y, Ning XY, Li YH, et al. Impact assessment of odor nuisance, health risk and variation originating from the landfill surface. Waste Manage., 2021, 126: 771-780.

[61] Lucernoni F, Tapparo F, Capelli L, et al. Evaluation of an Odour Emission Factor (OEF) to estimate odour emissions from landfill surfaces. Atmos. Environ., 2016, 144: 87-99.

[62] Wang YN, Xu R, Kai Y, et al. Evaluating the physicochemical properties of refuse with a short-term landfill age and odorous pollutants emission during landfill mining: A case study. Waste Manage., 2021, 121: 77-86.

[63] 李东, 刘彦廷, 郭含文, 等. 不同填埋龄垃圾甲烷和恶臭物质产生潜势. 中国环境科学, 2018, 38(12): 4576-4580.

[64] Wang Y, Li L, Qiu ZP, et al. Trace volatile compounds in the air of domestic waste landfill site: Identification, olfactory effect and cancer risk. Chemosphere, 2021, 272: 129582.

[65] Guo J, Ma F, Chang CC, et al. Start-up of a two-stage bioaugmented anoxic-oxic (A/O) biofilm process treating petrochemical wastewater under different DO concentrations. Bioresource Technol., 2009, 100(14): 3483-3488.

[66] Yoon SH, Chai XS, Zhu JY, et al. In-digester reduction of organic sulfur compounds in kraft pulping. Adv. Environ. Res., 2001, 5(1): 91-98.

[67] Lee HD, Jeon SB, Choi WJ, et al. A novel assessment of odor sources using instrumental analysis combined with resident monitoring records for an industrial area in Korea. Atmos. Environ., 2013, 74: 277-290.

[68]　苏有升. 生物滴滤法处理制药厂恶臭及 VOCs 的运行实践研究. 硕士, 浙江工业大学, 2020.

[69]　杨伟华, 肖咸德, 王亘, 等. 香精香料企业挥发性恶臭有机物排放特征分析. 环境化学, 2021, 40(4): 1071-1077.

[70]　Saint-Jalm Y, Moree-Testa P. Study of nitrogen-containing compounds in cigarette smoke by gas chromatography-mass spectrometry. J. Chromatogr. A, 1980, 198(2): 188-192.

[71]　Schmeltz I, Hoffmann D. Nitrogen-containing compounds in tobacco and tobacco smoke. Chem. Rev., 1977, 77(3): 295-311.

[72]　Joseph KT, Browner RF. Analysis of particulate combustion products of polyurethane foam by high performance liquid chromatography and gas chromatography-mass spectrometry. Anal. Chem., 1980, 52(7): 1083-1085.

[73]　Lane D, Thomson B, Lovett A. Real time tracking of industrial emissions through populated areas using mobile APCI mass spectrometers. Adv. Mass Spectrom. B, 1980, 8: 1480-1489.

[74]　Rosenberg C. Direct determination of isocyanates and amines as degradation products in the industrial production of polyurethane-coated wire. Analyst, 1984, 109(7): 859-866.

[75]　West SK, Bates MN, Lee JS, et al. Is household air pollution a risk factor for eye disease? Int. J. Environ. Res. Public Health, 2013, 10(11): 5378-5398.

[76]　Qiu H, Bai CH, Chuang KJ, et al. Association of cardiorespiratory hospital admissions with ambient volatile organic compounds: Evidence from a time-series study in Taipei, Taiwan. Chemosphere, 2021, 276: 130172.

[77]　Naclerio R, Ansotegui IJ, Bousquet J, et al. International expert consensus on the management of allergic rhinitis (AR) aggravated by air pollutants Impact of air pollution on patients with AR: Current knowledge and future strategies. World Allergy Organ. J., 2020, 13(3): 100106.

[78]　Amor-Carro O, White KM, Fraga-Iriso R, et al. Airway hyperresponsiveness, inflammation, and pulmonary emphysema in rodent models designed to mimic exposure to fuel oil-derived volatile organic compounds encountered during an experimental oil spill. Environ. Health Perspect., 2020, 128(2): 027003.

[79]　Bentayeb M, Billionnet C, Baiz N, et al. Higher prevalence of breathlessness in elderly exposed to indoor aldehydes and VOCs in a representative sample of French dwellings. Respir. Med., 2013, 107(10): 1598-1607.

第2章 挥发性有机物的环境地球化学
行为与来源解析

大气挥发性有机物（VOCs）来源包括自然源排放和人为活动过程的排放。植被排放的异戊二烯、单萜烯和倍半萜烯等化合物是大气 VOCs 自然源的主要成分[1]。大气中 VOCs 的人为源排放种类复杂多样，其中包括机动车、化石、生物质等多种燃烧源，溶剂燃料存储、运输以及使用过程的排放，工艺过程无组织和末端有组织排放源等。这些人为源排放组成包含了乙烷、乙炔、丙烷、正癸烷、正异戊烷、苯系物、氯代烃和含氧 VOCs 等复杂的化合物[2]。由于大气 VOCs 来源和组分复杂，因此需要使用主成分、化学质量平衡模式和正交矩阵因子分解等多种数学模型对其来源进行分析。另外，化合物组分间的比例（如甲苯/苯）也运用于 VOCs 来源解析[3]。基于这些模型分析基础，大气重污染成因与治理攻关项目组发布了我国典型固定燃烧源、道路移动源、非道路移动源、工艺过程源、溶剂使用源、燃料存储和运输、生物质燃烧以及烹饪等多个来源的特征化合物谱图[4]。

我国目前人为源 VOCs 排放量从 2011 年 8777 千吨增加至 2018 年 12446 千吨，平均年排放增长率约为 5%[5]。其中京津冀地区、长三角地区、粤港澳大湾区和成都中部地区是我国 VOCs 污染程度较高的区域。机动车尾气、化石燃料的燃烧、溶剂的利用和液化石油气的使用是京津冀地区 VOCs 主要排放源[6]。长三角地区的主要排放源包含石油化工、橡胶工业、燃煤和机动车等[6]。粤港澳大湾区 VOCs 主要来源包括机动车尾气排放、工业溶剂使用和工业过程[7]。成都中部地区主要以机动车排放、工业过程和燃煤和液化石油气使用等排放[6]。

我国 VOCs 呈现秋冬季节污染加重，夏季污染最低的季节变化[2, 8, 9]。石油化工行业、机动车尾气以及其他燃烧排放源是长三角地区冬季 VOCs 主要排放源，油漆和溶剂挥发排放源在春秋两季贡献比例上升，夏季高温导致汽油挥发和植物自然源排放占比增加[10]。长三角地区 VOCs 日变化特征呈现夜晚浓度增加和白天下降的日变化趋势，这种变化趋势在夏季更为明显[11]。在北方城市，机动车排放是在四个季节 VOCs 重要的排放源，生物质燃烧排放源在秋冬季节占比增多，液化石油气和汽油机动车的排放贡献的比例上升[1, 3]。部分地方发现上下班早晚高峰时段 VOCs 的浓度增加，午间下降明显，可能涉及上下班高峰期机动车尾气排放以及较弱的光化学反应过程，午间光化学反应过程可能导致其浓度下降[12]。

VOCs 浓度垂直分布呈现随着高度上升逐步下降的分布规律。通过系留飞艇垂直测量发现，地面 VOCs 浓度从约 50 ppb 下降至高度 1000 米的 8 ppb 水平[13]。在国内其他地区的研究同样也发现 VOCs 的浓度随高度上升而下降[14]。部分研究却发现，VOCs 浓度垂直分布随着高度先下降后上升的变化趋势，这可能是由于污染物长距离高空输送导致 VOCs 浓度在高空出现增加的现象[15]。广州塔垂直观测的研究结果发现，烷烃和烯烃的浓度水平随高度增加而下降，含氧组成随着高度上升而增加，其主要来源于二次形成[16]。此外，工业烟囱的排放也是导致高空 VOCs 浓度增加的另一个原因[16]。

2.1　挥发性有机物样品采集和分析方法

大气 VOCs 的采集分析方式主要包含两种类型[9, 16, 17]：离线和在线采集分析。离线采集分析方法主要有：①苏玛罐采集-气相色谱/质谱分析；该方法使用钝化的苏玛罐负压吸收大气 VOCs，通过液氮或半导体冷却富集，后续升温加热通过气相色谱柱分离化学组成，最终使用火焰离子化检测仪（flame ionization detector，FID）和质量选择检测器（mass selective detector，MSD）等检测器分析对应的目标化合物，包括臭氧前体物 PAMS 等组成[18]；②吸附剂采集-气相色谱/质谱分析方法；Tenax 和碳分子筛作为吸附剂吸收大气 VOCs，再经过热脱附方式进入气相色谱/质谱进行分析，其分析物质多数为非极性 VOCs[18]；③吸附管采集-高效液相色谱分析方法，该方法采集是采用装有二硝基苯肼试剂的采样管进行大气 VOCs 采集，再由正己烷和二氯甲烷溶液萃取，最后通过高效液相色谱仪测试目标化合物，如醛酮化合物等[18]。

常见的在线分析方法包括光学仪器和质谱仪器[17]。长光程开放傅里叶变换红外光谱仪和差分吸收光谱法是常见的两种大气 VOCs 光学测定分析方法[17, 19]。长光程开放傅里叶变换红外光谱仪的基本原理是利用不同 VOCs 的官能团在不同红外波长形成吸收峰获得目标化合物。差分吸收光谱法主要运用不同 VOCs 分子对光辐射吸收强度不同，通过对比吸收前后的光谱分析测定相关化合物。在线质谱分析方法包含质子或化学软电离质谱法、选择性离子流管质谱法和真空紫外电离质谱法等[17, 19]。质子或化学软电离质谱法运行原理基于 VOCs 与 H_2O^+、NO^+、O_2^+ 和 NH_4^+ 等质子发生反应形成质子化的化合物，再由四极杆或者飞行时间质谱测定化合物，其常见的仪器包含质子转移反应质谱仪（PTR-QMS）、质子转移反应飞行时间质谱仪（PTR-TOF-MS）和化学电离质谱仪（CIMS）等。选择性离子流管质谱法通过微波电离湿润空气形成 H_2O^+、NO^+、O_2^+、O^-、O_2^-、OH^-、NO_2^- 和 NO_3^-，并由四极杆离子选择器筛选合适的离子与 VOCs 发生反应，最终由四极杆检测器或者飞行时间质谱分析，其代表仪器为选择性离子流管质谱（SIFT-MS）等。真空紫外电离质谱法使用合适的紫外电离源使 VOCs 离子化，最终由四极杆检测器或者飞行时间质谱分析,其代表性仪器为真空紫外单光子电离质谱(VUV-SPI-MS)或者单光子电离-飞行时间质谱仪(SPI-TOF-MS)等。

2.2　挥发性有机物来源解析方法

由于 VOCs 排放来源的复杂多样性,且在大气扩散传输过程导致多个 VOCs 来源混合,难以使用 VOCs 单一组成对其来源解析。目前多数研究使用数学模式开展大气中的 VOCs 来源解析,例如主成分分析方法、化学质量平衡法和正矩阵分解模型等。主成分分析方法通过协方差矩阵方法获得 VOCs 主成分因子和对应的赋值。主成分分析方法可以根据污染源的标志物或者污染物之间相关性识别排放源。但该方法无法辨别相关性很强的排放源。化学质量平衡法是根据质量守恒原理,受体样品 VOCs 的某种物质是各类污染物源对其贡献量的线性加和。该方法需要测定 VOCs 不同排放源的特征谱图和浓度值,才能准确对 VOCs 进行溯源分析。正矩阵分解模型是一种多元变量、有效的数据统计学分析方法,根据最小二乘法来确定 VOCs 的主要污染源及其贡献率。相较于化学质量平衡法,正矩阵分解模型不需要明确具体排放源的特征谱图和浓度值,能够更加有效运用于 VOCs 的溯源分析。

正矩阵分解模型分析方法可以把 VOCs 数据集可以看作是 i(样本数量)j(所测化合物种类)维的数据矩阵 $\boldsymbol{X}$。正矩阵分解受体模型的目标体现能够反映 VOCs 排放污染源 p,且确定排放污染源的谱图 f 以及每个污染源对样品贡献量 g 和残差 e,如公式 (2.1):

$$X_{ij} = \sum_{k=1}^{p} g_{ik} f_{ki} + e_{ij} \qquad (2.1)$$

基于不确定性 (U),PMF 可以使污染源的解得到最小化的目标函数 Q,如公式 (2.2):

$$Q = \sum_{i=1}^{m} \sum_{j=1}^{n} \left[\frac{X_{ij} - \sum_{k=1}^{p} g_{ik} f_{ki}}{U_{ij}} \right] \qquad (2.2)$$

根据正矩阵分解模型的指南,分别使用检测限(MDL)/2 和浓度中位值替代低于方法检测限的值和缺失值。如果 VOCs 浓度小于或等于 MDL,则使用公式 (2.3)计算不确定度 (Unc):

$$Unc = \frac{5}{6} \times MDL \qquad (2.3)$$

当浓度高于 MDL 时,使用公式 (2.4)计算不确定度:

$$Unc = \sqrt{(Error\ Fraction \times Con.)^2 + (0.5 \times MDL)^2} \qquad (2.4)$$

基于 VOCs 浓度（Con.），误差分数（Error Fraction）的调整为 10%[20]。根据残差和观察/预测的统计数据运行估计后对物种分类。低于检测限的数据百分比超过 40%且 R^2 值较低（＜0.5）的化合物将不适用于正矩阵分解模型分析。

2.3 典型工业区挥发性有机物时空分布特征及来源解析

全球电子垃圾的数量目前以每年 3%~5%的速度增长，现已成为增长最快的固体垃圾[21, 22]。电子垃圾的报废方式主要包括回收、焚烧和填埋等形式[23]。由于电子垃圾通常含有铜、铁等多种再生资源，通过回收处理方式可以获得高额的利润[24-26]。然而，电子垃圾拆解过程中会释放出多种破坏环境和威胁人类健康的有机污染物或者重金属[27, 28]。我国过去电子垃圾回收行业多数处于粗放型的管理状态，电子垃圾主要由个体户回收，并由家庭小作坊处理。家庭小作坊形成的污染物通常没有经过处理直接排放到环境中，严重破坏当地环境以及潜在危害人体健康[23]。随着电子垃圾处理的制度形成和管理加强，我国电子垃圾回收处理行业逐步从家庭小作坊向园区集中拆解方式过渡，最终形成具有一定规模的电子垃圾回收基地或集散地[29]。

VOCs 是电子垃圾回收处理过程产生的主要有机污染物之一。电子垃圾热解拆解过程中能够释放苯、甲苯、乙苯和二甲苯异构体等苯系物质，对人体健康有着严重影响[30-32]。An 等的研究还发现电加热炉拆除电子垃圾过程排放出大量的芳香烃和卤代烃，旋转焚烧炉拆解方式能够排放高浓度的芳香烃类 VOCs[33]。这些结果说明电子垃圾拆解过程中能够释放一些毒害 VOCs。

2.3.1 典型工业区挥发性有机物组成特征

根据 Chen 等在电子垃圾拆解区与周边环境开展 VOCs 时空分布研究[29]。发现电子垃圾拆解区与周边环境 VOCs 主要组成和平均浓度分别为正戊烷（6.1 ± 13.5）μg/m³，异戊烷（13.4 ± 38.6）μg/m³，苯（3.8 ± 7.0）μg/m³，甲苯（11.8 ± 24.2）μg/m³，乙苯（2.3 ± 5.2）μg/m³，对二甲苯（5.0 ± 14.1）μg/m³，间二甲苯（2.2 ± 6.0）μg/m³，邻二甲苯（2.7 ± 7.7）μg/m³，三氯氟甲烷（2.0 ± 1.1）μg/m³，二氯二氟甲烷（4.0 ± 2.0）μg/m³，1, 2-二氯乙烷（2.5 ± 3.0）μg/m³ 和 1, 2-二氯丙烷（2.3 ± 3.4）μg/m³，如表 2-1 所列[29]。

表 2-1 电子垃圾拆解区与周边环境 VOCs 主要成分（浓度：μg/m³）[29]

组成	最小值	平均值	最大值	相对偏差
异戊烷	ND	13.4	629.9	38.6
正戊烷	ND	6.1	212.8	13.5
环戊烷	ND	1.8	130.6	8.4

续表

组成	最小值	平均值	最大值	相对偏差
2, 3-二甲基丁烷	ND	1.8	72.2	5.0
2, 2, 4-三甲基戊烷	ND	1.9	58.7	4.8
3-甲基戊烷	ND	2.7	59.8	6.3
3-甲基己烷	ND	1.1	28.5	2.5
顺-2-丁烯	ND	2.00	32.9	4.2
1-戊烯	ND	1.3	42.3	3.7
顺-2-戊烯	ND	0.8	46.6	3.5
1, 2-丁二烯	ND	1.00	11.7	1.8
异戊二烯	ND	1.00	14.6	1.5
苯	ND	3.8	78.0	7.0
甲苯	ND	11.8	293.5	24.2
乙苯	ND	2.3	53.2	5.2
对二甲苯	ND	5.0	150.8	14.1
间二甲苯	ND	2.2	69.1	6.0
邻二甲苯	ND	2.7	89.6	7.7
二氯二氟甲烷	ND	4.0	13.1	2.0
二氯四氟乙烷	ND	ND	8.89	1.15
三氯氟甲烷	ND	2.0	6.98	1.09
三氯三氟乙烷	ND	0.7	3.62	0.37
1, 2-二氯乙烷	0.17	2.5	29.25	2.97
1, 2-二氯丙烷	ND	2.3	20.56	3.4

注：ND 表示低于检测线。

　　正戊烷和异戊烷是汽油机动车尾气排放主要成分，特别在交通道路的环境中经常检测出正戊烷和异戊烷。如异戊烷是市区交通道路旁最丰富的物种[34]。苯系物可能来源于工业和机动车尾气的排放。工业城市发现苯系物是最丰富的 VOCs 组成，浓度约为 19.6 $\mu g/m^3$ [35]。大气中寿命较长的物种二氟二氯甲烷和三氯氟甲烷等氟利昂是削减高空臭氧层的主要物质。这些氟利昂的来源主要包括泡沫产品或旧制冷机组、旧空调中已淘汰的制冷剂[36]。我国当前多数城市点大气氟利昂的浓度水平与背景值相当[37]，表明当地的排放源对氟利昂贡献较为有限。石化行业的氯乙烯制造工艺通常释放 1, 2-二氯乙烷[38]。工业溶剂与农村地区农药的使用也能够释放 1, 2-二氯丙烷[34, 39]。

2.3.2　典型工业区挥发性有机物时空分布特征

电子拆解区（EP）与周边居民区（R1 和 R2）、偏远地区（OA）挥发性有机物（TVOCs）的浓度呈现冬秋季高、夏春季低的季节变化特征（图 2-1）。其中，正戊烷、异戊烷、苯、甲苯、乙苯、对二甲苯、间二甲苯、邻二甲苯、三氯氟甲烷、二氯二氟甲烷、1, 2-二氯乙烷和 1, 2-二氯丙烷夏季的平均浓度分别是（4.0 ± 4.8）μg/m³、（7.7 ± 10.0）μg/m³、（1.9 ± 3.7）μg/m³、（7.3 ± 9.6）μg/m³、（1.2 ± 1.6）μg/m³，

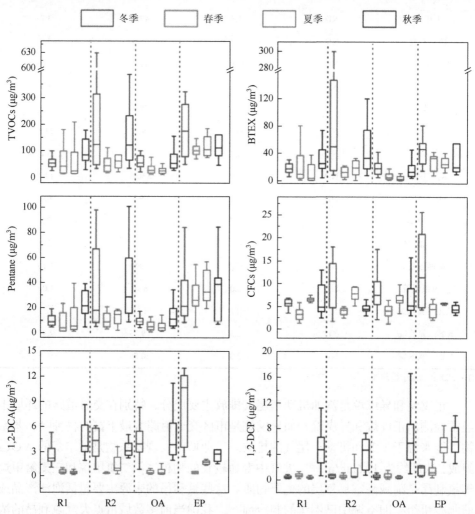

图 2-1　电子拆解区（EP）与周边居民区（R1 和 R2）、偏远地区（OA）挥发性有机物（TVOCs）、苯系物（BTEX）、戊烷（Pentane）、氟利昂（CFCs）、1, 2-二氯乙烷（1, 2-DCA）和 1, 2-二氯丙烷（1, 2-DCP）浓度春、夏、秋、冬不同季节变化[29]

请扫描封底二维码查看本书彩图

$(3.0 \pm 5.9)\,\mu g/m^3$、$(1.1 \pm 1.9)\,\mu g/m^3$、$(1.6 \pm 4.1)\,\mu g/m^3$、$(3.2 \pm 1.2)\,\mu g/m^3$、$(1.7 \pm 0.5)\,\mu g/m^3$、$(1.2 \pm 3.3)\,\mu g/m^3$ 和 $(1.4 \pm 1.8)\,\mu g/m^3$。夏季正戊烷和异戊烷是 VOCs 浓度最高的组成，其次是甲苯。相反，冬季多种 VOCs 组分浓度是夏季浓度 1.4~3.8 倍，其中甲苯是含量最大的 VOCs，其次为异戊烷。根据上述几类主要组成可归类为 5 种类别：苯系物、戊烷、氟利昂、1, 2-二氯乙烷和 1, 2-二氯丙烷。

苯系物浓度水平主要在秋冬季节较高，夏季最低，与 TVOCs 变化趋势相似，主要受扩散条件和交通排放的影响。冬季浓度较高还可能是大气边界层高度较低的结果[36]。其不利的扩散条件可能也是导致冬季 VOCs 水平较高的原因。秋季高浓度 TVOCs 只出现在电子垃圾拆解园区外，说明秋季更多来源于电子垃圾拆解园区外排放源的影响。秋季农作物活动过程道路机动车需求量增多，其机动车尾气排放可能是导致园区外高浓度 VOCs 的原因之一。秋季偏远地区和居民区丰富的戊烷和苯系物也说明机动车尾气排放是该地区 VOCs 一个重要来源。这也解释了秋季园区外的浓度接近甚至高于园区内的浓度，这种现象并没有在其他季节出现。园区中戊烷含量呈现夏季最高、冬季最低的季节变化特征，说明与气温关系密切。这可能是由于园区内停放大量拆解工人使用的车辆，夏季高温导致更多戊烷从燃料中挥发出来，从而使园区内戊烷水平增加。

冬夏季节园区外的氟利昂含量高于春秋季节，而园区内的氟氯化碳只有冬季含量显著高于其他季节。我国自 2008 年起已完全停止生产氟利昂[40]，夏季氟利昂浓度较高可能与使用旧空调有关[36]。冬季园区内废物冷却装置泄漏可能导致园区内的氟利昂含量略高于其他地区[24]。

1, 2-二氯乙烷和 1, 2-二氯丙烷高浓度水平出现在秋冬季节。1, 2-二氯乙烷主要用于合成氯乙烯单体及氯化溶剂[38]。1, 2-二氯乙烷也可用作家居用品和个人的清洁剂卫生产品[41]。1, 2-二氯丙烷被用作清漆和脱漆剂的工业溶剂[34, 41]。1, 2-二氯乙烷和 1, 2-二氯丙烷来自于工业溶剂使用[42]。由于电子垃圾拆解区域没有工业溶剂工厂，这些污染物可能来自区域长距离传输。

电子垃圾拆解活动相对稳定，其排放 VOCs 浓度水平季节变化相对较小。但冬季扩散条件不利条件导致电子拆解区 VOCs 浓度增加，其他季节的 VOCs 浓度水平并没有出现明显差异性。电子垃圾拆解园区内的 TVOCs、苯系物和氟利昂都呈现上述的规律。园区内并没有从事与氟利昂排放相关活动，因此该类化合物可能是由于园区外的贡献来源。而园区内的苯系物极有可能来自于电子垃圾拆解活动排放。

苯系物、1, 2-二氯乙烷和 1, 2-二氯丙烷对人体健康有着潜在危害作用，这三类组成的时空演变特征如图 2-2 所示。秋冬季节苯系物的高值区主要分布在居民区和电子拆解区。同时秋冬季节高浓度苯系物广泛分布在农村地区，可能是秋季农作物收割期间交通活动增加导致大量机动车尾气排放。冬季高浓度苯系物可能来自园区和居民区的扩散，以及不利扩散的气象条件导致其浓度明显增加。电子垃圾拆解活动四季都会产生苯系物，春夏季也观测到苯系物的存在。此外，部分苯系物还可能来自于塑料固废回收活动[43]。因此电子垃圾拆解区和塑料回收活动较多的居民区会导致较高浓度的苯系物存在。从分布图可见，电子垃圾拆解区是苯系物的污染高值区，但其影响范围相对有限。

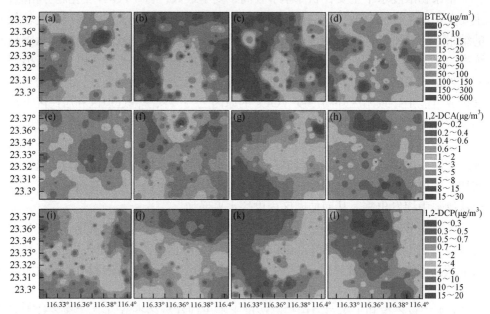

图 2-2　苯系物（BTEX）、1,2-二氯乙烷（1,2-DCA）和 1,2-二氯丙烷（1,2-DCP）季节空间分布图（浓度，μg/m³），图中从左到右顺序对应的季节分别为冬季、春季、夏季和秋季[29]

　　秋夏季节 1,2-二氯乙烷和 1,2-二氯丙烷在居民区的浓度较低，说明居民区排放的贡献较小。1,2-二氯乙烷和 1,2-二氯丙烷高值区主要分布在电子垃圾拆解区和边远地区，可能与工业活动或农业、自然排放相关。1,2-二氯乙烷和 1,2-二氯丙烷的空间分布随着季节变化也出现明显差异性。秋季 1,2-二氯乙烷和 1,2-二氯丙烷的空间分布呈现相同的特征，说明这两者物质可能来自同一个来源。由于 1,2-二氯乙烷和 1,2-二氯丙烷在研究区域内没有明确的排放源，且在整个区域内分布均匀，推测这两者物质是远距离传输过来的。冬季 1,2-二氯乙烷在整个调查区域的浓度相对较高，但与 1,2-二氯丙烷的浓度和分布不一致。因此，冬季 1,2-二氯乙烷和 1,2-二氯丙烷可能来自不同来源的影响。1,2-二氯乙烷和 1,2-二氯丙烷存在差异空间分布特点。冬秋季节园区是 1,2-二氯乙烷的高值区，相反春夏季节园区的 1,2-二氯丙烷呈现较高的浓度。电子垃圾拆解活动可能存在 1,2-二氯乙烷和 1,2-二氯丙烷间歇性排放特征。

2.3.3 典型工业区挥发性有机物溯源分析

通过正矩阵分解模型进一步识别电子垃圾拆解区与周边 VOCs 的排放源，解析出以下贡献因子：汽油机动车尾气排放源、汽油挥发源、大气背景、电子垃圾拆解排放源、溶剂使用、长距离传输、当地居民生活排放源和农药排放源，如图 2-3 所示[29]。汽油机动车尾气排放源含有丰富正戊烷、异戊烷和苯系物等汽油车尾气排放污染物[44]。汽油挥发源含有丰富的异戊烷和正戊烷但只有少量的苯系物[44]。大气背景主要包含大气中的长寿命物质四氯化碳和氟氯化碳[45]。电子垃圾拆解排放源以苯系物和 1, 2-二氯乙烷排放为主。长距离传输和电子垃圾拆解排放混合源主要包含 1, 2-二氯丙烷，同时长距离传输和电子垃圾拆解可能会导致 1, 2-二氯丙烷增加[46]，因此该因子是长距离传输和电子垃圾拆解排放混合源[46]。溶剂使用源主要以苯系物为主。喷施农药时可能释放二氯丙烷。当地居民生活可能也会排放部分 1, 2-二氯乙烷。

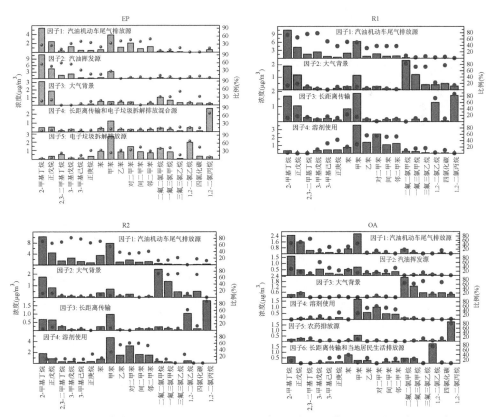

图 2-3 电子拆解区（EP）与周边居民区（R1 和 R2）和偏远地区（OA）正矩阵
分解模型来源解析[29]

汽油车尾气、长距离传输的 1, 2-二氯乙烷、1, 2-二氯丙烷和溶剂使用的苯系物是三个重要来源[44]。在居民区秋季的 1, 2-二氯乙烷和 1, 2-二氯丙烷存在更多来自于区域的远距离输送。在偏远地区的 1, 2-二氯乙烷和 1, 2-二氯丙烷可能来自两个污染来源。偏远地区居民生活污染随意排放可能是导致 1, 2-二氯乙烷增加。因此，一些农村地区的 1, 2-二氯乙烷高于居民区。由于偏远地区种植的农作物需要喷施农药，也可能释放部分 1, 2-二氯丙烷。因此，1, 2-二氯乙烷和 1, 2-二氯丙烷在偏远地区中来源不同，即长距离传输、生活源和农药。图 2-4 显示了每个区域中的 VOCs 来源占比[29]。汽车尾气排放是居民区和偏远地区 VOCs 的主要来源。汽油蒸发排放是电子垃圾拆解区 VOCs 的重要贡献来源（29%），而电子垃圾拆解活动对电子垃圾拆解区的 VOCs 贡献率为 20%。

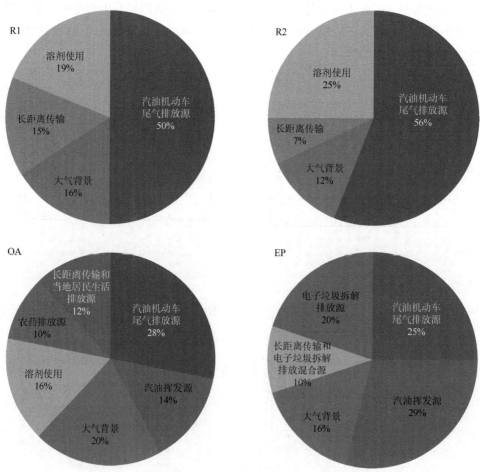

图 2-4   电子拆解区（EP）与周边居民区（R1 和 R2）和
偏远地区（OA）VOCs 各个来源比例[29]

2.4　典型挥发性有机物垂直分布特征

目前臭氧污染已成为我国大气污染治理最为重要的防控对象之一[47]。其中 VOCs 是形成臭氧重要前体物，我国人为源排放是 VOCs 重要来源[48]。因此 VOCs 排放的有效管控很大程度影响臭氧的形成[48,49]。开展 VOCs 监测是实现 VOCs 精准溯源和有效管控的基本要求。目前固定点位或者移动走航式监测多数针对近地面的 VOCs 等大气污染物，无法反映 VOCs 垂直变化趋势和规律[50,51]。其中大气边界层中上层也是污染物对外输送重要通道，地面的监测数据通常低估了污染源高空传输的贡献[52]。同时，边界层不同高度层风向风速等气象因素也将决定污染物传输方向[53]。

大气 VOCs 垂直观测的方法主要包括搭载平台和遥感探测两种方法，如图 2-5 所示[54,55]。搭载平台研究主要以高层建筑或气象塔、无人机、系留气球和飞机等为载体，搭配 VOCs 采集和测量仪器等设备，开展不同垂直高度层 VOCs 的组成和浓度变化水平观测。气象塔或电视塔高层建筑由于地点固定，只能反映其周边环境大气污染物垂直变化，其机动性和灵活性相对不足。飞机搭载平台更多针对

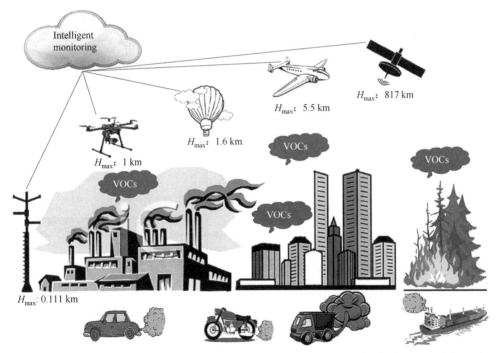

图 2-5　VOCs 垂直监测技术（Intelligent monitoring），H_{max} 表示目前文献中 VOCs 垂直监测最高的范围[55]

高度1000米以上的污染物,难以有效对大气边界层下层的 VOCs 开展相关的监测。气球、无人机搭载平台具有灵活机动性等优点,同时适合大气边界层内大气污染物的监测。遥感探测方法通常根据大气污染物的光学特征实现污染物快速检测,且具有大范围监测的优点,但多数应用于半定量几类污染物变化趋势的研究,同时有云层厚度能见度、风速等其他因素的干扰[54]。以下通过高层建筑物、高塔、无人机、系留气球、飞机和卫星遥感等搭载技术阐述 VOCs 垂直演变特征的研究。

2.4.1 基于高层建筑研究挥发性有机物垂直分布特征

基于中国广东省广州塔 488 米、118 米和地面开展 VOCs 垂直变化,其结果发现烷烃、烯烃、炔烃和芳香烃的浓度水平随着高度上升呈现下降的特征(图 2-6)[16, 56]。通过化学质量平衡法溯源分析,VOCs 中烷烃、烯烃、炔烃和芳香烃主要来自地面机动车尾气、燃油蒸发和溶剂使用等污染源排放。这些污染物在垂直传输过程发生扩散稀释和大气化学转化行为,导致这些组成在广州塔 488 米、118 米高度浓度水平逐渐减低[16]。相反,一些含氧 VOCs 组成如甲醛、乙醛的浓度随着高度上升而增加,主要是来自于大气二次转化形成[16]。Li 等利用 PTR-TOF-MS 在广州塔 450 米户外观景平台测定 VOCs 日变化特征[57]。芳香烃类 VOCs 浓度在 12:00~16:00 时间段出现最低值,主要由于白天光化学反应消耗芳香烃类物质以及大气边

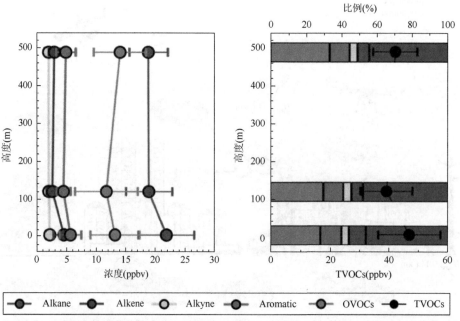

图 2-6　广州塔 488 米、118 米和地面烷烃(Alkane)、烯烃（Alkene）、炔烃（Alkyne）、芳香烃（Aromatic）、含氧 VOCs（OVOCs）和 VOCs 总浓度（TVOCs）及其组成比例[16]

界层高度的上升有助于芳香烃类物质的扩散。丙酮白天浓度水平高于夜晚，可能来自于光化学反应形成或者植物排放贡献。根据正矩阵分解模型溯源分析，机动车工业排放、二次形成、自然源排放、区域长距离传输、个人护理用品的挥发和旅客呼出气是广州塔 450 米 VOCs 的主要贡献来源。

2.4.2　基于气象塔研究挥发性有机物垂直分布特征

基于中国北京气象塔 8 米、32 米、140 米和 280 米不同高度层开展 VOCs 垂直观测研究，其中发现不同高度层 VOCs 类别含有烯烃、烷烃、氯代烃和芳香烃，这些类别主要组成分别是 1-丁烯、异戊烷、二氯甲烷和甲苯[15]。在清洁天气背景下这些污染物的浓度整体呈现随高度上升而下降的垂直变化趋势（图 2-7），这可能是污染物在垂直输送过程发生扩散稀释行为造成的。在污染天气背景下 1-丁烯、异戊烷、二氯甲烷的浓度在 8~140 米高度范围内随着高度增加而降低，140~280 米高度范围内随着高度增加呈现增加的趋势。污染天气较低的大气边界层高度，稳定的大气层和较低的风速可能导致这些污染物在 280 米高度累积增加。结合污染源标志物和主成分分析可以将该地区污染源归类为 3 个影响因子：①以机动车尾气排放或者燃油挥发构成的烷烃、烯烃和苯系物；②乙苯和二甲苯组成的污染物，主要来自机动车尾气排放、溶剂使用和工业活动排放；③以溶剂和汽油挥发形成的二氯甲烷，萘和甲基叔丁基醚为主。清洁天气背景下 32 米和 280 米的影响因子较为相似，主要是以机动车排放和溶剂挥发影响为主[15]。污染天气背景下 32 米以下 VOCs 来源主要来自于机动车尾气排放、汽油和溶剂蒸发，140~280 米范围 VOCs 不仅受到机动车尾气、溶剂挥发的影响，还存在工业活动排放的贡献[15]。

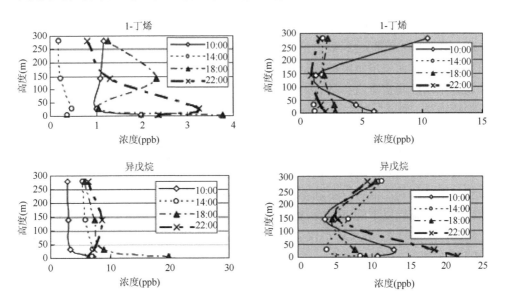

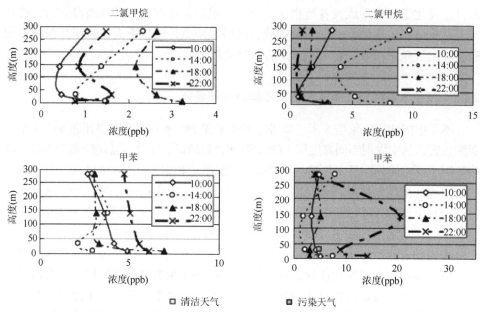

图 2-7　北京气象塔 8 米、32 米、140 米和 280 米在污染天气和清洁天气下 1-丁烯、异戊烷、
二氯甲烷和甲苯垂直浓度变化[15]

2.4.2　基于无人机搭载平台研究挥发性有机物垂直分布特征

　　Vo 等利用无人机搭载苏玛罐在中国台湾某工业区开展地面至 1000 米高度
VOCs 垂直分布特征的研究（图 2-8）[58]。VOCs 的浓度随着高度不断上升逐渐
升高，在 300 米高度达到最大值，然而在 300~1000 米高度范围内 VOCs 的浓度
随着高度上升而呈现下降的特征。由于该地区在 200 米高度存在逆温层导致当地
排放源难以向高空垂直扩散，因此 300 米高空 VOCs 浓度的增加可能来自于区域
长距离输送。逆温层的存在也使烷烃、烯烃和酮类等 VOCs 组分比例在 200 米以
下的高度范围随着高度增加而增加[58]，但苯系物和含氯等 VOCs 的比例在 200 米
以上高度范围随着高度增加增多。这表明了 VOCs 垂直变化不仅受到地面源排
放影响，同时逆温层的存在也改变 VOCs 浓度和组成的垂直变化。苯与甲苯比
值和二甲苯与苯比值可以示踪不同高度层 VOCs 大气老化程度或者源解析。其
结果发现逆温层以下的 VOCs 更多是新鲜排放源的贡献，如交通污染源，而在
逆温层以上高度的 VOCs 不仅来自当地污染物排放贡献，还存在长距离输送的
影响[58]。

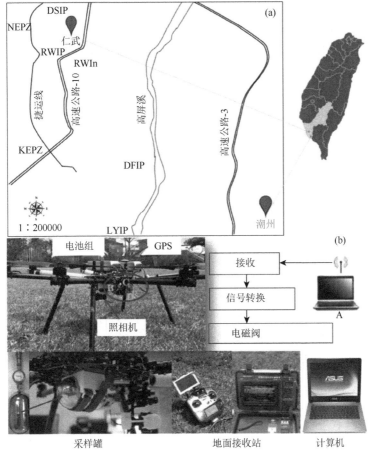

图 2-8　无人机搭载苏玛罐 VOCs 采集平台[58]

DSIP：大社工业园；NEPZ：南子出口加工区；　RWIP：仁武工业园区；RWIn：仁武焚烧点；
KEPZ：高雄出口加工区；DFIP：大发工业园区；LYIP：临源工业园区；GPS：全球定位系统

2.4.3　基于系留气球搭载平台研究挥发性有机物垂直分布特征

基于系留气球在中国京津冀地区开展地面至 1000 米高空 VOCs 观测结果发现[59,60]：冬夏两季炔烃、卤代烃和烯烃的比例也随着高度增加而下降，但烷烃类的比例随着高度上升而增加，芳香烃的比例在不同高度较为一致。冬季 VOCs 浓度随着高度上升而下降。然而夏季 VOCs 浓度在 600 米以下的高度没有明显变化，在 600~1000 米高度范围内 VOCs 浓度随着高度上升而增加，主要归功于夏季在这些高度范围内烷烃类 VOCs 浓度的增加（图 2-9）。根据正矩阵分解模型溯源分析，该地区 VOCs 主要来自汽油车排放、柴油车排放、工业排放源、溶剂使用、煤燃烧、生物源和长距离输送等。夏季汽油车排放和工业排放源的贡献比例随高度上升而增加，其余排放源的贡献比例呈现相反趋势。冬季汽油车排放、工业排放源、溶剂使用贡献比例随高度上升而增加，但煤燃烧的贡献比例呈现相反趋势，柴油车排放、生物源和长距离输送等其他来源在不同高度层的比例较为一致。

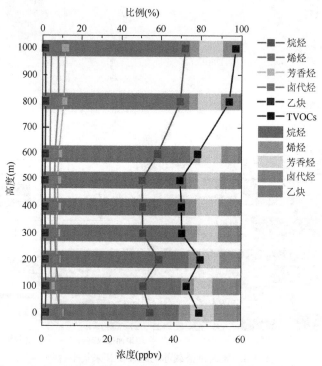

图 2-9　京津冀地区烷烃、烯烃、芳香烃、卤代烃、乙炔和 VOCs 总浓度（TVOCs）在不同高度浓度和比例变化特征[59]

2.4.4　基于飞机搭载平台研究挥发性有机物垂直分布特征

　　基于飞机搭载平台在中国吉林省开展 0.5~5.5 km VOCs 垂直分布特征研究[61]。其结果显示地面的 VOCs 浓度显著高于大气边界层（2 km 以下）和自由对流层（2~5.5 km）高度范围。通过丙烷与乙烷的浓度比值推断地面 VOCs 更多来自于污染源新鲜排放，而高空的 VOCs 可能经过大气老化过程。由于高空部分卤代烃的存在是导致臭氧层破坏的重要原因。多数卤代烃的浓度水平随着高度上升而出现明显下降的特点[61]。三氯乙烷的浓度在地面、大气边界层和自由对流层并没有出现显著差异性（图 2-10）[61]，可能是当地排放源得到有效控制。二氟一氯乙烷在大气边界层浓度高于地面水平（图 2-10），可能当地不存在该物质的排放源[61]。

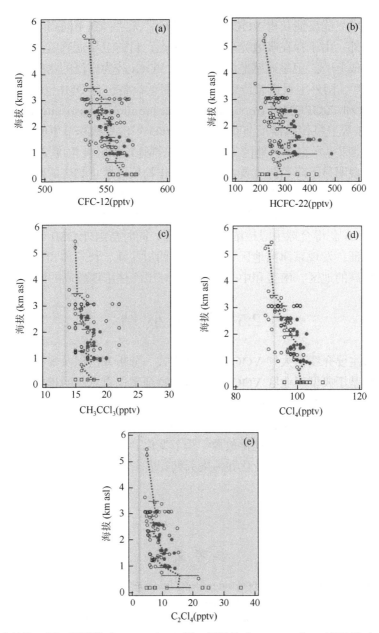

图 2-10 吉林省二氟二氯甲烷（CFC-12）、二氟一氯甲烷（HCFC-22）、三氯乙烷（CH₃CCl₃）、
四氯化碳（CCl₄）和四氯乙烯（C₂Cl₄）垂直变化特征[61]

2.4.5 基于卫星遥感技术研究挥发性有机物柱浓度特征

卫星遥感监测技术主要根据差分吸收光谱反演算法等技术获得 VOCs 柱浓度

水平。该技术只能反演获得 VOCs 垂直柱浓度，无法得到不同高度层的 VOCs 浓度水平。此外，由于存在吸收光谱重叠性难点，目前卫星遥感监测技术难以区分多数 VOCs 成分[55]。卫星遥感监测技术测量 VOCs 较为广泛的物质主要包含甲醛和乙二醛等[55]。国外卫星搭载传感器探测甲醛的设备包含 OMI（ozone monitoring instrument）和 TROPOMI（tropospheric ozone monitoring instrument）等[55]。Shen 等利用 OMI 等卫星传感器反演获得 2005~2006 年份夏秋季节甲醛全国的分布特征[62]。研究结果显示京津冀地区、长三角等东部地区甲醛柱浓度呈现上升的趋势，淮河流域出现明显下降趋势主要由于当地农作物残渣禁止燃烧的政策[62]。我国自主研发风云 5 号卫星搭载大气痕量气体差分吸收光谱仪（environmental trace gases monitoring instrument，EMI）同样可用于反演和监测全球甲醛柱浓度的变化[63]。Su 等使用 EMI 获得全球甲醛柱浓度分布特征，同时与国外 OMI 和 TROPOMI 传感器进行验证：发现京津冀地区、河南省、四川盆地、长三角和珠三角是我国甲醛柱浓度较高的地区，南美和中非地区是全球甲醛柱浓度较高的区域[63]。

2.5　本 章 小 结

本章节主要介绍了大气 VOCs 的采样方式、分析方法以及来源解析技术特征和优缺点。基于典型工业区 VOCs 时空分布特征案例重点阐明排放源、迁移扩散过程和季节性变化等 VOCs 环境地球化学行为。通过高层建筑物、高塔、无人机、系留气球、飞机和卫星遥感等技术阐述 VOCs 垂直观测技术特点。VOCs 浓度和组成的垂直演变特征受到当地排放源、季节变化、长距离传输、逆温层形成、大气二次转化、大气边界层日变化和污染天气等多个因素共同影响。

（林钦浩　安太成）

参 考 文 献

[1]　Song CB, Liu BS, Dai QL, et al. Temperature dependence and source apportionment of volatile organic compounds（VOCs）at an urban site on the north China plain. Atmos. Environ., 2019, 207: 167-181.

[2]　Wang G, Zhao N, Zhang HY, et al. Spatiotemporal distributions of ambient volatile organic compounds in China: Characteristics and sources. Aerosol Air Qual. Res., 2022, 22（5）: 210379.

[3]　Xuan LC, Ma YN, Xing YF, et al. Source, temporal variation and health risk of volatile organic compounds（VOCs）from urban traffic in harbin, China. Environ. Pollut., 2021, 270: 116074.

[4]　Sha Q, Zhu M, Huang H, et al. A newly integrated dataset of volatile organic compounds（VOCs）source profiles and implications for the future development of VOCs profiles in China. Sci. Total Environ., 2021, 793: 148348.

[5]　Liang XM, Sun XB, Xu JT, et al. Improved emissions inventory and VOCs speciation for industrial OFP estimation in China. Sci. Total Environ., 2020, 745: 140838.

[6]　Mozaffar A, Zhang YL. Atmospheric volatile organic compounds（VOCs）in China: A review. Curr. Pollut. Rep., 2020, 6（3）: 250-263.

[7]　Yin SS, Zheng JY, Lu Q, et al. A refined 2010-based VOC emission inventory and its improvement on modeling regional ozone in the Pearl River Delta Region, China. Sci. Total Environ., 2015, 514: 426-438.

[8]　Li QQ, Su GJ, Li CQ, et al. An investigation into the role of VOCs in SOA and ozone production in Beijing, China. Sci. Total Environ., 2020, 720: 137536.

[9]　Gu YY, Li QQ, Wei D, et al. Emission characteristics of 99 NMVOCs in different seasonal days and the relationship with air quality parameters in Beijing, China. Ecotox. Environ. Safe., 2019, 169: 797-806.

[10]　Wang M, Qin W, Chen WT, et al. Seasonal variability of VOCs in Nanjing, Yangtze River delta: Implications for emission sources and photochemistry. Atmos. Environ., 2020, 223: 117254.

[11]　An JL, Zhu B, Wang HL, et al. Characteristics and source apportionment of VOCs measured in an industrial area of Nanjing, Yangtze River Delta, China. Atmos. Environ., 2014, 97: 206-214.

[12]　Gao QZ, Yan YL, Li RM, et al. Characteristics of volatile organic compounds during different pollution periods in winter in Yuncheng, a Typical city in North China. Aerosol Air Qual. Res., 2020, 20（1）: 97-107.

[13]　Geng CM, Wang J, Yin BH, et al. Vertical distribution of volatile organic compounds conducted by tethered balloon in the Beijing-Tianjin-Hebei region of China. J. Environ. Sci., 2020, 95: 121-129.

[14]　Zhang K, Xiu GL, Zhou L, et al. Vertical distribution of volatile organic compounds within the lower troposphere in late spring of Shanghai. Atmos. Environ., 2018, 186: 150-157.

[15]　Mao T, Wang YS, Jiang J, et al. The vertical distributions of VOCs in the atmosphere of Beijing in autumn. Sci. Total Environ., 2008, 390（1）: 97-108.

[16]　Mo ZW, Huang S, Yuan B, et al. Tower-based measurements of NMHCs and OVOCs in the Pearl River Delta: Vertical distribution, source analysis and chemical reactivity. Environ. Pollut., 2022, 292: 118454.

[17]　Badjagbo K, Moore S, Sauve S. Real-time continuous monitoring methods for airborne VOCs. TrAC-Trend. Anal. Chem., 2007, 26（9）: 931-940.

[18]　Król S, Zabiegała B, Namieśnik J. Monitoring VOCs in atmospheric air II. Sample collection and preparation. TrAC-Trend. Anal. Chem., 2010, 29（9）: 1101-1112.

[19]　Król S, Zabiegała B, Namieśnik J. Monitoring VOCs in atmospheric air I. On-line gas analyzers. TrAC-Trend. Anal. Chem., 2010, 29（9）: 1092-1100.

[20]　Buzcu B, Fraser MP. Source identification and apportionment of volatile organic compounds in Houston, TX. Atmos. Environ., 2006, 40（13）: 2385-2400.

[21]　Cucchiella F, D'Adamo I, Koh SCL, Rosa P. Recycling of WEEEs: An economic assessment of present and future e-waste streams. Renew. Sust. Energ. Rev., 2015, 51: 263-272.

[22]　Singh N, Li JH, Zeng XL. Global responses for recycling waste CRTs in e-waste. Waste Manage., 2016, 57: 187-197.

[23]　Tsydenova O, Bengtsson M. Chemical hazards associated with treatment of waste electrical and electronic equipment. Waste Manage., 2011, 31（1）: 45-58.

[24]　Kaya M. Recovery of metals and nonmetals from electronic waste by physical and chemical recycling processes. Waste Manage., 2016, 57: 64-90.

[25]　Zhang B, Zhang T, Duan YS, et al. Human exposure to phthalate esters associated with e-waste dismantling: Exposure levels, sources, and risk assessment. Environ. Int., 2019, 124: 1-9.

[26]　Zhao KL, Fu WJ, Qiu QZ, et al. Spatial patterns of potentially hazardous metals in paddy soils in a typical electrical waste dismantling area and their pollution characteristics. Geoderma, 2019, 337: 453-462.

[27]　Li YM, Jiang GB, Wang YW, et al. Concentrations, profiles and gas-particle partitioning of PCDD/Fs, PCBs and PBDEs in the ambient air of an E-waste dismantling area, southeast China. Chinese Sci. Bull., 2008, 53（4）: 521-528.

[28]　Li YD, Yin SS, Yu SJ, et al. Characteristics, source apportionment and health risks of ambient VOCs during

high ozone period at an urban site in central plain, China. Chemosphere, 2020, 250: 126283.

[29]　Chen D, Liu R, Lin Q, et al. Volatile organic compounds in an e-waste dismantling region: From spatial-seasonal variation to human health impact. Chemosphere, 2021, 275: 130022.

[30]　Alston SM, Clark AD, Arnold JC, et al. Environmental impact of pyrolysis of mixed WEEE plastics part 1: experimental pyrolysis data. Environ. Sci. Technol., 2011, 45 (21): 9380-9385.

[31]　Guo J, Luo XM, Tan SF, et al. Thermal degradation and pollutant emission from waste printed circuit boards mounted with electronic components. J. Hazard. Mater., 2020, 382: 121038.

[32]　Miri M, Shendi MRA, Ghaffari HR, et al. Investigation of outdoor BTEX: Concentration, variations, sources, spatial distribution, and risk assessment. Chemosphere, 2016, 163: 601-609.

[33]　An T, Huang Y, Li G, et al. Pollution profiles and health risk assessment of VOCs emitted during e-waste dismantling processes associated with different dismantling methods. Environ. Int., 2014, 73 (0): 186-194.

[34]　Ly BT, Kajii Y, Nguyen TYL, et al. Characteristics of roadside volatile organic compounds in an urban area dominated by gasoline vehicles, a case study in Hanoi. Chemosphere, 2020, 254: 126749.

[35]　Kim SJ, Kwon HO, Lee MI, et al. Spatial and temporal variations of volatile organic compounds using passive air samplers in the multi-industrial city of Ulsan, Korea. Environ. Sci. Pollut. Res., 2019, 26 (6): 5831-5841.

[36]　Zhang YL, Wang XM, Simpson IJ, et al. Ambient CFCs and HCFC-22 observed concurrently at 84 sites in the Pearl River Delta region during the 2008-2009 grid studies. J. Geophys. Res.-Atmos., 2014, 119 (12): 7699-7717.

[37]　Fang XK, Wu J, Xu JH, et al. Ambient mixing ratios of chlorofluorocarbons, hydrochlorofluorocarbons and hydrofluorocarbons in 46 Chinese cities. Atmos. Environ., 2012, 54: 387-392.

[38]　Dumanoglu Y, Kara M, Altiok H, et al. Spatial and seasonal variation and source apportionment of volatile organic compounds (VOCs) in a heavily industrialized region. Atmos. Environ., 2014, 98: 168-178.

[39]　Ramirez N, Cuadras A, Rovira E, et al. Chronic risk assessment of exposure to volatile organic compounds in the atmosphere near the largest Mediterranean industrial site. Environ. Int., 2012, 39 (1): 200-209.

[40]　Wu HX, Chen H, Wang YT, et al. The changing ambient mixing ratios of long-lived halocarbons under Montreal Protocol in China. J. Clean Prod., 2018, 188: 774-785.

[41]　Ravina M, Facelli A, Zanetti M. Halocarbon emissions from hazardous waste landfills: Analysis of sources and risks. Atmosphere, 2020, 11 (4): 375.

[42]　Li J, Wu RR, Li YQ, et al. Effects of rigorous emission controls on reducing ambient volatile organic compounds in Beijing, China. Sci. Total Environ, 2016, 557: 531-541.

[43]　Dorter M, Odabasi M, Yenisoy-Karakas S. Source apportionment of biogenic and anthropogenic VOCs in Bolu plateau. Sci. Total Environ., 2020, 731: 139201.

[44]　Watson JG, Chow JC, Fujita EM. Review of volatile organic compound source apportionment by chemical mass balance. Atmos. Environ., 2001, 35 (9): 1567-1584.

[45]　Sarkar S, Fan WH, Jia SG, et al. A quantitative assessment of distributions and sources of tropospheric halocarbons measured in Singapore. Sci. Total Environ., 2018, 619: 528-544.

[46]　Liu RR, Chen JY, Li GY, et al. Using an integrated decontamination technique to remove VOCs and attenuate health risks from an e-waste dismantling workshop. Chem. Eng. J., 2017, 318: 57-63.

[47]　Yin CQ, Deng XJ, Zou Y, et al. Trend analysis of surface ozone at suburban Guangzhou, China. Sci. Total Environ., 2019, 695: 133880.

[48]　Wei W, Wang SX, Hao JM, et al. Projection of anthropogenic volatile organic compounds (VOCs) emissions in China for the period 2010-2020. Atmos. Environ., 2011, 45 (38): 6863-6871.

[49]　Kansal A. Sources and reactivity of NMHCs and VOCs in the atmosphere: A review. J. Hazard. Mater., 2009, 166 (1): 17-26.

[50]　Liang Q, Bao X, Sun Q, et al. Imaging VOC distribution in cities and tracing VOC emission sources with a

novel mobile proton transfer reaction mass spectrometer. Environ. Pollut., 2020, 265: 114628.

[51] Shen LJ, Xiang P, Liang SW, et al. Sources profiles of volatile organic compounds（VOCs）measured in a typical industrial process in Wuhan, Central China. Atmosphere, 2018, 9（8）: 297.

[52] Velasco E, Marquez C, Bueno E, et al. Vertical distribution of ozone and VOCs in the low boundary layer of Mexico City. Atmos. Chem. Phys., 2008, 8（12）: 3061-3079.

[53] Quinn PK, Bates TS. Regional aerosol properties: Comparisons of boundary layer measurements from ACE 1, ACE 2, aerosols99, INDOEX, ACE Asia, TARFOX, and NEAQS. J. Geophys. Res.-Atmos., 2005, 110（D14）: D14202.

[54] 刘文清, 陈臻懿, 刘建国, 等. 我国大气环境立体监测技术及应用. 科学通报, 2016, 61（30）: 3196-3207.

[55] Hien VTD, Lin C, Thanh VC, et al. An overview of the development of vertical sampling technologies for ambient volatile organic compounds（VOCs）. J. Environ. Manage., 2019, 247: 401-412.

[56] Mo ZW, Huang S, Yuan B, et al. Deriving emission fluxes of volatile organic compounds from tower observation in the Pearl River Delta, China. Sci. Total Environ., 2020, 741: 139763.

[57] Li XB, Yuan B, Wang SH, et al. Variations and sources of volatile organic compounds（VOCs）in urban region: Insights from measurements on a tall tower. Atmos. Chem. Phys., 2022, 22（16）: 10567-10587.

[58] Vo TD, Lin C, Weng CE, et al. Vertical stratification of volatile organic compounds and their photochemical product formation potential in an industrial urban area. J. Environ. Manage., 2018, 217: 327-336.

[59] Wu S, Tang GQ, Wang YH, et al. Vertical evolution of boundary layer volatile organic compounds in summer over the North China Plain and the differences with winter. Adv. Atmos. Sci., 2021, 38（7）: 1165-1176.

[60] Wu S, Tang GQ, Wang YH, et al. Vertically decreased VOC concentration and reactivity in the planetary boundary layer in winter over the North China Plain. Atmos. Res., 2020, 240: 104930.

[61] Xue LK, Wang T, Simpson IJ, et al. Vertical distributions of non-methane hydrocarbons and halocarbons in the lower troposphere over northeast China. Atmos. Environ., 2011, 45（36）: 6501-6509.

[62] Shen L, Jacob DJ, Zhu L, et al. The 2005-2016 trends of formaldehyde columns over china observed by satellites: Increasing anthropogenic emissions of volatile organic compounds and decreasing agricultural fire emissions. Geophys. Res. Lett., 2019, 46（8）: 4468-4475.

[63] Su WJ, Liu C, Hu QH, et al. First global observation of tropospheric formaldehyde from Chinese GaoFen-5 satellite: Locating source of volatile organic compounds. Environ. Pollut., 2022, 297: 118691.

第3章　挥发性有机物的大气化学过程与机制研究

挥发性有机物（volatile organic compounds，VOCs）是二次有机气溶胶（secondary organic aerosol，SOA）和 O_3 形成的关键前驱体。释放到大气中的 VOCs 能够与 OH 自由基、NO_3 自由基、Cl 自由基和 O_3 等大气活性氧物种进行氧化反应，其氧化产物进一步通过新粒子形成、缩聚/平衡分配、颗粒相反应以及非均相界面反应等一系列复杂过程形成 SOA。SOA 占到细颗粒物质量浓度的 10%~70%，显著影响气溶胶的成核能力、光学性质以及健康效应等[1]。因此，深入认识 VOCs 的关键环境地球化学行为，特别是其迁移转化机制，非常有助于识别出对 O_3 和 $PM_{2.5}$ 的贡献显著的关键前体物以及在迁移转化过程中起到关键作用的化学组分，是提出控制复合型大气污染举措以及正确评估 VOCs 对人体健康危害效应的重要理论基础。

VOCs 的大气转化机制的研究包含实验模拟和理论化学计算模拟两种方法。虽然实验方法是获得 VOCs 大气化学反应机制关键基础数据的重要手段，但是单纯借助实验方法难以确切阐释不同自由基的功能，而且难以捕获大气寿命短的中间体，从而无法精确揭示 VOCs 的大气迁移转化的微观机制，导致实验模拟的 VOCs 转化对 SOA 和 O_3 的产量总是与实际观测值有较大的差距。而理论计算模拟可以基于基元反应，从原子尺度阐明 VOCs 的大气迁移转化机制，从而可以很好地补充实验化学转化过程中缺失的反应微观细节和短寿命反应中间体检测，因此，在一定程度上可以很好地修正 SOA 和 O_3 的产量估算模型。因此理论计算结合实验来研究典型 VOCs 的迁移转化机制是当前非常有效的研究手段。

芳香烃化合物是典型的人为源 VOCs，其光氧化反应是形成 SOA 的重要途径，直接或间接影响对流层 O_3 产量。而醛类、酮类等含氧 VOCs（OVOCs）是芳香烃类光氧化的重要产物；有机胺是一类重要的一次源的碱性 VOCs，是城市 SOA 的重要前驱体。其中有机胺与 OVOCs 之间的非均相反应更是棕色碳（brown carbon，BrC）形成的重要途径。鉴于以上 VOCs 对 SOA、BrC 以及 O_3 的重要贡献，本章将分别以芳香烃、醛类化合物和有机胺等三类不同的典型 VOCs 为代表，重点介绍近年来国内外 VOCs 的大气氧化过程、气液界面化学过程以及液相化学成核机制等，同时探讨它们对 SOA 和 O_3 的贡献机制，并对大气 VOCs 的迁移转化机制相关领域的研究进行展望。

3.1　VOCs 的大气氧化过程

VOCs 一经排放到大气中，即迅速地与活性自由基（如 OH、Cl、O_3、NO_3 等）发生均相或非均相氧化反应，伴随产生多种 OVOCs 及 RO_2 和 HO_2 自由基。其中活性较高的 OVOCs 能够与大气中的氧化剂继续反应。通过氧化反应，分子中 O/C 比升高，进一步形成更低挥发性的氧化产物。随后低挥发性物质通过吸附、溶解等途径，凝结到大气中的细颗粒物中并使其增长，是 SOA 形成的重要途径。而 RO_2 和 HO_2 自由基则参与到大气 NO_x-O_3 循环过程中，将 NO 转化为 NO_2 的同时生成 O_3。因此，VOCs 的大气氧化过程是导致细颗粒物污染、O_3 污染事件频发的根源。本节接下来以芳香烃、酮类化合物、有机胺等 VOCs 为代表，分别介绍近几年 VOCs 的大气均相和非均相氧化过程的主要研究成果。

3.1.1　VOCs 的大气均相氧化过程

3.1.1.1　芳香烃的大气均相氧化过程

单环芳烃（monocyclic aromatic hydrocarbons，MAHs）是一种通过强电子离域而增强稳定性的不饱和平面环状 VOCs[2]，占城市总芳香烃排放的 60%~75%[3]。其中，甲苯、二甲苯和三甲苯是城市大气中常见的单环芳烃，主要来源为汽车尾气排放、化石燃料燃烧和溶剂挥发等[4-8]。MAHs 主要通过与 OH 自由基、HO_2 自由基、Cl 自由基、O_2 和 NO 等活性氧物种的化学氧化反应从大气中去除[9, 10]。丰富的活性氧物种使得单环芳烃大气化学寿命相对较短，从几小时（如三甲苯）到大约 8 天（如甲苯）不等[11]。

MAHs 的光氧化过程产物（苯酚类、小分子多官能团化合物等）是工业化城市和半城市区域中一部分 SOA 和 O_3 形成的主要前体物[12]。在 1952 年，Haagen-Smit 最早提出含有苯环的 VOCs 对 SOA 生成有贡献[13]。而近年的外场观测表明 MAHs 的大气光化学氧化过程促进了大气环境中细颗粒物的爆发增长[14]。Hu 等估算甲苯的大气氧化对城市地区的 SOA 生成总量贡献了 17%~29%[15]。此外，因为 MAHs 具有显著的 O_3 生成潜势，在高 NO_x 排放区域（如亚洲东部、美国东部和欧洲等地区）对 O_3 的贡献较大[2]。近年来中国北方发生 O_3 和 $PM_{2.5}$ 的协同爆发增长，其本质原因是部分地区的硫酸盐、硝酸盐和氧化有机气溶胶的爆发增长，以及氧化自由基的大量增加。其中 MAHs 的光氧化对二次污染前体物的生成具有一定的贡献。因此，系统研究甲苯、二甲苯和三甲苯的大气光氧化反应机制，有助于衡量机制的差异对二次污染物形成的影响。本节将以甲苯、二甲苯和三甲苯为代表，介绍近年来单环芳烃大气氧化机理的理论研究进展。

1) 单环芳烃在白天的均相氧化过程

　　图 3-1 描述了 MAHs 受对流层大气下含量丰富的 OH 自由基介导发生的两种初步反应机制，分别是 OH 加成反应和 OH 氢提取反应[11]。其中，大量的实验与理论研究证明，OH 通过提取 MAHs 上甲基氢从而生成甲基苯甲醛类产物的途径占比较少（＜10%），主要的反应为 OH 加成到芳香环碳上并生成加合物中间体（＞90%）[16-19]。随后，MAHs 与 OH 自由基的加合物中间体（MAH-OH）能够与大气中丰富的 O_2 发生氧化反应，生成一次过氧自由基 RO_2。图 3-2 描述了 MAH-OH 与 O_2 的反应机理。RO_2 的归趋由两个反应途径的竞争所决定，其一是 RO_2 自由基通过环化形成氧桥式双环自由基（BR），另外是 RO_2 自由基分解、重新生成 MAH-OH 与氧气。此外，MAH-OH 能够与 O_2 发生氢提取反应，生成芳香环上含有羟基基团和甲基基团的苯酚类产物（phenolic products）以及氢过氧自由基 HO_2。活性较高的苯酚类产物能进一步通过大气氧化形成含有多个酚羟基的甲基苯酚产物和 RO_2 自由基。研究表明多羟基甲基苯酚化合物是高氧化性、多官能团化的低挥发性化合物高含氧有机分子（highly oxygenated organic molecules，HOMs）的主要前体物来源，这促进了大气中细颗粒物的成核、生长[20, 21]。

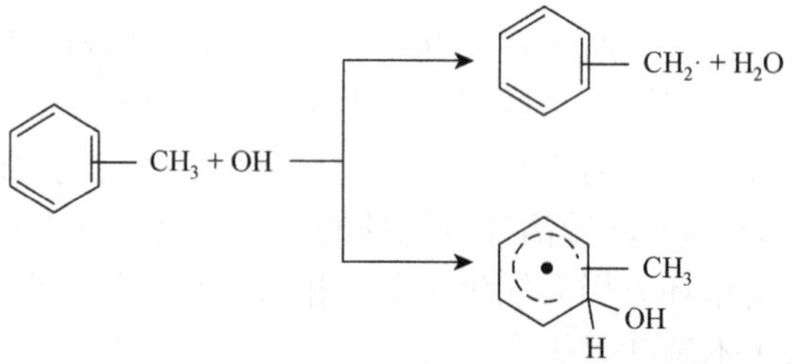

MAH-OH 加合物

图 3-1　OH 自由基引发的单环芳烃加成反应及氢提取反应机理[11]

　　过氧自由基 RO_2 被认为是城市大气 SOA 和 O_3 污染形成的关键中间体。一代过氧自由基 RO_2 在形成氧桥式双环自由基后，其环己烯结构上的活性位点能进一步吸引氧气进攻，生成二代 RO_2 自由基。研究表明，MAHs 经过多代的氧化后，主要发生环裂解反应，生成大量的小分子二羰基化合物、呋喃类产物等[22-24]。并且，随 MAHs 上甲基数量的增加，在光氧化过程中更容易发生环裂解反应（图 3-2[23]）。此外，在 NO_x 污染较严重的区域，一代、二代 RO_2 自由基能够与 NO 发生反应，NO 通过进攻 RO_2 自由基的—OO·基团，生成烷氧自由基 RO 和 NO_2。因此，RO_2 自由基促进了城市大气中 NO_x 的循环，这有利于城市 O_3 的大量生成。对流层 O_3 主要来自 NO_2 的光解，而 MAHs 可以通过光氧化生成 RO_2 自由基和 HO_2 自由基，两者均能够与 NO 反应生成 NO_2，进一步促进了 O_3 的形成。Luo 等在无

NO$_x$ 条件下测量了 MAHs 的直接光解,发现几乎不形成 O$_3$;引入 NO$_x$ 后,在 MAHs 光氧化的参与下 O$_3$ 大量形成[25]。此外,随 MAHs 上甲基数量增加,O$_3$ 的生成量增加[26-28]。

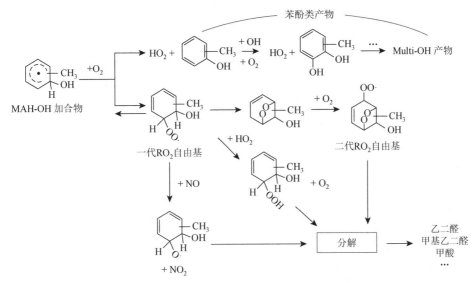

图 3-2　单环芳烃-OH 加合物与 O$_2$ 的反应机理[23]

　　而在 NO$_x$ 污染较轻的区域,一代、二代 RO$_2$ 自由基能够与 HO$_2$ 自由基发生反应,生成 ROOH 中间体。RO$_2$ 自由基、RO 自由基和 ROOH 中间体能进一步通过开环、裂解反应,生成大量的乙二醛、甲基乙二醛和甲酸等小分子的醛酮类产物。这些物质是大气中 SOA 和棕色碳的重要前体物。Hao 等通过烟雾箱实验探究 OH 自由基引发的甲苯氧化反应,发现 SOA 的生成量随光照强度增加而增加,随 NO 初始浓度的增加而减少[29]。Chen 等对甲苯、二甲苯和三甲苯的光烟雾箱实验结果表明,MAHs 在较低的初始浓度中会生成更高浓度的气相中间体,随后生成了更多的低挥发性产物,进而促进 SOA 生成[30]。Li 等通过对光烟雾箱输入不同初始浓度的 NO,表明当 MAHs/NO>400 时,NO 极大促进了间二甲苯光氧化过程中的 RO$_2$ 自由基与自由基反应生成 SOA[31]。这些研究表明 MAHs 的大气光氧化产物主要为低挥发性的氧化产物,该过程受 NO$_x$ 浓度控制并对 SOA 生成有一定影响。最近的一些研究还表明,双环过氧自由基能够通过分子内的氢转移机制,并进一步发生多代氧化生成高氧化性低挥发性化合物 HOMs[20,32,33]。这些低挥发性产物对大气 PM$_{2.5}$ 成核、生长具有促进作用,可进一步造成城市大气 PM$_{2.5}$ 污染。

　　对于 MAHs 光氧化生成一次 RO$_2$ 自由基和苯酚类产物途径的竞争性,先前有大量工作进行了探究[5,23,30,34-36],部分研究表明甲苯的大气光氧化主要通过 RO$_2$ 自由基途径生成大量的环裂解产物，如乙二醛和甲基乙二醛。而 Ji 等通过流动管实验与 ID-CIMS 监测结果表明，在极短的反应时间内（<50 ms）受 OH 自由基驱动的甲苯氧化主要生成甲酚、二羟基甲苯以及苯甲醛，产率分别为 (39 ± 5.0)%、(8.9 ± 1.3)% 和 (11.3 ± 2.0)%[18]。此外，该研究测得的甲基乙二醛等开环产物的产率远低于 2%，说明甲苯的大气光氧化反应生成苯酚类产物是优势途径。为了验明甲苯氧化机理，该研究对 OH 自由基驱动的甲苯氧化反应及后续的氧化反应进行了一系列的量子化学计算。结果表明，甲苯生成邻 OH-甲苯加合物中间体的反应速率是最快的（2.7×10^{-12} cm^3 molecule^{-1} s^{-1}），且邻位加成反应占比 76%。随后邻 OH-甲苯加合物进一步由氧气介导发生氢提取反应，生成邻甲酚。该反应途径具有较低的反应能垒以及较快的反应速率（5.1×10^{-12} cm^3 molecule^{-1} s^{-1}），并能进一步通过 OH 自由基加成、氧气氢提取反应进而生成多羟基甲苯。大部分 RO$_2$ 自由基都能通过可逆平衡转化为甲酚类产物。因此，甲酚的形成几乎是 OH 自由基介导的甲苯光氧化反应的唯一途径。

最近的研究表明，MAHs 中甲基的数量及位置会对其光氧化机制有一定影响。理论计算研究表明，甲基数量的增加促进了 MAHs 与 OH 自由基的加成反应速率，但 OH 自由基更多是通过进攻连接甲基的芳香环碳（—C(CH$_3$)—基团）进而生成 MAH-OH 加合物。这表明，携带多个甲基的 MAHs 后续的氧化反应中很难生成苯酚类产物。Li 等以及 Luo 等的研究证明了随甲基数量的增加，SOA 产率下降，甲基的存在弱化了 MAHs 的氧化能力，抑制了不饱和产物的形成及低聚化[23, 25]。因此，甲基数量较少的 MAHs，如苯和甲苯，其大气氧化过程主要是先生成苯酚类产物，再通过进一步氧化生成小分子醛酮类产物；而甲基数量较多的 MAHs，如二甲苯、乙基苯、苯乙烯和三甲苯等，其大气氧化过程主要是先生成一次 RO$_2$ 自由基，随后经过环裂解生成携带甲基的小分子产物。

2）单环芳烃在夜间的均相氧化过程

夜间 OH 自由基的浓度水平显著降低，此时区域环境的大气氧化能力下降。而夜间环境中存在一定水平的 O$_3$、NO$_3$ 自由基和 Cl 自由基。对于 NO$_3$ 自由基与 MAHs 的反应，与 OH 自由基的反应类似，NO$_3$ 自由基可以通过提取芳香环或甲基上的氢原子，也可以通过加成到芳香环碳上来与 MAHs 反应（图 3-3）。通过氢提取反应后 MAHs 可进一步被氧化为硝基芳香烃或芳香甲醛。而通过加成反应能够生成 MAH-NO$_3$ 加合物，随后经氢转移、裂解生成 HNO$_3$ 和不饱和的 MAHs 产物。值得注意的是，该反应中 MAH-NO$_3$ 加合物能够可逆分解为 NO$_3$ 自由基和 MAHs，并且该反应速率 k_2 远大于 k_3。研究表明甲苯与 NO$_3$ 自由基的反应速率为 7×10^{-17} cm^3 molecule^{-1} s^{-1}，半衰期为 1.8 年，因此 MAHs 与 NO$_3$ 自由基的直接反应不具有重要意义。此外，研究表明甲苯与 O$_3$ 的直接反应速率 $<10^{-20}$，半衰

期 >45 年，因此也不具有重要意义。此外，越来越多证据表明，沿海地区以及海洋上空的边界层存在着较多的 Cl 自由基，这对大陆气团中的 MAHs 氧化机制可能存在一定作用。Cl 自由基与 MAHs 的反应同样与 OH 自由基以及 NO₃ 自由基类似，Cl 自由基主要发生氢提取反应和加成反应，但因为 Cl 自由基加成到芳香环碳上的速率常数非常缓慢，因此主要发生氢提取反应。

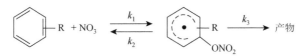

图 3-3　NO₃ 自由基与单环芳烃的加成反应机理[37]

通过对比 MAHs 白天与夜间的初次氧化反应，可以发现白天由 OH 自由基驱动的光氧化反应速率比夜间由 NO₃ 自由基等驱动的反应快 5~8 个数量级，并且夜间的氧化反应更容易发生可逆反应。因此日间光氧化反应是 MAHs 主要的化学降解途径。经过白天光氧化反应生成的开环产物，包括小分子醛酮类产物、呋喃类产物等，以及保留环产物，包括苯酚类产物、ROOH 和 ROOR 等，在白天未进一步参与光氧化反应的情况下，会累积、富集到夜间。在夜间时，这部分产物通过非均相反应产生硫酸盐、硝酸盐等，造成夜间污染前体物的进一步累积[37]。此外，小分子酸类产物能够增强液相反应场所的酸性，催化液相反应的发生。因此，控制 MAHs 的排放，使其日间光氧化反应减弱，进而减少夜间二次污染前体物的形成和累积是十分必要的。

3.1.1.2　含氧 VOCs 的大气均相氧化过程

OVOCs 是芳香烃光氧化反应的关键的中间产物，也是大气 VOCs 的重要组成部分。其来源广泛，主要包括工业排放以及燃料的不完全燃烧等人为源排放、生物质燃烧以及植被排放等生物源排放以及 VOCs 的大气氧化产生[38-42]。OVOCs 是 VOCs 均相氧化的重要中间体，反应活性较强，在光照条件下可与大气环境中的活性氧物种［如 O₃、NO₃ 自由基、OH 自由基、氯原子（Cl）等］进行光氧化反应。OH 自由基是由 O₃ 光解形成的，在日间的浓度显著，具有极高的反应活性，因此 OVOCs 在日间的大气氧化活性主要是由 OH 自由基决定。而 NO₃ 自由基由于会在日间迅速光解，在日间的浓度非常低，但在夜间的浓度会较高。因此 OVOCs 夜间的大气氧化主要是由 NO₃ 自由基引发的反应[43]。此外，Cl 也能与 OVOCs 快速反应[44]，然而由于对流层中 Cl 的浓度通常很低，因此与 Cl 的反应不是 OVOCs 大气氧化的主要反应[43]。此外，光解也是 OVOCs 大气转化的途径，生成一系列新物种[43]。综上所述，OVOCs 的大气氧化反应会产生 O₃、过氧酰基硝酸盐和 SOA[43, 45-48]，从而对人类的健康、空气的质量以及全球的气候产生深远影响。

醛和酮是芳香烃重要的中间氧化产物，在大气 OVOCs 中占有很大的比重。由于含有羰基基团（C＝O），它们的反应活性较高，对大气中的自由基、O_3 以及 SOA 的产生具有重要的贡献。因此，下面将以醛和酮这两种典型的 OVOCs 作为代表，介绍近些年 OVOCs 与 OH 和 NO_3 以及 O_3 光氧化过程的理论研究进展。

1）醛类和酮类 OVOCs 在白天的均相氧化过程

在日间，醛类和酮类的大气光氧化过程主要由 OH 引起，普遍认为，醛与 OH 的反应包括 H 提取反应以及 OH 加成反应。对于醛的 H 提取反应来说，主要为 OH 提取醛基（—CHO）上的 H 原子形成酰基自由基（RC(O)自由基），后续迅速与 O_2 反应形成过氧酰基自由基（$RC(O)O_2$ 自由基），随后过氧酰基自由基可以加成 NO_2 形成过氧酰基硝酸盐（$RC(O)O_2NO_2$）[43, 49]，如下式所示：

$$RCHO + OH \cdot \longrightarrow RC \cdot (O) + H_2O$$

$$RC \cdot (O) + O_2 \longrightarrow RC(O)O_2 \cdot$$

$$RC(O)O_2 \cdot + NO_2 \longrightarrow RC(O)O_2NO_2$$

过氧酰基硝酸盐中最重要的是过氧乙酰硝酸酯（$CH_3C(O)O_2NO_2$，PAN），对大气环境以及人体健康具有极大的危害。

此外，OH 也能加成于不饱和醛的 C＝C 上，与 O_2 反应形成过氧自由基（RO_2 自由基）[43, 49]。随后发生异构化和分解反应形成小分子类醛酮等物质[50, 51]。如甲基丙烯醛（CH_2＝$C(CH_3)CHO$，MAC）是一种反应性很强的醛类，同时具有 C＝C 以及醛基，其与 OH 的反应包括 C＝C 上的加成以及醛基上的 H 提取反应。OH 在 MAC 的 C＝C 上加成后将与 O_2 反应形成过氧自由基，Crounse 等结合实验与理论手段提出了该自由基的后续反应机理[50]，如图 3-4（a）所示，该自由基先发生异构化进行分子内氢转移，随后分解形成 CO，OH 以及羟基丙酮，或者形成甲醛，甲基乙二醛和 OH 自由基。Asatryan 等关于丙烯醛与 OH 自由基以及 O_2 反应的工作中也提出了相似的机制[51]，丙烯醛与 OH 发生 C＝C 上的加成后与 O_2 反应形成了过氧自由基，随后发生了分子内 H 转移以及分解反应，形成了甲醛、乙二醛、乙醇醛、CO 以及 OH 等产物。

值得注意的是，da Silva 也运用理论手段探索了 MAC 与 OH 的反应[52]，提出了新机理。如图 3-4（b）所示，OH 加成至 MAC 的 C＝C 上形成 $CH_2(OH)C(CH_3)CHO$ 自由基后，一个 H 原子从羟基部分转移到甲酰基中形成 α-羟基烷基自由基，随后这个自由基会发生 β-H 原子释放过程形成烯醇 $OCHC(CH_3)$＝CHOH。虽然该异构化过程以及 β-H 原子释放过程在室温以及常压下在 MAC 与 OH 反应路径中并非主要路径，但为其他 OVOCs 与 OH 反应的途径提供了新思路。

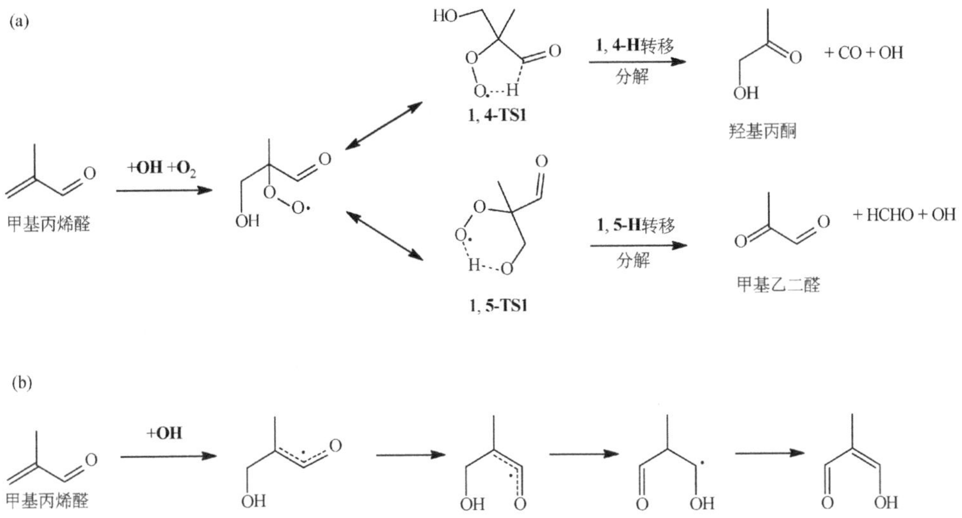

(a)

(b)

图 3-4　甲基丙烯醛的 OH 引发反应机理（TS 为过渡态）[50, 52]

对于饱和酮的日间大气氧化过程，其与 OH 的反应主要通过 H 提取反应进行，羰基（C＝O）的存在使得 α 位（与羰基相邻的碳原子上）的 H 原子失活，但激活了 β 位（处于羰基间位的碳原子上）的 H 原子[53]。因此，H 提取反应会优先从 β 位的 H 原子开始。对于不饱和酮，其与 OH 自由基的反应除了 H 提取反应，还包括 OH 在不饱和 C＝C 键上的加成反应。H 提取反应以及 OH 加成反应都会形成 R 自由基，随后 R 自由基后续会进一步与 O_2 以及 NO 反应形成烷氧自由基（RO·）[43, 49]，如图 3-5 所示。随后分解或者进行异构化形成一系列产物，如简单的醛、二羰基化合物和羟基二羰基化合物等[43]。

图 3-5　酮形成 RO· 的过程[43]

OH 也可以加成至羰基 C 上。如 OH 可以加成到丙酮（$CH_3C(O)CH_3$）的羰基 C 上形成 $CH_3C(O)(OH)CH_3$ 自由基，后续发生分解形成 CH_3COOH 以及 CH_3 自由基。但是 Vandenberk 等[54]的理论研究表明该机制是一个次要的机制，在对流层和平流层环境中是可以忽略的，丙酮与 OH 的反应主要仍以 H 提取反应为主。另外，当酮上存在卤代基时，存在卤代基的甲基上的 H 原子更容易被 OH 进攻。如 Zhao 等的理论研究表明 $CH_3C(O)CHCl_2$ 的氯代甲基上的 H 原子比甲基上的 H 原子更容易被 OH 提取[55]；Ji 等的理论研究表明对于 $CH_3C(O)CH_2F$ 与 OH 的反应，氟代甲基上的 H 提取反应是主要的 H 提取反应通道[56]。此外，当甲基上存在其他取代基的时候，也出现了同样的现象，如 Dillon 等探索了羟基丙酮（$HOCH_2C(O)CH_3$）与 OH 的反应[57]，发现从—$OHCH_2$ 基团中提取 H 原子形成 $HOCHC(O)CH_3$ 自由基是主要的反应通道，该自由基后续会与 O_2 反应形成甲基乙二醛。

而对于不饱和酮来说，OH 在不饱和 C=C 双键上的加成反应更具优势，如 2018 年，Paul 等运用理论手段探索了乙基乙烯基酮（$CH_2=CHCOCH_2CH_3$）与 OH 自由基的反应，OH 主要通过从乙基乙烯基酮的—CH_3 基团、—CH_2 基团以及—CH 基团进行 H 提取以及 OH 加成至不饱和 C=C 上与乙基乙烯基酮发生反应。结果表明，OH 加成至 C=C 上的 α-C 原子上是乙基乙烯基酮与 OH 自由基反应的主要反应通道[58]。

对于酮类物质与 OH 自由基反应的产物后续反应的理论研究，Ji 等运用理论计算手段探索了乙酰丙酮（AcAc）的 OH 引发的光氧化反应[46]。作者首先探究了 AcAc 与 OH 的起始反应，由于 AcAc 在大气中存在的两种同分异构体：烯醇 AcAc 以及二酮 AcAc，于是同时考虑了这两种同分异构体与 OH 反应的所有可能路径。烯醇 AcAc 与 OH 的反应共有四条路径，其中包括两条 H 提取反应路径（OH 进攻甲基基团）以及两条加成路径（OH 加成至 C=C 的 C 上）。对于二酮 AcAc 与 OH 的反应共有三条反应路径，包括两条 H 提取路径（OH 进攻甲基以及亚甲基基团）以及一条 OH 加成路径（OH 加成至羰基 C 上）。结果表明，OH 与二酮 AcAc 反应路径的速率常数远远低于 OH 与烯醇 AcAc 反应路径的速率常数。因此，OH 与烯醇 AcAc 的反应路径是主要反应通道。OH 与烯醇 AcAc 的反应主要以 OH 加成为主，两条 OH 加成反应路径的速率常数分别为 3.78×10^{-11} cm^3 molecule^{-1} s^{-1} 和 7.46×10^{-11} cm^3 molecule^{-1} s^{-1}，比 H 提取反应路径的速率常数高 2~3 个数量级，且两条 H 提取反应路径对总速率常数的贡献少于 1%，说明 H 提取反应路径是次要反应通道。

Ji 等进一步以烯醇 AcAc 的两种 OH 加成产物探索了后续反应机理。如图 3-6 所示，AcAc 的两种加合产物后续会先与 O_2 反应形成 RO_2 自由基，随后进一步与 NO 反应形成过氧基亚硝酸盐（RO_2NO）并很快脱去 NO_2 形成烷氧自由基（RO 自由基）。RO 自由基后续会发生分解形成甲基乙二醛（methylglyoxal，MG）和乙二醇自由基（ethylene glycol free radical，ER）、乙酰基自由基（acetyl radical，AR）和丙烷-2,2-二醇、乙酸和甲基乙二醛自由基（methyl glyoxal radical，MR）或者丁烷-2,4-二酮-3,4-二醇和甲基自由基（次要产物）。形成的 ER、丙醛-2,2-二醇（propanaldehyde-2,2-diol，PD）以及 MR 后续都能够继续与 O_2 反应，ER 与氧气反应形成 ER-RO_2 自由基进一步脱去 HO_2 自由基形成乙酸。AR 后续与氧气以及

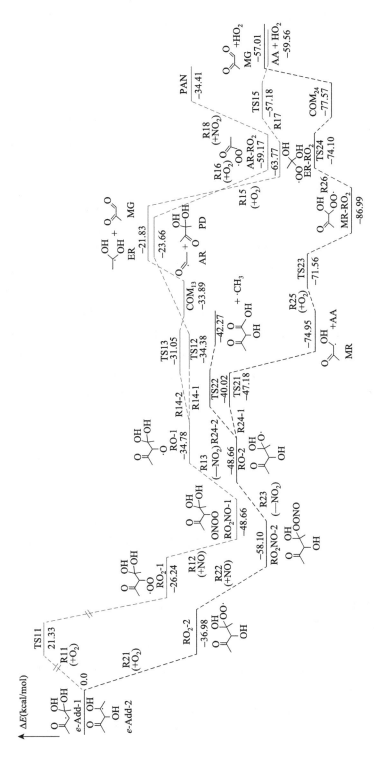

图3-6　AcAc发生OH加成反应产生的加合物的后续反应路径[46]

NO_2 反应形成 PAN 产物。而 MR 与 O_2 反应形成 MR-RO_2 自由基后进一步脱去 HO_2 自由基形成乙酸。其中，主要产物为乙酸（acetic acid，AA）以及 MG，对 O_3 以及 SOA 的形成具有重大的贡献。

2) 醛类和酮类 OVOCs 在夜间的均相氧化过程

在夜间，醛的氧化反应主要由 NO_3 自由基主导，普遍认为醛与 NO_3 自由基的反应包括 NO_3 自由基对羰基 H 的提取反应以及 NO_3 自由基在 C=C 上的加成反应。分别形成 RC(O) 自由基与 R 自由基[43,49]，后续反应与日间 RC(O) 自由基与 R 自由基的反应机理一致。

醛的夜间氧化反应已经被广泛研究，2001 年 Alvarez-Idaboy 等采用理论计算手段研究了一系列的饱和醛（甲醛、乙醛、丙醛、正丁醛和异丁醛）与 NO_3 自由基的反应[59]，探索了 NO_3 自由基对羰基 H 以及亚甲基或甲基上的 H 提取反应路径。结果显示，NO_3 自由基对饱和醛上的羰基 H 提取路径是主要路径，亚甲基以及甲基上的 H 提取反应路径无法与羰基 H 提取反应路径竞争。对比所有羰基 H 提取路径的能量发现，随着与 α 位的 C 原子（与羰基相邻的 C 原子）相连的甲基数的增加，反应活化能降低，说明 C 链长度会对 H 提取反应产生影响。2014 年 Rayez 等探索了一系列不饱和醛［从丙烯醛（C_3）到反式 2-辛烯醛（C_8）］与 NO_3 自由基的反应[60]，不饱和醛与 NO_3 自由基的反应路径包括 NO_3 对羰基 H 的提取反应以及在 C=C 上的加成反应，其中主要反应路径是羰基 H 原子的提取反应（丙烯醛反应的分支比占 63%，其他不饱和醛反应的分支比都在 80%以上）以及 β 位的碳原子上的加成反应（丙烯醛反应的分支比占 36%，其他不饱和醛反应的分支比在 15%左右）。不饱和醛的烷基链长度对 NO_3 自由基反应速率系数的影响很小。但是，鲜有理论研究探究 NO_3 自由基与醛类物质反应的产物后续反应，后续这一部分的研究是很有必要的。

夜间，酮的氧化过程主要通过与 NO_3 自由基和 O_3 的反应为主，普遍认为酮与 NO_3 自由基和 O_3 的反应包括对甲基 H 的提取反应以及在 C=C 上的加成反应，形成 R 自由基[43,49]，后续反应与日间 R 自由基的反应机理一致。对于酮类物质与 NO_3 自由基与 O_3 的理论研究较少，其中 Ji 等于 2020 年运用理论计算手段进一步探索了 AcAc 的夜间氧化机理[61]，并同样考虑了烯醇 AcAc 以及二酮 AcAc 这两种大气中同时存在的异构体。O_3 以及 NO_3 自由基与 AcAC 的反应主要由两种路径，H 提取反应路径（O_3 以及 NO_3 自由基提取 AcAc 两个甲基上的 H 原子）以及加成反应路径（O_3 以及 NO_3 自由基加成到 AcAc 的羰基位置上）。对于烯醇 AcAc，其与 O_3 反应的体系中，H 提取路径比 O_3 加成路径的能垒至少高 27 kcal/mol，说明 H 提取反应路径在动力学上可以忽略。而对于二酮 AcAc 与 O_3 的反应路径，其反应能垒均比烯醇 AcAc 与 O_3 反应路径的能垒高。说明烯醇

AcAc 更容易被 O_3 进攻。对于烯醇 AcAc 与 NO_3 的反应路径，NO_3 加成反应路径同样比 H 提取反应路径更具优势。因此，烯醇 AcAc 的 O_3 加成反应以及 NO_3 自由基加成反应是优势路径。但对于二酮 AcAc 与 NO_3 的反应路径，则是 H 提取路径比 NO_3 加成路径更具优势。进一步对于速率常数以及半衰期的计算发现，AcAc 与 O_3 发生的氧化反应具有更短的半衰期以及更大的速率常数，因此 AcAc 与 O_3 的反应比 AcAc 与 NO_3 自由基的反应更容易发生，且 AcAc 与 O_3 反应主要生成中间体 POZ11。

　　随后进一步探究了 POZ11 的后续反应途径。如图 3-7 所示，POZ11 会随着 O—O 键以及 C—O 键的断裂发生分解反应，形成甲基乙二醛、甲酸以及 Criegee 中间体，它们都是形成 SOA 的关键物种，表明 AcAc 的夜间反应也能够促进 SOA 的形成。说明 AcAc 在日间和夜间能够连续地促进 SOA 的形成。

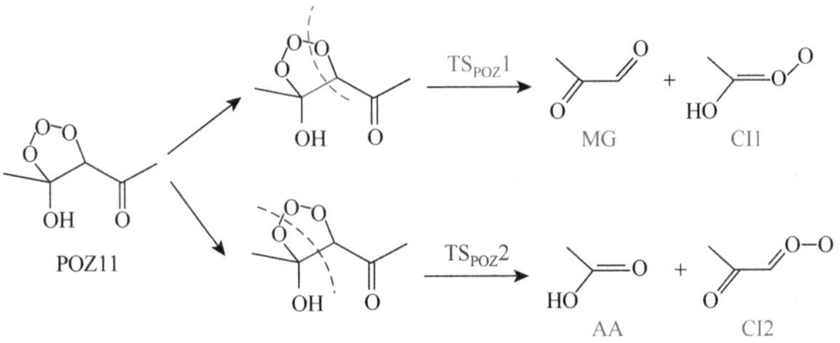

图 3-7　AcAc 与 O_3 产生的加合物的后续反应路径[61]

3.1.1.3　有机胺的大气均相氧化过程

　　有机胺是重要的一次排放的碱性 VOCs，能够显著促进新粒子的形成与生长。有机胺是氨的衍生物，与氨相比，其与氮原子连接的氢原子被一个或多个有机基团所取代，是非常重要的碱性 VOCs。虽然大气中胺的浓度为氨的 14%~23%，但其碱性比氨强，是 SOA 形成的重要前驱体。有机胺具有广泛的来源，主要有工业和燃烧、汽车、烹饪、堆肥作业、烟草烟雾和畜牧业等人为来源，以及生物质燃烧和含有蛋白质或氨基酸的有机物的生物降解等自然来源[62,63]。近年来，胺被用作 CO_2 捕获技术的表面活性剂。随着未来胺的工业使用量的增加，大气中胺的排放量也必将随之上升，因此有必要关注胺在大气中的转化机制。

　　光氧化反应是气相胺的主要降解途径。研究表明，小分子的气相胺能被不同种自由基或大气氧化剂转化，能生成致癌性的亚硝胺和硝胺，同时也是 SOA 形成的重要前驱体。甲胺（MA）、二甲胺（DMA）、三甲胺（TMA）是大气丰度最高的三种典型小分子量脂肪胺，对新粒子的形成和生长具有显著的贡献。本节主要对上述三种有机胺与大气常见氧化剂（OH 自由基、Cl 自由基、NO$_3$ 自由基和 O$_3$）的反应机制的理论研究现状进行介绍。

1）有机胺在白天的均相氧化过程

OH 自由基是对流层中主要的气相氧化剂，有机胺与 OH 自由基反应较快，对 OH 自由基的反应寿命只有数小时，理论研究[64, 65]预测了有机胺的反应速率系数 k_{OH} 为 10^{-11}~10^{-10} cm^3 molecule^{-1} s^{-1}，与实验[65]测得有机胺的反应速率系数（10^{-11} cm^3 molecule^{-1} s^{-1}）一致。Onel 等[66]利用 MP2/aug-cc-pVDZ 和 MP2/aug-cc-pVTZ 方法研究了 OH 自由基介导下的 MA、DMA 和 TMA 的氧化机制。MA 和 DMA 分别于 OH 自由基进行反应时有两种氢提取反应路径，分别是 C—H 提取和 N—H 提取。C—H 提取反应的中间产物是 C 中心自由基，能垒为负；N—H 提取反应的中间产物是 N 中心自由基，能垒也为负。对于 MA 而言，OH 自由基引发的 C—H 提取反应和 N—H 提取的反应能垒差别不明显，而对于 DMA 而言，而 OH 自由基引发 DMA 的 N—H 提取路径比 C—H 提取具有更低的能垒。这是由于从伯胺到仲胺的结构上，N—H 键的强度逐渐降低，使 DMA 更容易进行 N—H 提取。与 MA 和 DMA 不同，由于 TMA 的 N 上没有 H，所以 TMA 与 OH 自由基进行光氧化反应时只能发生 C—H 提取反应，且反应能垒为负。Onel 等[66]首先采用激光闪光光解耦合激光诱导荧光检测 OH 与 MA、DMA 和 TMA 体系中的 OH 自由基浓度变化，得到温度与反应速率系数呈负相关，证实了反应能垒为负的可靠性。

进一步，研究了 O$_2$ 存在时 OH 自由基介导的 TMA 的光氧化反应机理，发现 OH 自由基引发 TMA 的光氧化过程中能重新产生 OH 自由基，并提出如图 3-8 所示的反应机理，理论计算结果进一步证实了 OH 自由基作用下 TMA 通过 C—H 提取反应形成烷基自由基，后续与 O$_2$ 发生加成形成过氧自由基中间体，并通过自身异构与裂解反应重新生成 OH 自由基。然而，MA 与 DMA 后续与 O$_2$ 反应没有 OH 自由基重生的现象，MA 和 DMA 产生的 C 中心自由基中间体能在 O$_2$ 作用下进一步通过氢提反应转化为亚胺和 HO$_2$ 自由基。而生成的 N 中心自由基中间体则能与 O$_2$、NO、NO$_2$ 进行发生直接或间接的氢提取反应（O$_2$ 通过无能垒方式加成到 N 原子上）形成亚胺和 HO$_2$ 自由基，N 中心自由基中间体还可以与 NO、NO$_2$ 反应，转化成致癌性的亚硝胺或硝铵[5, 6]。

关于亚胺的大气转化的研究目前还比较匮乏。Bunkan 等[67]对甲基亚胺（CH$_2$＝NH）的大气氧化进行了理论计算研究，图 3-9 为由 OH 自由基引发 CH$_2$＝NH 氧化的主要反应路径。CH$_2$＝NH 作为 MA 大气氧化的主要产物，它会继续与 OH 自由基进行反应，并拥有氢提取反应和加成反应两条路径。加成反应基本不发生，反应分支比为 4%；氢提取反应一方面通过 C—H 提取生成 C 中心自由基，反应分支比大于 40%，后续被 O_2 转化成羟基羰基硝酸盐（HCN），N—H 提取生成 N 中心自由基，反应分支比同样大于 40%，后续被 O_2 转化，主要产物为 HCN，次要产物为氢氰酸（HNC）。同时他们还计算了对流层条件下 CH_2＝NH 与 OH 自由基的反应速率系数，为 3×10^{-12} cm^3 $molecule^{-1}$ s^{-1}，对应的 CH_2＝NH 与 OH 自由基反应的大气寿命约为 4 天。CH_2＝NH 与 O_3 反应的理论研究结果得到反应速率系数在 10^{-24} 的量级上，说明 CH_2＝NH 与 O_3 反应较为缓慢，大气条件下 O_3 对 CH_2＝NH 的去除作用可以忽略不计。

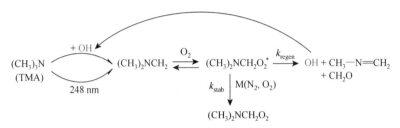

图 3-8 OH 自由基引发 TMA 氧化的反应机理[66]

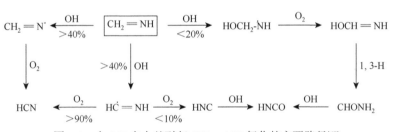

图 3-9 由 OH 自由基引起 CH_2＝NH 氧化的主要路径[67]

Cl 自由基引发有机胺的转化通过氢提取反应实现，对于含有不饱和键体系的有机胺，还能发生加成反应。Cl 自由基引发的氢提取反应能够夺去 N 原子上的 H 或 C 原子上的 H，分别得到相应的 N 中心自由基和 C 中心自由基，其中以生成 N 中心自由基为主要途径。Nicovich 等[68]采用 CCSD（T）-F12a/aug-cc-pVTZ//MP2/cc-pVTZ 计算得到 Cl 自由基引发 MA、DMA 和 TMA 氢提取反应的势能图（图 3-10），这三种胺的氢提取反应都具有负能垒，其中 MA 与 DMA 的氢提取反应过程中，形成 N 中心自由基比形成 C 中心自由基具有更低的反应能垒。相对于 OH 自由基，Cl 自由基引发有机胺的氢提取反应更容易生成 N 中心自由基，出现这种差异的原因是反应过程中有机胺 NH_x 基团的 N 原子与 Cl 自由基之间形成具有 2 中心-3 电子键（2c-3e）的络合物[69]。因此在 Cl 自由基浓度较高的地区，这种自由基与 O_2、NO、NO_2 反应形成亚硝胺或亚胺的可能性增大，提升有机胺释放的环境健康风险。

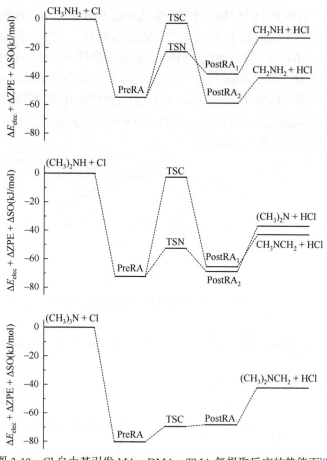

图 3-10 Cl 自由基引发 MA、DMA、TMA 氢提取反应的势能面[68]

2) 有机胺在夜间的均相氧化过程

NO$_3$ 自由基的白天浓度较低，因此 NO$_3$ 自由基引发有机胺的氧化反应主要发生在夜间。Nielsen 等在综述里总结了由实验方法测定的 NO$_3$ 自由基与有机胺的反应速率系数 k_{NO_3}，其中与 MA、DMA 和 TMA 的 k_{NO_3} 分别在 10^{-13} cm^3 molecule^{-1} s^{-1} 量级，乙胺（EA）在 10^{-12} cm^3 molecule^{-1} s^{-1} 的量级，在大气中 NO$_3$ 自由基反应去除有机胺的特征时间为 6 小时。与 NO$_3$ 自由基发生反应时，饱和有机胺发生通过氢提取反应转化成硝酸，不饱和有机胺通过加成反应转化成硝酸。同时他们通过总结实验研究结果得到 DMA 与 NO$_3$ 自由基主要发生氢提取反应，生成相应的 N 中心自由基与 C 中心自由基，副产物是硝酸[70]。Price 等[71]提出了 NO$_3$ 自由基引发 TMA 氧化的反应机理，TMA 进行 C—H 氢提取得到 C 中心自由基，后续与 O$_2$ 经过一系列过氧自由基化学形成亚胺或低聚物。但整体而言，目前 NO$_3$ 自由基对有机胺的氧化反应仍缺少明晰的氧化反应机理、热力学与动力学数据，有待进一步补充。

有机胺在夜间同时能被 O_3 转化。Furuhama 等[72]采用理论计算方法研究了 O_3 引发 MA、DMA 和 TMA 的初步氧化机理，结果表明在 O_3 作用下，这三种有机胺分别进行 C—H 提取或 N—H 提取反应，生成 C 中心自由基或 N 中心自由基。对于 MA 和 DMA，C—H 提取比 N—H 提取具有更低的反应能垒，而对于 TMA，只能进行 C—H 提取。O_3 引发 MA、DMA 和 TMA 的初步氧化的速率常数理论计算结果分别为 3.26×10^{-21} cm^3 molecule^{-1} s^{-1}、3.21×10^{-18} cm^3 molecule^{-1} s^{-1} 和 8.78×10^{-18} cm^3 molecule^{-1} s^{-1}，与 Tuazon 等[73]通过实验方法测得 O_3 氧化 MA、DMA 和 TMA 的反应速率系数一致。Tong 等[74]结合实验方法与理论计算研究了 O_3 介导下的二乙胺（diethylamine，DEA）和三乙胺（triethylamine，TEA）的氧化机理，乙醛和 N-乙基乙烷胺为 O_3 分解 DEA 和 TEA 的主要产物。理论计算提供了热力学数据，图 3-11 为推导出的由 O_3 引发 DEA 和 TEA 转化的反应途径，结合同一研究里实验产物的定量分析，发现 DEA 的 N 原子极易受到 O_3 攻击，并进一步脱水生成 N-乙基乙烷胺（Pathway Ⅰ），而 TEA 的 N—C 键受到 O_3 攻击后更倾向于生成 DEA（Pathway Ⅱ），并且为 O_3 分解 TEA 的主要路径，该路径同时伴随大量的乙醛产生，这是首次提出有机胺 O_3 氧化中对乙醛的主要贡献。目前仍缺乏利用 O_3 氧化有机胺的反应速率系数、反应分支比和过渡态理论等热力学与动力学的相关数据。O_3 作为白天和夜间普遍存在的氧化剂，尽管其对有机胺的反应活性远低于 OH 自由基，但 O_3 的大气浓度比 OH 自由基高 5~7 个数量级[75]。另外，OH 自由基的夜间浓度非常低，因此 O_3 引起有机胺的夜间转化是一个重要途径，可能与 NO_3 形成竞争关系，所以非常有必要补充 O_3 引起有机胺的氧化机制的研究。

3.1.1.4　其他挥发性有机物的大气均相氧化过程

除了上述城市中常见的人为源 VOCs，大气中还有大量的卤代烃、烷烃和生物源 VOCs 的存在。它们也能够经历一系列大气均相氧化反应，形成二次污染物，从而影响 O_3 和 SOA 的形成。

1）卤代烃

人类活动排放的氟氯烷烃（CFCs）排放到大气中经历一系列反应，会破坏臭氧层形成臭氧层空洞[76]。根据《蒙特利尔议定书》和随后的修正案，CFCs 已被淘汰，因为它们具有很强的臭氧消耗能力，并且作为温室气体对气候变化有显著贡献。而氟烯烃（HFOs）不含有 Cl 原子，不会导致臭氧消耗，因此其目前作为 CFCs 的替代物被引入。HFOs 具有较短的大气寿命，已被广泛应用于制冷剂、溶剂、清洁剂等领域。然而，HFOs 中 C—F 键的存在导致在"大气窗口"（800~1200 cm^{-1}）中的强烈吸收，因此它们是一种强效温室气体[77]。

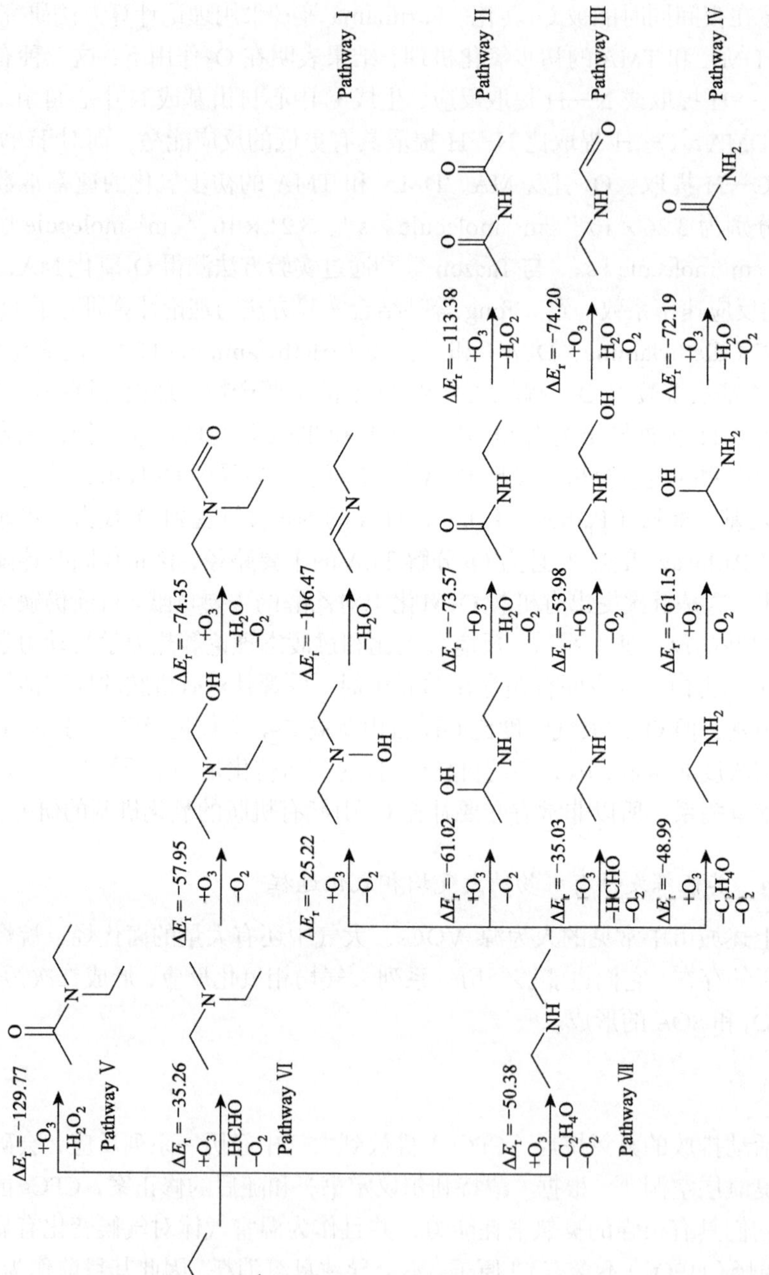

图3-11　DEA和TEA的O₃降解途径和机理[72]

CF$_3$CF=CH$_2$作为其中一类重要卤代烯烃,其通过与 OH 自由基反应或光解从大气中去除[78]。卤代烯烃上的 C=C 双键在 OH 介导下的反应非常迅速,其主导了卤代烯烃的大气去除反应。图 3-12 显示了 CF$_3$CF=CH$_2$的氧化机理,OH 通过加成到 C=C 双键位置产生一个 β-羟基烷基自由基。该 β-羟基烷基自由基会迅速与 O$_2$发生加成反应形成 RO$_2$自由基。RO$_2$进一步与 NO 反应形成 RO 自由基,并进一步通过单分子分解或与 O$_2$反应转化为卤代羰基化合物。此外,烷基自由基的裂解及后续反应能够生成甲醛(HCHO)。

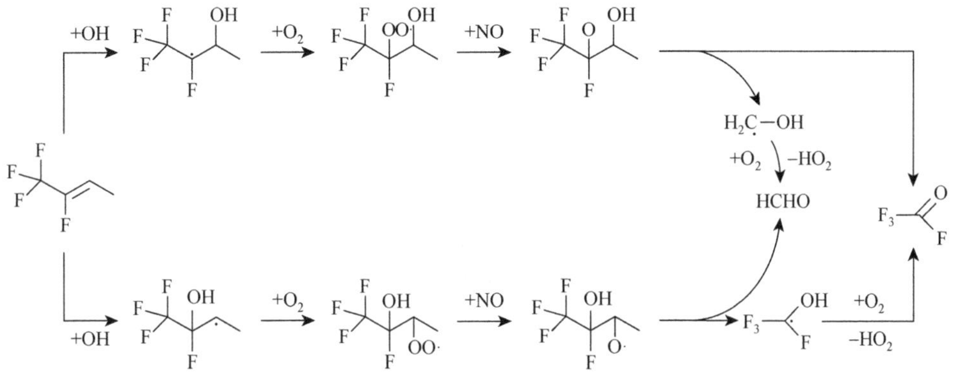

图 3-12   CF$_3$CF=CH$_2$的大气降解机理[78]

Paul 等[79]报道了另一类 HFOs——2, 3, 3, 3-四氟丙烯(HFO-1234yf)在夜间由 O$_3$和 NO$_3$自由基引发的氧化反应机理。O$_3$和 NO$_3$通过进攻 HFO-1234yf 结构上的 α 位点(末端 C=C 双键),随后开环迅速分解生成含 F 原子的过氧自由基和含氟羰基化合物。动力学计算结果表明,HFO-1234yf 的 O$_3$和 NO$_3$反应的大气寿命估计分别为 4.8 年和 2.9 年。因此相比日间 OH 氧化反应,夜间 HFOs 的氧化活性并不高。

2)烷烃

在城市地区,线型、支化和环状烷烃约占城市空气排放 VOCs 的三分之一到二分之一[4],主要来源是化石燃料燃烧及蒸发过程,以及汽车尾气排放[80]。其中,作为中等挥发性有机化合物的代表物种,长链烷烃被认为是大气中 SOA 的重要前体物[81]。大气中 NO$_x$的存在可以改变长链烷烃的大气反应途径,并最终影响形成的 SOA 的最终化学组分[82]。对流层下的长链烷烃主要与 OH 和 Cl 的化学反应转化,与 NO$_3$自由基的反应非常缓慢,可以忽略不计,并且没有观察到与 O$_3$的反应。典型长链烷烃(如正十二烷)的大气寿命约为 1 天,这导致城市地区排放的长链烷烃难以被完全氧化[49]。未被氧化的长链烷烃可以大气边界层内远距离输送到排放点的下风向环境中[83]。而不同大气环境中的 NO$_x$浓度和氧化剂类型存在差异，因此有必要考虑更复杂的反应类型。

长链烷烃的一般机理如图 3-13 所示，分别表示在低 NO$_x$ 条件下[84, 85]、高 NO$_x$ 条件下的反应[86-89]。OH 与长链烷烃（RH）发生氢提取反应，形成烷基过氧自由基 RO$_2$。该反应通常发生在仲 H 原子上，因为烷基作为给电子基团具有较强的稳定性。在低 NO$_x$ 条件下，RO$_2$ 的归趋主要是与 HO$_2$ 反应形成氢过氧化物（ROOH）。ROOH 具有三种后续反应途径：途径 1 和 2 是与 OH 的反应，途径 3 是光解反应。对于途径 1，ROOH 与 OH 反应形成羰基化合物（CARB），CARB 可进一步氧化成羰基过氧化物（CARBROOH）。对于途径 2，ROOH 与 OH 反应形成二氢过氧化物（DIROOH）和羰基氢过氧化物（CARBROOH），随后 CARBROOH 可进一步光解形成碎裂产物，如醛、氢过氧化物和羧酸等，或者与裂解产物反应生成碳基过氧化氢过氧半缩醛（CARBROOHPHA）。CARBROOHPHA 可以分配到颗粒相中对 SOA 形成产生贡献。对于途径 3，ROOH 经历光解形成烷氧自由基（RO），RO 经过 1,4-异构化反应形成 1,4-羟基氢过氧化物（OHROOH）。OHROOH 同样能分配到颗粒相中，此外还能与 OH 反应或进行光解形成 OHCARB。OHCARB 在酸催化环境下能环化形成半缩醛（CHA）和二氢呋喃（DHF）。对于具有不同化学结构的长链烷烃，氢提取反应的活性位点不同，这导致产生不同的产物。通常，具有支链结构的长链烷烃容易通过裂解反应形成易挥发性产物，而具有环状结构的长链烷烃会经历快速氧化反应并形成不易挥发的产物。

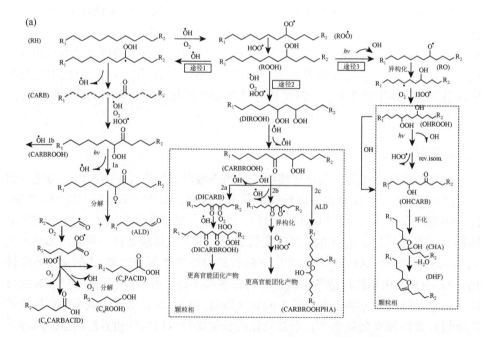

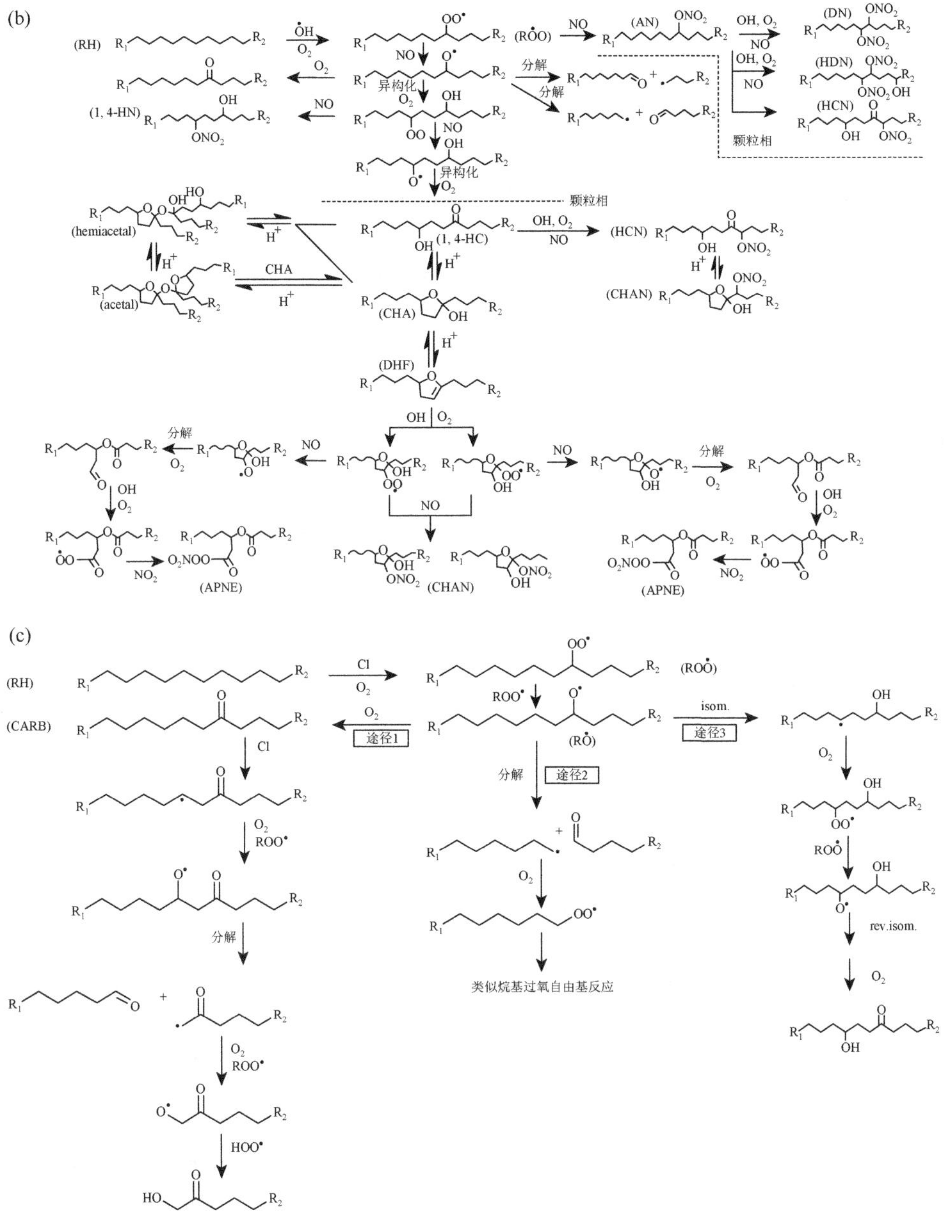

图 3-13　长链烷烃的一般反应机理[83]

（a）低 NO_x 条件下的 OH 氧化；（b）高 NO_x 条件下的 OH 氧化；（c）与 Cl 自由基的反应

对于长链烷烃在高 NO_x 条件下的反应机理，RO_2 的归趋主要是与 NO 反应形成 RO 或烷基硝酸酯（AN）。AN 可以分别与 NO 和 OH 反应形成二硝酸盐（DN）、羟基二硝酸盐（HDN）和 HCN。RO 可以分解生成醛和烷基自由基，随后进行气相反应。除了分解反应外，RO 还可以与 O_2 反应形成羰基化合物，并通过分子内

H 原子转移的异构化反应形成 1,4-羟基过氧自由基。羟基过氧自由基与 NO 反应形成羟基硝酸盐（1,4-HN）或羟基羰基化合物（1,4-HC）。1,4-HC 化合物可以分配到颗粒相上并异构化形成环状半缩醛化合物（CHA）。CHA 通过脱水形成二氢呋喃（DHF），而 DHF 可再次蒸发到气相中。此外，DHF 在 OH 介导下发生 C＝C 双键上的加成反应、NO 反应形成环状半缩醛硝酸酯（CHAN）或酰基过氧硝酸酯（APNE）。

　　Cl 自由基与长链烷烃的反应机理与低 NO_x 条件下的 OH 氧化反应类似。反应主要通过 Cl 自由基提取 H 原子生成 RO，随后 RO 氧化形成 RO_2。因此，Cl 自由基引发的氧化反应向大气环境释放 HCl，对大气 pH 降低有一定的贡献。

3）植物源 VOCs

　　除人为挥发性有机化合物（AVOCs）外，生物源挥发性有机物（BVOCs）也是城市和郊区主要的反应性化学物质。BVOCs 在大气化学中具有重要作用，因为它们在全球范围内的总 VOCs 排放比例更大，并且与许多 AVOCs 相比具有更高的化学反应性。因此即使在城市环境中，BVOCs 也有可能促成二次污染物的形成[90]。

　　异戊二烯作为一种典型 BVOCs，其排放量约为 500~600 Tg/a，约占全球非甲烷 VOCs 生物源排放总量的一半[91-95]。异戊二烯被陆地植被释放到大气中，在白天和夜间均可发生反应。在典型的大气白天条件下，异戊二烯反应转化为更多 OVOCs，反应的大气寿命约为 1~2 h。此时异戊二烯主要与 OH 发生反应。

　　如图 3-14[96-99]所示，异戊二烯在 OH 的氧化[100]下生成异戊二烯-OH 加合物，随后加合物与 O_2 发生加成反应生成 RO_2 自由基。RO_2 进一步与 NO 反应生成异戊二烯羟基硝酸酯（$RONO_2$）、含有五个碳的羟基羰基异构体（HC5）、甲基乙烯基酮（MVK）和甲基丙烯醛（MACR）等物质；或与 HO_2 反应生成异戊二

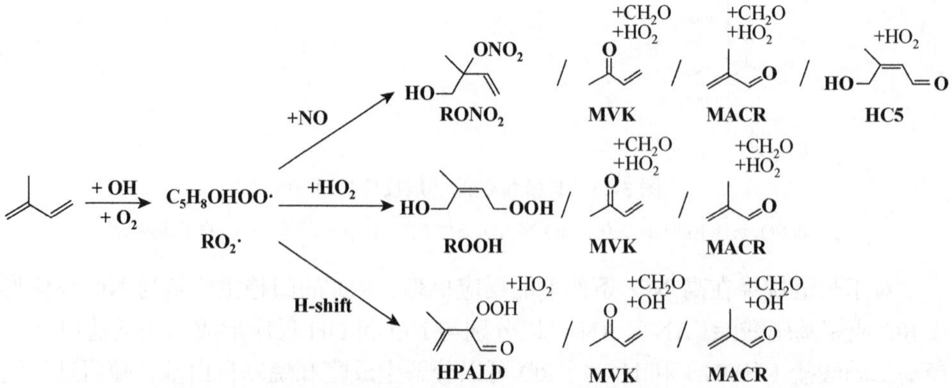

图 3-14　异戊二烯在大气中与 OH 反应途径[96-99]

烯羟基过氧化氢（ROOH）、MVK、MACR 等物质；或自反应发生氢转移生成 MVK、MACR、不饱和氢过氧醛（HPALD）等物质。依据 IUPAC 推荐的速率系数[44]，在 300 K 和 1000 hPa 时，异戊二烯与 OH 的反应大气寿命 τ_{OH} = 1.4 h，（[OH] = 2×10^6 molecules/cm³）。异戊二烯的 OH 氧化反应贡献了大量的酸、酮、醛，对颗粒物的形成和 SOA 的产生具有重要贡献。同时，由于 MVK、MACR 是通过裂解产生，其生成时会伴随甲醛（CH_2O）和过氧自由基（HO_2）和 OH 的产生，这可能成为大气氧化剂的重要潜在来源。

异戊二烯在大气中与 O_3 的反应同样重要。在如图 3-15 所示，异戊二烯在 O_3 的介导下反应生成初级臭氧化物（POZ），而后分解成 MVK、MACR、甲醛等物质，分解时伴随活化的 Criegee 中间体的生成。这些 Criegee 中间体会在大气中发生进一步的单分子或双分子反应产生酸、醛、酮、环氧化物等多种物质，并且部分裂解反应会伴随 OH 的生成[101]。依据 IUPAC 推荐的速率系数[44]，在 300 K 和 1000 hPa 时，异戊二烯与 O_3 反应的大气寿命 τ_{O_3} = 16.4 h（[O_3] = 50 ppbv）。异戊二烯的臭氧分解为大气提供了 OH、HO_2、Criegee 中间体、稳定的气态产物，对 SOA 的产生做出重要贡献。同时，在富含异戊二烯的地区，异戊二烯的臭氧分解也可以代表重要的臭氧损失机制。

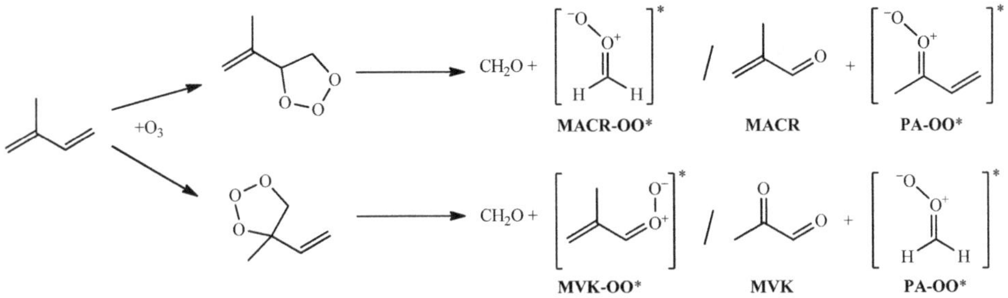

图 3-15　异戊二烯在大气中与 O_3 的反应途径[101-103]

在夜间，硝基自由基（NO_3）的浓度远高于 OH 自由基，此时异戊二烯与 NO_3 自由基的反应成为异戊二烯大气氧化的最重要途径。如图 3-16 所示，异戊二烯与 NO_3 自由基和 O_2 发生加成反应生成 RO_2。随后 RO_2 与 NO 反应生成有机硝酸酯（$RONO_2$）或烷氧自由基（RO）；或与 HO_2 反应生成氢过氧化物（ROOH）或 RO；或与 NO_2 反应生成 RO。依据 IUPAC 推荐的速率系数[44]，在 300 K 和 1000 hPa 时，异戊二烯与 NO_3 自由基反应的大气寿命 τ_{NO_3} = 17.5 h（[NO_3] = 1 pptv）。该反应生成的 $RONO_2$ 和 ROOH 在夜间会进行累积，成为 NO_2 和 OH 的临时存储库。到白天时，它们可分解释放 NO_2 和 OH。而 RO 后续易裂解为 MVK 或 MACR，并伴随 CH_2O 和 NO_2 的生成，为 SOA 的形成做出贡献。

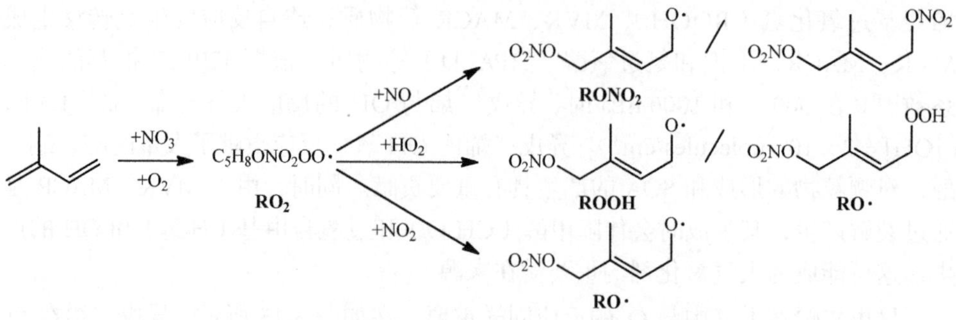

图 3-16　异戊二烯与 NO_3 自由基反应途径[104]

3.1.2　VOCs 的非均相氧化反应

　　矿物颗粒物是一类重要的天然气溶胶，每年的全球排放量为 500~4400 Tg/a[105]。矿物颗粒物可以直接通过吸收和散射短波和长波辐射或者间接充当云凝结核和冰核对大气辐射强迫产生影响[106-108]。此外，矿物颗粒物上的非均相反应是 VOCs 的一个重要的汇[109-112]。矿物颗粒物能够长距离运输[113-115]并与 VOCs 混合[106, 116-118]，从而为 VOCs 的大气氧化反应提供反应界面[119-121]。且矿物颗粒物表面会对 VOCs 的大气氧化反应活性产生影响，进而改变 VOCs 大气氧化反应机制[122-124]。此外，矿物颗粒物与 VOCs、SO_2 和 NO_x 的混合会在矿物颗粒物表面形成新的化学物种，从而导致矿物颗粒物老化并改变矿物颗粒物的物化性质[106, 116-118]。因此矿物颗粒物上的非均相氧化反应受到广泛关注。下面将以芳香烃、OVOCs、有机胺这三种典型的 VOCs 作为代表，介绍近些年 VOCs 在矿物颗粒物上非均相氧化反应的理论研究进展。

3.1.2.1　单环芳烃的非均相氧化过程

　　根据 3.1.1.1 部分的介绍，对于 MAHs 的日间均相氧化过程，OH 通过提取 MAHs 上甲基氢的途径占比较少（<10%），主要的反应途径为 OH 加成到芳香环碳上（>90%）。但是 MAHs 在矿物颗粒物上的氧化机理与均相氧化机理不同。Chen 等通过实验与理论相结合的手段，探究了二甲苯在 TiO_2 上的非均相反应机理[123]。发现在 TiO_2 存在下，间二甲苯、对二甲苯和邻二甲苯与 OH 的 H 提取路径的占比 ≥87.18%。而 OH 加成路径的占比 ≤12.82%。说明 TiO_2 的存在改变了二甲苯与 OH 反应的路径，增强了二甲苯的 H 提取反应路径。作者通过量子化学的手段探究了二甲苯在锐钛矿 TiO_2 上的吸附构型，明晰了 H 提取反应路径增强的机制。如图 3-17 所示，三种二甲苯的甲基基团上的 H 原子均与 TiO_2 上的 O 原子相互作用，吸附能均为负值（–2.56~–3.49 kcal/mol）。说明二甲苯在 TiO_2 上的吸附是自发的。TiO₂ 对二甲苯的甲基基团的吸附有利于 TiO₂ 表面的 OH 发生后续的 H 提取反应,从而增强了 H 提取反应路径。因此矿物颗粒物的存在有效改变了单环芳烃的氧化机理。

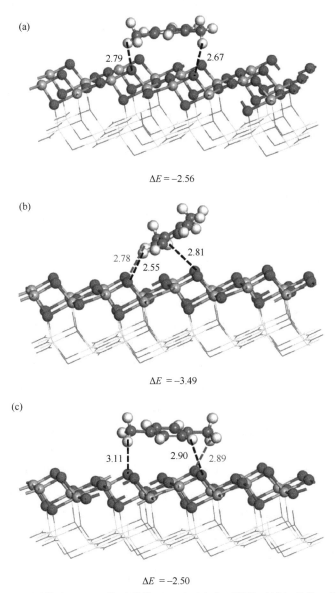

图 3-17 二甲苯在 TiO₂ 上的吸附构型以及对应的吸附能(键长单位:Å)[123]

此外,单环芳烃在矿物颗粒物上的非均相反应有效促进 SOA 的形成。Chen 等的结果表明,矿物颗粒对二甲苯的 H 提取路径的增强促进了高氧有机分子的形成。

产生的高氧有机分子进一步凝聚在矿物颗粒上，可能参与了新粒子形成，从而有助于颗粒物的形成[123]。另一方面，Yu 等采用大型室外环境烟雾箱探究了在戈壁滩粉尘颗粒存在的情况下甲苯与 1, 3, 5-三甲苯的光氧化，结果表明 SOA 产率在戈壁滩粉尘颗粒存在的情况下显著增加[125]。此外，Chu 等通过烟雾箱实验探究了存在 Al_2O_3 种子的情况下甲苯的非均相氧化反应，发现 Al_2O_3 和 NO_x 的存在协同促进了甲苯非均相反应中 SOA 的形成[126]。

3.1.2.2　OVOCs 的非均相氧化过程

矿物颗粒物在其迁移过程中，还能够有效地与芳香烃的光氧化产物，即 OVOCs 进行碰撞混合，并能够有效促进混合态的形成。例如，Ji 等的研究表明，丙烯醛能够通过羰基基团与 SiO_2 之间形成氢键有效与矿物颗粒物混合，且该混合是不可逆过程。此外，丙烯醛的存在促进了 SO_x 和 NO_x 等大气痕量气体与 SiO_2 的混合，从而对矿物颗粒物与人为污染物之间混合态的形成起促进作用[127]。此外，先前的研究表明，甲醛在 SiO_2 上的吸附是可逆的，而在 α-Al_2O_3、α-Fe_2O_3 和 TiO_2 等矿物颗粒物上的吸附是不可逆的[121, 128-131]。同样地，甲基丙烯醛和甲基乙烯基酮可逆地吸附于 SiO_2，而在 α-Al_2O_3 上的吸附是不可逆的[132-134]。说明不同的矿物颗粒物与 OVOCs 的混合存在差异。

与矿物颗粒物混合后，醛和酮能够在矿物颗粒物上进行非均相反应。Ji 等 2021 年采用理论计算探究了丙烯醛在 SiO_2 上的非均相氧化机制[122]。在不存在 SiO_2 的情况下，丙烯醛与 OH 反应的主要路径为羰基 H 提取路径。而在 SiO_2 存在的情况下，如图 3-18 所示，丙烯醛在 SiO_2 上的羰基 H 提取路径的能垒为 19.88 kcal/mol，是所有路径中能垒最高的。说明丙烯醛与 OH 在 SiO_2 上的羰基 H 提取路径在动力学上是不利的。研究者通过分析丙烯醛在 SiO_2 上的吸附构型，发现丙烯醛的羰基 H 原子与 SiO_2 表面 O 原子形成了 O—H 氢键，因此羰基 H 原子被 SiO_2 所占据，导致羰基 H 提取路径难以发生。而羰基 C 原子被 SiO_2 所活化，因此 SiO_2 上丙烯醛与 OH 的主要反应路径为羰基 C 上的 OH 加成路径。因此 SiO_2 的存在改变了丙烯醛的光氧化反应机理。这一现象也能从其他研究中发现。Iuga 等发现 SiO_2 团簇改变了 C_3~C_5 脂肪醛的光氧化反应机理，从羰基 H 提取路径改变为碳链的 β-H 提取反应路径[124]。但是，也有研究表明 OVOCs 在矿物颗粒物上的非均相反应机理与均相反应机理一致。先前理论计算研究探索了一系列不饱和酮（3-丁烯-2-酮、3-戊烯-2-酮、4-戊烯-2-酮和 4-甲基-4-戊烯-2-酮）[135]、巴豆醛[136]和丙烯醛[137]在 SiO_2 上的臭氧化机理。发现它们在 SiO_2 上的臭氧化机理与气相臭氧化机理一致。因此，矿物颗粒物上 OVOCs 的机理尚不明晰，有待后续的进一步探究。

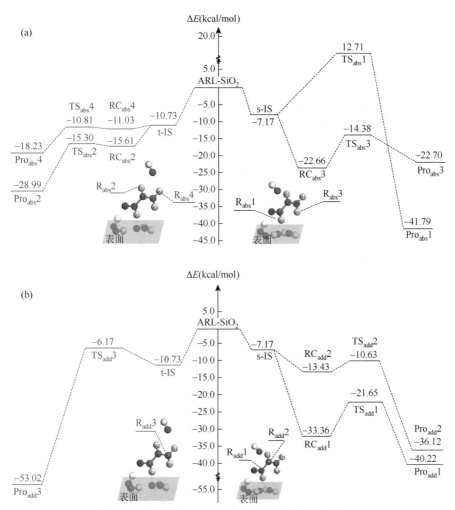

图 3-18 丙烯醛在 SiO_2 上光氧化反应的势能面图[122]

(a)H 提取反应路径; (b)OH 加成路径

3.1.2.3 有机胺的非均相氧化过程

与 OVOCs 类似,有机胺也可以与矿物颗粒结合并发生非均相氧化反应。Chen 等[138]利用理论计算表明,胺/铵阳离子可以通过形成 N—H…O 强氢键或 C—H…O 弱氢键,在高岭石的(001)表面上表现出强烈的吸附作用。主要吸附机理是氢键的相互作用和静电吸引,这证明了有机胺能稳定吸附在矿物粉尘表面,并为非均相氧化提供基础条件。有机胺非均相氧化主要涉及与大气氧化基团、酸性或羰基化合物的反应。Zahardis 等[139]研究了 O_3 与含有长链烷基的脂肪族胺的反应,主要产物包括有机亚硝酸盐和硝酸盐,并且发现由脂肪族胺和油酸混合物组

成的颗粒物暴露在 O_3 中可导致酰胺和亚胺的形成。首先，油酸的初级臭氧化合物分解为醛类和激发的 Criegee 中间体，并在溶液中迅速形成稳定的 Criegee 中间体（stabilized Criegee intermediate，SCI）（图 3-19）。进而 SCI-1 中间体与十八烷基胺（octadecylamine，ODA）反应形成酰胺［图 3-20（a）］；或 ODA 与次级臭氧化物反应同样形成酰胺［图 3-20（b）］。如图 3-19 所示，初级颗粒相脂肪胺通过渐进氧化生成硝基烷烃，表明胺在溶液中和干燥表面发生了臭氧的分解，而不是在气相中的臭氧分解[140]（因为在气相中的臭氧分解预计会产生大量的醛）。并且颗粒相胺臭氧分解反应的稳定化有利于亚硝胺的形成，亚硝胺随后被氧化为硝基烷烃。然而在气相中，激发的氧化胺或烷基羟胺中间体碎片，会导致硝基烷烃、醛以及亚胺的形成。

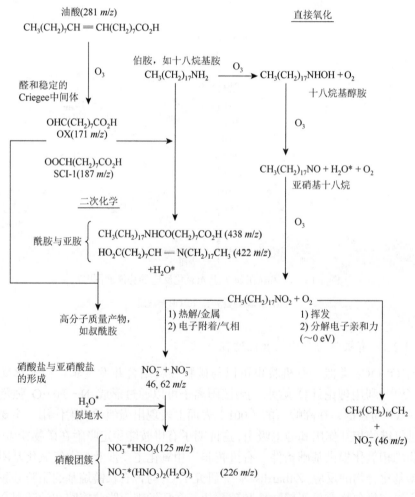

图 3-19　颗粒相十八烷基胺的臭氧化分解机制[139]

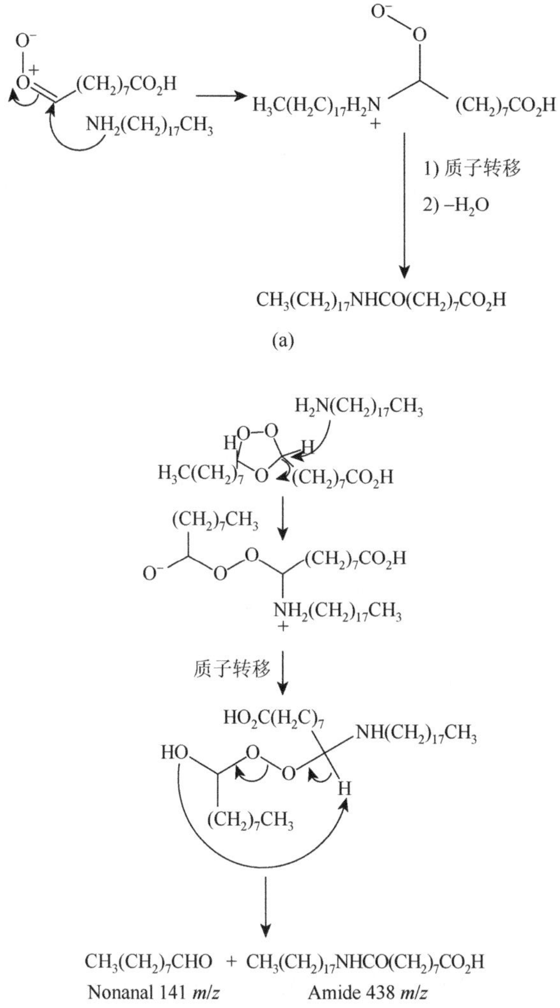

(a)

(b)

图 3-20　胺与醇臭氧分解产物酰胺的形成机制[139]

(a)ODA 和 SCI 形成机制；(b)ODA 与次级臭氧化产物酰胺的形成机制

　　此外，Zhang 等[141]研究了胺与硫酸（SA）在高岭石（Kao）上的非均相反应机理及其对混合颗粒形成的贡献。结果表明，对于三甲胺（TMA），Kao-SA-胺的非均相反应是混合态颗粒物形成的主要来源。如图 3-21（a）所示，Kao 与 SA 首先通过 SA 在 Kao 表面自发质子化形成 Kao·SA 团簇，以 $HSO_4^-·KaoH^+$ 的形式存在。随后进一步与胺反应形成混合颗粒 $TMAH^+·HSO_4^-·Kao$。而对于含有 1~2 个甲基的甲胺（MA）和二甲胺（DMA）来说，$Kao-H_2O-SA$-胺的非均相酸碱反应更有利于混合态颗粒物的形成。如图 3-21（a）所示，Kao 首先与 H_2O 通过形成氢键混合形成 Kao·H₂O 团簇。随后 Kao·H₂O 团簇进一步与 SA 通过双质子转移反应自发反应形成 Kao·H₂O·SA 团簇 HSO₄⁻·H₂O·KaoH⁺。随后进一步与胺反应形成 MAH⁺·HSO₄⁻·H₂O·Kao 和 DMAH⁺·HSO₄⁻·H₂O·Kao 混合颗粒物。上述非均相酸碱反应产生的混合态气溶胶的主要成分是胺盐，具有较强的吸湿性，能通过改变混合态气溶胶的辐射强迫和参与云凝聚核和冰核的形成，进一步对气候产生重大影响。

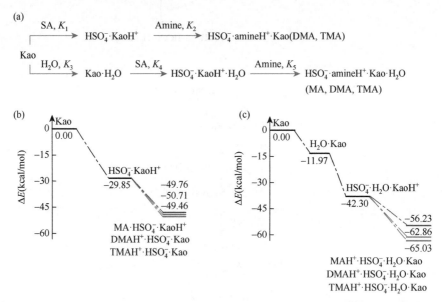

图 3-21　(a) 混合态颗粒物的形成机理。在没有水 (b) 和有水参与 (c) 的情况下，所有混合态颗粒物形成路径的能量变化，K_i 表示相应的平衡常数[141]

3.2　VOCs 的气液界面化学过程机制

　　上述可溶性 OVOCs 与有机胺等 VOCs 可以显著地聚集在云滴、雾滴及气溶胶界面上，从而引发一系列的非均相反应[142]。气液界面是这些 VOCs 进入液相或颗粒相的必经场所。在气液界面上溶液的密度会急剧变化，密度区间为体相的 10%~90%[143]，在该区域分子的无序性使构型波动剧烈。大多数的 VOCs 需要克服一定的能垒才能穿透界面水分子形成的氢键网络进入液相内部，因而具有界面聚集特性[144-146]。在气液界面上，VOCs 的扩散效率低于气相，有助于维持气液界面处分子及水合复合物的方向，并且由于气液界面环境的不对称性，吸附到气液界面上的 VOCs 会产生正（对于氢键-受体大气物质）或负（对于氢键-供体大气物质）静电势，使分子的前沿分子轨道趋于不稳定（正电位）或稳定（负电位）。在一些特殊情况下，VOCs 气体分子化学键的振动、原子电荷和紫外光谱也会受到气液界面的显著影响。此外，在水分子作用下，气液界面上的 VOCs 方位被限制，导致分子中的疏水性基团暴露在气溶胶的外部，成为最容易受到攻击的位点而发生后续反应。在反应活性上，气液界面的化学和光化学反应一般也比气相或液相中的反应要快得多。例如，气液界面的高离子强度条件会大幅增强大气氧化反应的发生，使反应速率比传统液相反应高 2~3 个量级[147]。使用超快相敏界面选择非线性振动光谱探测苯酚光化学反应的研究发现，苯酚在水面上的光电离反应速度是在水中的 10^4 倍[148]。另外，大气气溶胶成分复杂，非反应性盐氯化钠及反应性盐硫酸铵、硝酸铵及氯化铵等都是气溶胶的重要组成部分[149, 150]，当这些物质存在于气液界面上时，其对 VOCs 的反应机制也会产生影响。因此，系统研究 VOCs 在气液界面上的存在形态特征及大气反应机制对于全面探索气溶胶的形成不容忽视。本小节将以醛类、有机酸及有机胺的气液界面反应展开讨论。

3.2.1 醛类化合物的气液界面化学过程

由于强水溶性的特性，醛类化合物能被吸收到液相或颗粒相中进行光氧化反应、醛醇缩合反应、低聚反应形成亚胺/半缩醛胺，或进行曼尼希反应形成高分子量化合物，从而对 SOA 产生贡献。醛类化合物种类很多，包括如甲醛、乙醛及苯甲醛在内的单羰基化合物及乙二醛、甲基乙二醛、丁二酮及丁烯二醛等含多羰基官能团的多羰基化合物，其中甲醛与乙醛是最丰富及最简单的单分子醛类化合物，而乙二醛和甲基乙二醛是最简单的小分子二羰基化合物。多数醛类物质均具有强的水溶性，可以通过雨和雾有效地从大气中清除。例如，在纯水中 293 K 下亨利定律常数达 $(5020 \pm 1170)\,\mathrm{mol\,L^{-1}\,atm^{-1}}$ 的甲醛具有良好的水溶性，在溶液中可以通过快速水合形成甲二醇去除。醛类化合物进入液相后进行的水合、羟醛及缩醛等反应对 SOA 具有很重要的贡献。然而，很多研究也表明醛类化合物大气化学对 SOA 的贡献可能会由于气液界面的非均相反应存在而更加复杂化[119, 151, 152]，这归因于醛类化合物在气液界面的反应机制可能与气相与液相内部均有不同。在气液界面上有醛类化合物反应的溶剂壳层的水分子数量往往会比在体相内部的更低，且气液界面上松散的氢键网络使其成为很好地富集及吸附醛类化合物的场所[143]。因此，为了更好地预测和模拟 SOA 的形成潜势，醛类化合物的界面化学行为研究不可忽视。本小节主要总结醛类化合物在气液界面上的界面化学行为，包括醛类化合物的气液界面吸附及其大气影响、醛类化合物在气液界面的光化学及醛类物质在气液界面的异构化三类。

3.2.1.1 醛类化合物的气液界面吸附及其大气影响

醛类化合物从气相进入液相过程中，均倾向于在气液界面停留，即气液界面具有吸附及富集醛类化合物的良好作用[144, 145, 153]。例如，乙二醛从气相进入纯水液滴及硫酸溶液中时，在界面处乙二醛-溶液体系的自由能最低[146]。对于单羰基化合物来说也是如此，Martins-Costa 等[144]应用量子力学/分子动力学（QM/MM）方法研究甲醛在水滴表面的吸附及反应活性，结果发现甲醛从气相到气液界面的过程中释放 1.5 kcal/mol 的能量，而甲醛从气液界面进入液相需则要吸收一定能量，这说明相对于气相和液相，甲醛会更倾向于在气液界面停留。进一步分析发现，甲醛的气液界面倾向性是水分子之间的相互作用强度及伴随体相溶剂化过程的熵减效应造成的。此外，溶剂对气液界面处甲醛电子性质也存在影响。模拟表明，液滴表面对存在于对流层的甲醛化学发挥有重要作用，会影响其随后的光化学和热反应。为了更明显地体现出醛类化合物的气液界面特性，Martins-Costa 等[145]使用分子动力学和量子化学模拟来探究气液界面对甲醛、乙醛及苯甲醛的反应活性影响。结果表明，尽管甲醛、乙醛及苯甲醛具有化学相似性，但气液界面对苯甲醛的作用在某些情况下是相反的，其中最为明显的是苯甲醛在 290~308 nm 范围内水滴表面的光解速率常数比在气相中增加了一个数量级。这体现了水界面溶剂化对化学反应活性的重要性。

　　醛类化合物被吸附到气液界面后会发生化学反应，而羰基基团是主要的活性中心。Wren 等[153]结合和频（sum frequency generation，SFG）振动光谱技术、分子动力学及密度泛函理论方法研究了甲基乙二醛在气液界面的水合、取向及构象情况。结果表明，甲基乙二醛在界面上既不完全水合，也不完全脱水，主要是以单水合物形式存在，界面上单水合物-二水合物的比例（单水合物/二水合物 = 4.5）比液相（单水合物/二水合物 = 1.5）更高。甲基乙二醛单水合物在气液界面上的反应性比二水合物更活泼，这归因于甲基乙二醛单水合物还含有羰基部分，可能还会存在烯醇形式。Zhu 等[154]还通过经典和第一性原理分子动力学模拟与自由能方法结合的方式探究甲基乙二醛在气液界面上的溶剂化及水解情况，尽管存在甲基疏水基团，但甲基乙二醛仍以平行于水界面的酮和甲基基团溶剂化，疏水基团的存在可以使甲基乙二醛和界面水的氢键数量最大化并减小扭转自由能。通过界面水对羰基碳原子的亲核攻击，甲基乙二醛在气液界面的水合反应既可以通过环结构介导的机制完成，也可以通过具有一定能垒的逐步反应机制完成（图 3-22），且界面水对水合反应会产生一定的催化作用。类似地，乙二醛及其他醛类化合物也会发生类似的水合和后续的低聚反应。

　　然而，大气中液态水尤其是气溶胶组分复杂，含有包括硫酸铵、硝酸铵、氯化铵及氯化钠等在内的多种物质，当以乙二醛和甲基乙二醛为代表的醛类化合物被吸附到上述液滴界面时，气溶胶中的这些组分也会对其产生一定的影响，特别是无机气溶胶组分通过将甲基乙二醛盐析到界面上改变其水合平衡，并催化自低聚及交叉低聚反应的效应，而无机气溶胶对乙二醛却有盐溶效应的影响。例如，

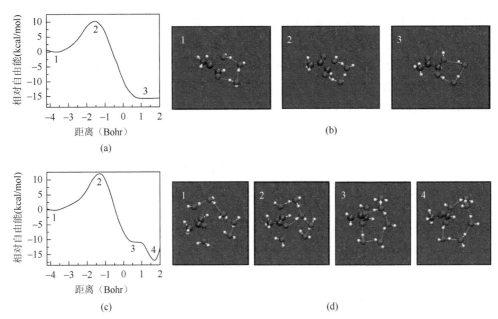

图 3-22 （a）甲基乙二醛在气液界面上通过环结构介导的水合反应的自由能分布；（b）甲基乙二醛与水在（a）所示位置反应的 QM/MM 元动力学模拟获取的快照结构；（c）甲基乙二醛通过逐步反应机制在气液界面处水合的自由能分布；（d）甲基乙二醛与水在（c）所示位置反应的 QM/MM 元动力学模拟获取的快照结构[155]

Gordon 等[155]用 SFG 技术探究非活性盐氯化钠对甲基乙二醛的表面吸附及水合状态的影响。结果表明，氯化钠的存在会增强甲基乙二醛的表面活性，但不会将水完全排除在界面之外，而甲基乙二醛水合平衡在较高离子强度下会发生变化，其水合形式从二水合物形式向一水合物形式转变。非反应性氯化钠盐对甲基乙二醛界面反应影响的探索将作为后续研究大气相关反应性盐如硫酸铵存在下甲基乙二醛和乙二醛等醛类化合物界面反应性质的基础。

3.2.1.2 醛类化合物在气液界面的光化学

大气物质被液滴表面吸附时，其与大气氧化物的反应性增强。例如，电喷雾-质谱测量显示，当苯甲酸盐离子在空气-水界面与羟基自由基反应时，从芳香环中提氢对整个过程的贡献显著（＞26%），而该反应在气相和液相中均微不足道[156]。由此可见，醛类化合物在气液界面的光化学反应也不容忽视。Zhang 等最近利用飞行-时间二次离子质谱（ToF-SIMS）研究了乙二醛在气液界面的光氧化反应，发现乙二醛在气液界面处会生成高氧化性聚合物[157]。此外，Sui 等将基于原位同步加速器的真空紫外单光子电离质谱用于乙二醛在气液界面的光氧化分析，鉴定出包括反应中间体、低聚物及聚合物在内的氧化产物形成。通过光氧化反应，乙二醛在气液界面上首先生成草酸及甲酸等有机酸，随后草酸继续通过氢键和低聚反应形成二聚体，而甲酸则通过自由基反应形成·COOH 和·HCOO，这些自由基间的反应有助于 SOA 形成。此外，甲酸还可以通过酯化反应参与低聚物形成，琥珀酸通过酸催化或自由基反应形成更大的低聚产物等[158]。因此，醛类化合物在气液界面上的光氧化反应也不容忽视。

3.2.1.3 醛类化合物的气液界面异构化

一些醛类化合物，特别是小分子量二羰基化合物，构象并不唯一，其从气相进入气液界面及液相过程中的构象变化也不容忽视。总结已有的研究发现，醛类化合物在从气相进入气液界面乃至液相过程中存在一定的构象变化。醛类化合物在气相由于 O—H 相互作用使分子保持平面，则常以反式构象存在；当在气液界面上，由于构象扭转，O—H 相互作用断裂，则主要以顺式构型存在。界面水对于醛类化合物在气液界面的异构化起到了一定的催化作用[155, 159, 160]。此外，具体溶液中的溶剂也对构象变化有一定的影响，构象不唯一的醛类化合物在含不同溶剂的界面的构象变化主要是由于偶极子驱动，即溶剂往往使醛类化合物向与溶剂极性特征更匹配的且含有分子偶极子的构象转变。因此溶剂的极性会调节构象变化，使一个构象相对于其他构象而言在溶液内部和界面稳定并有选择性地分离。以乙二醛为例进行系统说明，Zhong 等[160]采用经典分子动力学和第一性原理分子动力学研究了乙二醛在气相、气液界面及液相内部的构象变化，结果发现乙二醛在气相中以反式构象为主，而到气液界面时则以顺式构象为主，构象转变能垒从在气相的 6 kcal/mol 减小到在气液界面的 2.5 kcal/mol，当乙二醛完全溶解在溶液内部时，自由能垒则会减小到 2 kcal/mol，且顺式构型稳定存在于溶液内部。这表明界面水对乙二醛的异构化具有一个很好的催化作用。进一步比较乙二醛的偶极矩发现，在气相反式乙二醛的偶极矩是 0，而当转变到顺式构象时，乙二醛偶极矩增加到 2.74 D，在界面上乙二醛构象的偶极矩也存在类似的变化情况，且顺式构象的偶极矩更大（3.03 D），这表明乙二醛从反式向顺式构象转变过程中，分子偶极子增大，这有利于乙二醛与水的反应，即反式乙二醛的氧与水的氢原子组成的氢键数量为 1.7，顺式乙二醛的氧与水的氢原子组成的氢键数量是 2.1。这说明乙二醛的异构化是一个偶极子驱动的过程，异构化与电子云的最小重排及分子偶极矩的重要过程有关。以具体的溶剂为例，乙二醛在对质子不敏感的丙酮界面上与在纯水界面的异构化很类似，即乙二醛在气相以反式构象为主，在界面及溶液内部以顺式构象为主。区别在于丙酮是挥发性很强的物质，使其界面很容易完全溶解乙二醛，乙二醛与丙酮不能形成有利的氢键。并深入分析乙二醛在非极性溶剂己烷、极性溶剂水和强极性溶剂二甲亚砜的异构化过程发现，溶剂极性越大，乙二醛构象转变的能垒越低，相对于气相来说顺式构象稳定性越强，极性溶质由于更有利的静电相互作用而更容易在极性溶剂中溶解。界面环境的异质性可以催化立体结构的变化、稳定及选择性,这种立体选择性和溶剂化选择性可用于调整表面在构象控制反应中的催化活性。由于构象异构在有机合成和生物合成中起着重要作用,因此构象不唯一的醛类化合物在气液界面的异构化也应该被充分考虑。

3.2.2 有机酸的气液界面化学过程

有机酸是大气环境中含量最丰富的有机物种之一,在气相、液相及气溶胶颗粒物相中都有发现。如北京夏季大气 PM$_{2.5}$ 中有机酸质量浓度就占总有机物质的 2.6%~6.4%[161]。外场检测也发现大气中有机酸物种非常丰富,包括脂肪族一元或多元羧酸、羟基酸、酮基酸、芳香族羧酸及大型腐殖质类等[162]。这些有机酸在大气中反应活性较低,通过化学反应去除的过程缓慢,因此酸沉降是主要的去除途径。由于含有酸性基团,有机酸在液相环境中能够电离出大量氢离子(H+),增加颗粒酸性,而酸碱环境能够促进 SOA 的形成。研究已经证实有机酸从气液界面转移到液相的过程往往伴随着自由能的升高,因此这些分子更倾向于停留在气液界面。此外,一些挥发性低且具有疏水基团的有机酸可以作为表面活性剂,覆盖到气溶胶的液相界面,并在气液界面形成稳定的有机层,影响气溶胶的界面性质及化学反应机制。

3.2.2.1 有机酸的气液界面吸附及其大气影响

伞状取样模型表明,吸附在气液界面的有机酸分子如甲酸、乙酸、苯甲酸及丙二酸等需要克服一定的自由能垒才能进入液滴体相[163],也就是说有机酸具有停留在液滴界面的倾向性。二羧酸是环境中水溶性有机物的典型代表,其中短链的草酸、丙二酸和琥珀酸最为丰富。Blower 等[164]采用振动和频光谱(vibration and frequency spectra,VSFS)和表面张力测量等方法系统地研究了丙二酸在气液界面上的吸附特性。发现丙二酸分子结构大部分情况下平行于气液界面,并且在气液界面上酸与酸分子间无相互作用。此外,气液界面上的丙二酸呈现出较弱的溶剂化效应,表面活性物质主要位于第一水化层。Lv 等[165]采用传统分子动力学方法模拟了甲基亚磺酸(methanesulfinic acid,MSIA)被液滴吸附的动态过程:MSIA 首先被吸附在气液界面上,此时具有最低的自由能,在热运动下 MSIA 分子跨越自由能阱(3.2 kcal/mol)进入到体相环境中,随后在界面倾向和热运动两个因素的综合作用下,MSIA 在气液界面和体相间不断来回穿梭。统计力学分析发现,MSIA 在界面停留的总时间大概占总模拟时长的 21%。在气液界面上,MSIA 中的疏水甲基以一定的倾角朝向气相方向,而—S(O)—OH 基团则朝向气液界面,水化层仅位于—S(O)—OH 基团的 H 和 O 原子附近。因此,大气氧化剂如 O$_3$ 和 OH 自由基等能够接近 S 原子并发生气液界面的非均相氧化反应,最终生成稳定的甲基磺酸（methanesulfonic acid，MSA）[166]。生物源长链酸类分子作为典型的表面活性剂，不仅能够降低液滴的表面张力影响开尔文效应，还能通过改变表面活性剂的体积浓度来影响拉乌尔效应[167]。这里的开尔文效应与液滴的曲率有关，能够降低液滴的成核能力，而拉乌尔效应则增强气溶胶的生长能力[168]。实验发现，蒎酮酸（cis-pinonic acid，CPA）即使在很低的浓度下也能降低水的表面张力，是典型的表面活性剂[169-172]。分子动力学模拟也证实 CPA 分子能够自发地在气液界面聚集，随着液滴粒径的增加，CPA 在降低表面张力方面效果更显著，说明表面张力的降低不仅与 CPA 的浓度有关，也受液滴的粒径影响[168]。因此，有机酸类作为表面活性剂能够通过在体相和界面之间的分配影响水溶性气溶胶粒子数量，进而对云的光学特性或反射率影响。

3.2.2.2　有机酸在气液界面的大气转化机制

1)气液界面上 OH 自由基引发的有机酸的大气氧化

鉴于有机酸的界面倾向性，其气液界面的大气反应机制受到广泛关注。OH 自由基不仅是气相环境中有机物的重要清除剂，同时也是吸附在气液界面上的有机酸分子的氧化剂。吸附在气液界面上的 CPA 暴露于 OH 自由基下时容易发生氧化反应，除生成小分子量的羰基产物外，也会产生多官能团羰基化合物、醇类以及蒎烯过氧自由基[173]，从而有助于 SOA 的形成与增长。在微观机理方面，在气液界面水分子的约束下，CPA 中 d 和 g 位置 C 原子上的 H 是 OH 自由基进攻的首要位点（图 3-23）。产物检测发现，在 CPA 的气液界面氧化过程中有 70%以上的产物将释放进入气相当中，影响 HO_x/NO_x 的循环[173]。采用场诱导液滴电离质谱法，Huang 等[174]得到气液界面上 CPA 与 OH 自由基的反应速率常数为 $9.38 \times 10^{-8}\ cm^2\ molecule^{-1}\ s^{-1}$，同时采用气-界面-溶液多相传输反应模型推断出在典型的环境 OH 自由基浓度下，CPA 的多相氧化主要发生在以云/雾水为代表的液滴表面。

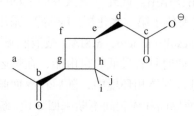

图 3-23　去质子化的蒎酮酸离子结构[173]（化学式：$C_{10}H_{15}O_3^-$）

2)气液界面上有机酸的光氧化反应

在气溶胶气液界面上经常观察到表面活性剂的存在，这些表面活性剂会影响气液界面的物理化学过程。例如，当这些不溶性的有机分子覆盖在气液界面上时，液相水的蒸发以及微量气体的溶解将受到抑制；这类有机层会使气液界面上的各种疏水化合物表面浓度增加，反应活性受到其影响。此外，当含有有机酸的气液界面暴露在阳光下时，会发生特定的光化学反应。

脂肪酸覆盖的气液界面在大气环境中普遍存在，其大气光化学反应形成的不饱和及含氧产物会在界面累积并向大气释放，影响大气氧化能力并导致 SOA 的形成。在这些脂肪酸中，壬酸（nonanoic acids, NA）常被作为典型表面活性剂进行研究。覆盖壬酸的气液界面能够显著增强 4-苯甲酰基苯甲酸（4-benzoylbenzoic acid）、2-咪唑甲醛（imidazole-2-carboxaldehyde）、腐殖酸（humic acid）及 H_2O_2 等光敏剂向界面的转移，这些光敏剂在气液界面上通过提取壬酸中的 H 原子诱发自由基反应，进而导致一系列不饱和及含官能团产物的形成[175-177]。此外，即使在缺乏光敏剂情况下，含有壬酸的气液界面在光照下也能够发生反应[178]。这类光化学反应的发生可能由 NA 分子在 280~330 nm 的紫外光区吸收光量子形成三线态结构引起。此外，气液界面上 NA 分子光氧化反应实验中观察到了 C_9 醛类的形成，可以通过两种可能的光诱导反应机制进行解释［图 3-24（a）］。第一条途径是由分子内 Norrish Ⅰ型光化学反应（R1）引发的，即 C—O 键发生断裂，随后在 NA、OH 和羧基自由基参与下发生一系列加氢和脱氢反应；第二条途径是分子间

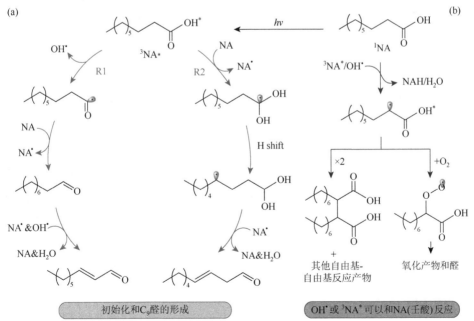

图 3-24　气液界面上壬酸分子光氧化反应生成 C_9 醛类化合物(a)和含氧产物(b)的反应途径[179]

NA 和 NAH 分别代表 $CH_3(CH_2)_7COO\cdot$ 和 $CH_3(CH_2)_7C\cdot(OH)OH$ 自由基

· 74 ·

Norrish Ⅱ（R2）型光化学反应形成二醇自由基，之后经历几轮脱氢和氢转移反应。此外，生成高含氧产物的两条可行的反应途径也被提出［图 3-24（b）］。密度泛函理论计算与团簇模型证明气液界面的 C_9 醛类的形成是由分子内的 Norrish Ⅰ 光化学反应引起的，即 NA 的 C—O 键首先发生断裂生成酰基和羟基自由基，随后，另一 NA 分子与酰基通过加氢反应生成饱和的 C_9 醛，而不饱和的 C_9 醛则经过两次脱氢反应生成[179]。有机酸的三线态结构只有在高浓度条件下，如聚集于气液界面的有机酸，以及光照下才能产生，并且三线态结构的产生与酸链的长度有关。如果含有羧酸单分子层就能在海洋、云滴和气溶胶粒子表面触发这种界面光化学，那么有机酸将会对大气环境产生巨大影响。

3）气液界面上有机酸与痕量气体的反应

有机酸的界面聚集性为其与其他痕量气体的反应提供了可能。Zhong 等[163]采用从头算分子动力学方法探索了气液界面上四种有机酸（甲酸、乙酸、苯甲酸和丙二酸）与 SO_3 分子间的微观反应机制，发现在界面水分子参与下有机酸可以与 SO_3 快速结合形成对应的硫酸-羧酸酸酐及水合离子。而在气相中，有机酸则与 SO_3 直接结合或作为 SO_3 与 H_2O 反应的催化剂。气液界面上有机酸的这种独特反应能够促进水的凝结和痕量气体的吸收，也为将"SO_4^{2-}"嵌入气溶胶界面的有机物质中提供了一种有效方法，是有机硫酸盐形成的潜在来源。Criegee 自由基能够与气液界面上的有机酸分子反应，在有机酸的去除过程中扮演了重要角色[180]。动力学模拟表明，在气液界面上甲磺酸与 C_2 Criegee 自由基存在三种类型的反应机制，包括直接加成反应、H_2O 介导的氢过氧化物的生成以及 MSA 介导的 Criegee 自由基的水合反应。上述不同反应机制的发现表明有机酸在气液界面反应的复杂性，因此在气溶胶形成的研究中，有机酸气液界面的非均相反应过程需要得到重视。

3.2.3 有机胺的气液界面化学过程

有机胺是 NH_3 的衍生物，当 NH_3 中的一个或多个 H 原子被烷基取代后亲水性的 HN_2 基和疏水性的甲基相连，使得这些有机胺很容易吸附于云滴及气溶胶界面。由于具有中和酸的能力，有机胺能够改变云滴及气溶胶界面的酸碱特性，从而在局部或大尺度上促进气溶胶的形成。因此，气液界面有机胺的特性分析及参与的大气反应在决定大气气溶胶命运及化学性质方面起着重要的作用。

3.2.3.1 有机胺的气液界面吸附特性

通过测量平衡表面张力，Mmereki 等[181]研究了三种脂肪胺类在气液界面的结合状态，指出 MA、DMA 和 TMA 具有一定的界面倾向性，有机胺饱和覆盖度与表面"自由"氢原子浓度几乎一致。以水分子团簇作为界面模型，有机胺与两个水分子之间的结合能可以近似评估胺类分子在气液界面的吸附能力[182]。Hoehn 和 Horváth 等[183, 184]采用传统分子动力学模拟来还原液滴对有机胺的吸附过程。当有机胺在气液界面积聚时，其亲水性 HN_2 基溶解在液相环境中，而疏水性甲基则朝向气相环境。界面水分子与 HN_2 基之间形成的强氢键表明大气中的氧化性气体很可能会优先与甲基而不是与溶剂化的 NH_2 基反应。当甲基作为有机胺气液界面的定向反应位点时，在 OH 自由基及 O_2 等痕量气体的氧化下会形成新的亲水性羰基基团，解释老化的有机气溶胶形成云凝结核的趋势。另一方面，有机胺在气液界面的积累会形成一层疏水薄膜，降低水的表面张力，影响气溶胶液滴的生长和痕量气体的吸收，最终决定气溶胶对光的吸收或散射能力。此外，酸性气溶胶对有机胺的摄取也是重要的气溶胶增长途径。Zhang 等[142]利用从头算分子动力学方法研究了二甲胺在酸性气溶胶颗粒上的作用机制。研究发现 DMA 在界面处具有最高的稳定性，从气液界面扩散进入气溶胶液相内部需要克服 2.9 kcal/mol 的自由能垒。气液界面上的氢键统计分析说明 DMA 与硫酸分子之间的氢键数目是 DMA 与 H_2O 分子之间氢键数目的 6 倍，因此 DMA-SA 的直接相互作用要远强于 DMA-H_2O 的相互作用。

3.2.3.2　有机胺在气液界面的成核机制

1) 气液界面上有机胺与酸性分子的成核机制

有机胺作为一类特殊的碱性 VOCs，具有中和酸性颗粒的能力，在气液界面上形成稳定的离子团簇，促进气溶胶的增长。Kumar 等[185]采用 Born-Oppenheimer 分子动力学（BOMD）探讨了甲胺及二甲胺与无机酸性分子 HNO_3 的界面反应活性。研究发现有机胺参与的气液界面团簇粒子的形成首先要在气相中形成对应的复合物，之后复合物被气液界面捕获，反应过程中 HNO_3 中的质子被转移到有机胺的氨基上形成稳定的有机铵盐离子对。动力学模拟过程中离子对质心与水滴质心的距离几乎不变，说明这样的有机铵盐离子对具有一定的界面倾向性。借助云、雾等气液界面的催化，有机胺与酸性分子之间的相互作用得到增强，这也许也能部分解释雾水中氮含量明显高于 $PM_{2.5}$ 的原因。与无机酸的反应相比，有机胺与有机酸的气液界面反应并无很大差异，气相复合物的形成同样是气液界面观察到对应离子对的必要条件[185, 186]。在有机胺与甲磺酸（MSA）的气液界面研究中[186]，根据有机胺中甲基取代数量的不同，形成的 MSA$^-\cdots$(R_1)(R_2)NH_2^+ 离子会与 1~4 个水分子结合。这种有机胺与甲磺酸从气相到颗粒相的转化也可能适用于其他无机或有机酸性分子。另外，有机胺与酸性颗粒的气液界面反应受到广泛关注。通过低压快流反应器与离子漂移-化学电离质谱仪，Wang 等[187]测量了不同温度下 MA、DMA 及 TMA 在质量分数为 59%~82%的硫酸颗粒上的摄取。三种脂肪胺在酸性颗粒上的摄取均为不可逆的反应过程，且三种胺的吸收系数一致（(2.0~4.4)×10²)，反应不受溶液中质子转移的限制。通过酸性纳米液滴的构建及模拟，Zhang 等[188]从分子水平上探讨了有机胺对颗粒增长的促进作用，提出不同酸浓度下有机胺会发生两种类型的反应（图 3-25）：酸浓度较高时，有机胺与界面水合离子快速发生中和形成对应的铵盐；酸浓度较低时，有机胺与界面水分子发生局部可逆的水合反应，溶解进入颗粒相。高 H_2SO_4 浓度时有机胺的质量积累速度时低 H_2SO_4 浓度时的 2.5~15 倍，这也表明雾霾期间 H_2SO_4 在临界粒子（<3 nm）中浓度越大，胺的质量积累也越快。

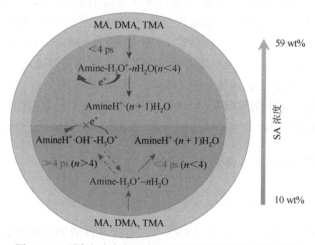

图 3-25　不同硫酸浓度下有机胺的气液界面反应机制[188]

2) 气液界面上有机胺对硫氧化物水合反应的催化机制

气液界面上的有机胺不仅可以直接与酸性分子结合形成稳定团簇粒子，还能够作为催化剂促进（或抑制）化学反应的发生。在大气中的很多异构化反应、重排反应、水解反应和单分子裂解反应中都观察到有机胺的催化作用。有机胺的催化作用机理有两种，一种是仅通过氢键作用稳定反应物，没有参与到实质性的质子转移过程；另一种是有机胺直接参与到反应当中，通过质子传递和转移实现催化的目的。有机胺分子存在下，硫氧化物的水合反应对亚硫酸盐及硫酸盐的形成具有重要贡献。量子化学计算表明，气相条件下 MA 和 DMA 参与的 SO_2 水合反应能垒要明显低于 NH_3 参与的水合能垒，且促进作用与有机胺的碱性呈正相关[189, 190]。当水分子增加时，水合反应能垒进一步降低且水合产物将发生电离现象。Wang 等[190]通过 BOMD 模拟也证实了在有机胺存在下，随着水分子团簇粒径的增加，$SO_2 \rightleftharpoons HSO_3^-$ 的平衡将向 HSO_3^- 转移。此外，有机胺也能够促进气液界面上 SO$_3$ 的水合反应的发生。借助从头算分子动力学模拟，Ma 等[33]选取 MA、DMA、TMA、乙胺、二乙胺、三乙胺及单乙醇胺等七种有机胺作为研究对象，探讨了其在液滴界面对 SO$_3$ 水合反应的影响。以 DMA 为例（如图 3-26 所示），反应开始阶段气液界面上的 3 个水分子快速与 DMA 及 SO$_3$ 分子络合，形成反应活性中心。随后靠近 SO$_3$ 的水分子发生裂解，OH$^-$离子与 S 原子结合，同时质子 H$^+$通过水分子传递到 DMA 的碱性氨基基团上，形成的 HSO$_4^-$ 与 (CH$_3$)$_2$NH$_2^+$ 通过分子间作用连接，稳定存在于气液界面环境中。

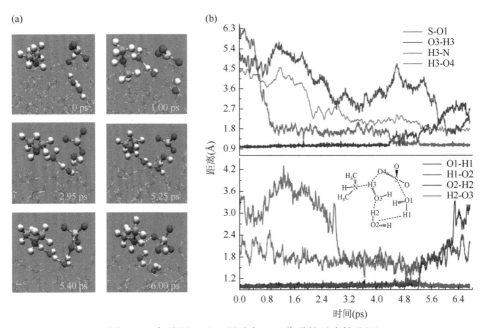

图 3-26　气液界面上二甲胺与 SO$_3$ 分子的反应轨迹[33]

（a）动力学模拟过程中不同时间内的关键结构；（b）反应中关键键长的演变过程

3）气液界面上有机胺与 Criegee 自由基的反应机制

Criegee 自由基是烯烃与 O$_3$ 反应过程中的重要中间产物，特殊的双自由基及两性离子特性使其能与大气中的多种痕量气体发生反应。有机胺与 Criegee 自由基的反应会导致低聚物的形成，是城市污染环境中有机含氮气溶胶的重要来源之一。在有机胺与 Criegee 自由基的反应中，氨基上的氢会转移到 Criegee 自由基的末端氧上，同时有机胺的氮原子与 Criegee 自由基的 α-碳原子相连形成对应的过氧化物，随后过氧化物进一步与 Criegee 自由基反应形成低聚物。Kumar 等[191]的量子化学计算表明，气相有机胺与 Criegee 自由基的反应能垒随胺中甲基取代数量的增加而降低，尤其是强碱性的二甲胺与 CH$_2$OO 和 *anti*-CH$_3$CHOO 的反应在大气中能够自发发生。与气相反应机制不同，在气液界面上有机胺既可以与 Criegee 自由基发生直接的加成反应也可以通过界面水分子的参与完成有机胺与 Criegee 自由基之间的质子转移过程，如图 3-27 所示。有机胺与 Criegee 自由基在气液界面形成的低聚物是气溶胶形成的重要组成成分。此外，在对流层条件下，生成的这些聚合物也可以发生裂解反应，是 OH 自由基的潜在来源[191]。

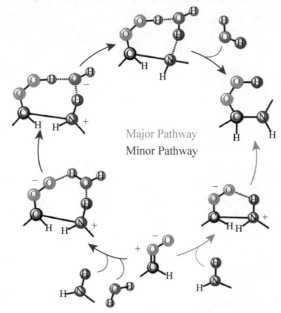

Major Pathway

Minor Pathway

图 3-27　反式 CH$_3$CHOO 与甲胺的两种反应路径示意图[191]

3.3　VOCs 的液相成核机制

当气相 OVOCs 与有机胺通过气液界面进入云或雾滴液相后，通过与液相中的氧化性自由基或分子反应形成低挥发性的产物，当水分被蒸发，这些产物就会截留在颗粒相中，这些颗粒物将参与云凝结核的形成，促进云的形成，从而对气候产生影响[192]。最新研究表明，可溶性的 OVOCs 在云层里可与有机胺形成 SOA 和棕色碳，其液相化学过程能够有效地促进液相 SOA（aqSOA）的生成。与气相 OVOCs 反应中碳链结构的破坏不同，水溶性的 VOCs 在液相中多会形成酸或低聚物，因此液相反应形成的 SOA 比气相中的 SOA 的含氧量更多。实验室研究表明，当云水浓度较低时，小分子量的醛类及其他相关化合物会形成有机酸（如草酸）；当气溶胶水相中溶质浓度较高时，会优先形成高分子量的化合物（如低聚物）[193]。从全球范围来看，气溶胶含水量是干气溶胶质量（铵、硫酸盐、硝酸盐）的 2~3 倍。

因此，大多数的水溶性 OVOCs 会在气溶胶的液相中发生反应而不是在颗粒相反应。这些新形成的 aqSOA 不仅会影响 SOA 总体质量预测，还会影响到气溶胶的特性。因此，本小节将以醛类、有机酸和有机胺为例对 VOCs 的液相成核进行详细讨论。

3.3.1　碳正离子介导的液相成核机制

3.3.1.1　碳正离子及其反应活性

碳正离子指最外层含有六个电子的带正电荷的碳氢基团，其是有机化学反应中重要的活性中间体。碳正离子构型分为烷基碳正离子、桥头碳正离子、非经典碳正离子、含苯环碳正离子、乙烯基碳正离子及乙炔基碳正离子，不同结构的碳正离子其稳定性也有所不同。在碳正离子中，含有的供电子基团会分散正电荷而使碳正离子趋于稳定，吸电子基团则会使碳正离子的正电荷更加集中，使其愈加活泼。总的来说，影响碳正离子稳定性的主要因素包括电子效应、溶剂效应、芳构化效应及空间效应。而电子效应的影响又具体分为诱导效应、场效应、共轭效应及超共轭效应。对于烷基碳正离子来说，取代基越多，σ-p 超共轭效应越强，供电子能力越强，碳正离子越稳定。当碳正离子作为活性中间体参与反应时，会发生 Wagner-Meerwein 重排、Demyannov 重排、Pinacol 和 Semipinacol 反应以及 Beckmann 重排。其中 Wagner-Meerwein 重排是碳正离子的经典反应，指的是醇在脱水反应过程中生成的中间体发生 1, 2-重排（图 3-28[194]）并伴随有烷基或芳基等基团的迁移，最终生成稳定的碳正离子。例如，碳正离子可以通过甲基的迁移从 2°碳正离子变成 3°碳正离子而变得更加稳定[195]（图 3-29）。

图 3-28　1, 2-重排反应[194]

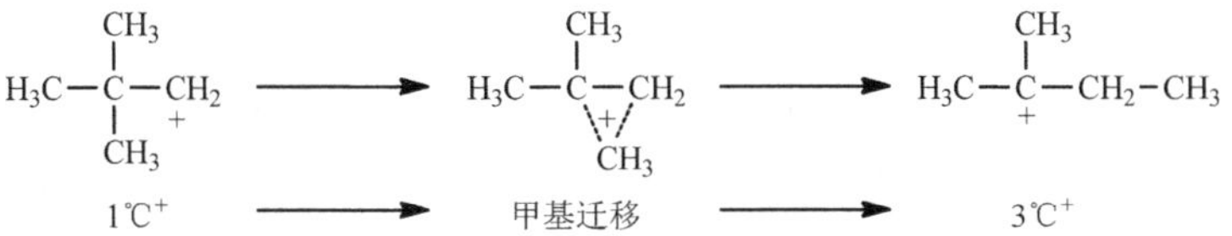

图 3-29　碳正离子甲基迁移[195]

3.3.1.2　碳正离子介导的醛类化合物液相成核机制

在云滴、雾滴及气溶胶相的弱酸性溶液内，以乙二醛及甲基乙二醛为代表的醛类化合物首先进行水合反应生成一水合物二醇及二水合物四醇[196, 197]。每个二醇及四醇的羟基氧原子还可以利用孤对电子与氢离子结合，随后再脱去一分子水形成碳正离子。每个二醇及四醇的羟基氧原子可作为亲核试剂进攻碳正离子的正电荷中心，经一系列后续反应生成二聚体，上述反应循环发生，最终生成三聚体乃至更高分子量的低聚物（图 3-30）[198]。

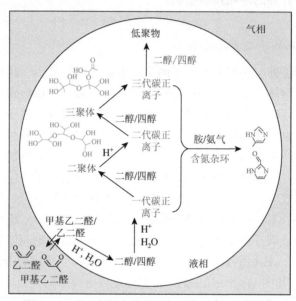

图 3-30　碳正离子介导的液相成核反应示意图[199]

质子介导的水合反应是醛类化合物在溶液中主要的水合反应路径，这主要是由于醛类化合物的羰基氧原子的负极性为醛类化合物的质子化提供了至关重要的活性位点。而醛类化合物的官能团对质子化也产生影响。例如，甲基乙二醛的甲基官能团使羰基氧原子更负，羰基碳原子更正，这增加了羰基官能团的极性，并使甲基位置的羰基更容易发生质子化。因此，在酮基上的质子化往往比在羰基的质子化更容易发生[199, 200]。

由于碳正离子缺电子而不满足八隅体规则，碳正离子呈现出了正电性和高的反应活性，而二醇及四醇中羟基基团的氧原子显示出较强的负电荷。因此，醇中间产物与碳正离子间的静电吸引促进了亲核加成反应的发生，这也是碳正离子介导的羰基化合物液相成核反应的关键特征，该机制成为醛类化合物液相成核反应的主导机制。此外，氨及有机胺上的碱性氮原子也会有显著的负电荷特性，其可以和碳正离子反应生成含氮杂环化合物，这会使暴露于气态醛类化合物上的含氨及胺气溶胶快速变棕色。在液相硫酸铵溶液中，NH_3 与 NH_4^+ 等价（$NH_4^+ + H_2O \rightarrow NH_3^+ + H_3O^+$）。与阳离子低聚反应机理类似，碳正离子和氨气间的强电荷吸引对生成含氮杂环化合物的亲核加成反应起促进作用。因此，碳正离子介导的涉及氨及胺的低聚反应也是 BrC 形成的重要途径。

以甲基乙二醛为例，Ji 等[199]采用理论化学手段研究了在酸性溶液中碳正离子介导的甲基乙二醛低聚反应机制。首先评估甲基乙二醛的直接水合反应在水性介质中形成二醇、四醇和低聚物。结果表明水无论是加成到酮基还是醛基团上，能垒至少是 38 kcal/mol，速率常数值的范围在 10^{-14} mol L^{-1} s^{-1} 和 10^{-22} mol L^{-1} s^{-1} 之间，甲基乙二醛的水合反应可忽略不计，且与甲基乙二醛本身和水的浓度无关。随后探索了甲基乙二醛的阳离子低聚反应包含甲基乙二醛质子化生成二醇和四醇以及随后二醇/四醇的质子化形成四个一代碳正离子的过程。发现甲基乙二醛在酮基及醛基团上的放热量分别为 -102.4 kcal/mol 和 -96.1 kcal/mol。在酮基及醛基团上的质子化产物阳离子中间体可依次经过两个水合反应和水合氢离子的损失，总的放热量分别为 -3.6 kcal/mol 和 -14.3 kcal/mol。因此质子化水合是甲基乙二醛主要的水合路径。对于甲基乙二醛产物二醇及四醇，由于质子化 O—C 键被拉长，并且醇氧原子带强负电，表明这两个物种均易亲核加成。另外，二醇及四醇在羟基基团处也可以发生质子化，随后进行脱水分别生成碳正离子。由于二醇上的氧原子在羟基团上的自然负电荷比羰基团大，因此在羟基团上的碳正离子比在羰基团上的碳正离子（或四醇）更容易形成。之前实验数据也表明实验证据表明，在甲基乙二醛水溶液中二醇比四醇更丰富，二醇比率为 56%~62%，四醇比率为 38%~44%。同样，由于与四醇的甲基相邻的羟基团上氧原子具有较大的负电荷，因此在四醇羟基团上碳正离子的形成更有利。

依据前面所述的碳正离子与醇产物间亲核加成的关键反应机制，甲基乙二醛的碳正离子介导的低聚反应发生，产物为二聚体。而二聚体的质子化和脱水反应可得到二代碳正离子。同样地，二代碳正离子可进一步与二醇/四醇发生聚合反应，形成环状二聚体或三聚体，通过多代碳正离子触发低聚反应自发进行。对于甲基乙二醛阳离子低聚反应涉及的所有路径，均没有发现任何过渡态。在低聚反应的每个步骤中，生成的中间体与氢氧根离子之间均存在竞争反应，且反应也是无能垒，低聚反应均具有可逆性。因此，低聚反应的正向进程取决于 pH 值和水活度：尽管高酸度有利于质子化，但由于水活性降低从而抑制了水合反应。而低聚反应的逆反应取决于 pH，并且在酸性介质（即 pH<7）下较难发生。总的来说，低聚反应在 pH 处于中间范围内最容易发生。由于甲基乙二醛液相反应的速率常数在（4.1~4.2）× 10^9 mol L^{-1} s^{-1} 范围内，受液相扩散效应控制。这表明阳离子低聚反应具有 pH 依赖性，因为质子化反应在酸性溶液中更利于发生，但是高酸性条件下由于水活度降低却反过来抑制去质子化和水合反应。因此，甲基乙二醛的阳离子低聚反应仅在弱酸性介质中有效地发生。Li 等的实验研究结果也表明过高和过低的酸度均会抑制二醇/氨和碳正离子的生成，而在弱酸性的硫酸铵颗粒物上

SOA 和 BrC 的生成达到最大[200]。虽然碳正离子介导的乙二醛低聚反应机制与甲基乙二醛的类似，但由于甲基乙二醛在羰基团上氧原子及碳原子分别比乙二醛上的要更负及更正，因此甲基乙二醛在液相中比乙二醛更具反应性，这适用于在对流层条件下的液相气溶胶和云、雾滴上。

碳正离子介导的醛类化合物的低聚反应机制有助于大气中 SOA 和 BrC 的形成。为全球气溶胶测量中 SOA 和硫酸铵普遍共存以及严重雾霾的快速形成提供了可能的解释，并为在城市、区域和全球范围内 SOA 和 BrC 形成的缺失来源提供了新思路。因此，忽略了碳正离子介导的液相成核机制的大气模型将会低估城市、区域乃至全球范围内的 SOA 和 BrC 的预算值，并可能导致在评估气溶胶对气候的直接和间接辐射强迫方面存在不确定性。碳正离子引导的醛类化合物的低聚反应机制为以后大气模型以及评估气溶胶对空气质量、人体健康及气候的影响提供了关键信息。更广泛地说，通过碳正离子介导的液相成核机制将会对从微生物醛类化合物代谢到有机合成再到高分子材料等不同学科均产生一定的影响，尤其是调节对生物体寿命至关重要的微生物醛类化合物的代谢过程，该过程通过一系列酶对微生物代谢形成的醛类化合物进行解毒，同时对生物的衰老、糖尿病、阿尔茨海默症及不同肿瘤的生长抑制均具有重要的意义。

3.3.2 液相光氧化反应成核机制

液相光氧化过程是 SOA 形成和老化的重要途径之一，通过该过程高挥发性的有机化合物被转化为低挥发性的含氧产物。当云水蒸发时这些低挥发性的产物就会被截留在颗粒相中，从而导致 SOA 的形成。在液相光氧化反应中自由基是重要的引发剂，其初始阶段主要包括三种反应机制[201]：①氢提取反应，即自由基提取饱和化合物中的 H 原子生成有机自由基的过程；②加成反应，即自由基亲电加成到不饱和化合物或芳香族化合物的不饱和键上；③电子转移，即一个自由基向其他自由基的转变，最终自由基间发生聚合反应生成稳定的分子。研究证实一些水溶性的 OVOCs 如醛类、有机酸等在液相中的光氧化反应会形成低聚物，参与 SOA 的形成。如 OH 引发的甲基丙烯醛的液相光氧化反应对 SOA 产率的贡献为 2%~12%[202, 203]；有机酸类分子如丙酮酸在液相中反应时溶剂环境会改变它的电子结构，从而改变它的物理和化学机制，导致自由基的生成并发生自由基间的聚合反应转变为低聚物[204, 205]。本小节将以醛类和有机酸作为主要讨论对象，阐明其光化学氧化对 SOA 形成的影响。

3.3.2.1 醛类化合物的液相光氧化反应机制

大量实验研究发现醛类化合物，如乙醇醛、甲基乙二醛、乙二醛等能在液相中进行光氧化反应并快速生成甲酸和乙酸等有机酸[193, 206]，而在气相中并未观察到这类产物的生成。Lim 等的理论研究推测，在湿气溶胶中总溶解 OVOCs 在液相中的浓度为毫摩尔或毫摩尔以上时，自由基-自由基重组反应主导了 OVOCs 的液相光氧化反应，氧化产物主要为低聚物，乙二醛和甲基乙二醛对 SOA 产率（按质量计算）的贡献均为约 90%，表明了以乙二醛和甲基乙二醛为代表的醛类化合物的液相光氧化对于 SOA 的形成具有重要贡献[207]。液相中醛类化合物主要以偕二醇形式存在，对于乙二醛和甲基乙二醛等二羰基类化合物同时也存在四醇构型。乙二醛与 OH 自由基的液相光化学氧化机理如图 3-31 所示，通过氢提取反应乙二醛转化为低挥发性有机酸类化合物[193]。反应初始阶段，OH 自由基首先从二醇/四醇上提取氢原子，而后生成烷氧自由基 R_1^*，该自由基具有不稳定性，能够迅速与溶解氧反应生成过氧自由基 RO_2。随后，过氧自由基会有两种类型的反应途径：①直接分解生成乙醛酸，乙醛酸在 OH 自由基的氧化下，经过不断的氢提取及氧气的加成最终生成草酸等低挥发性有机酸；②继续与另一分子的 RO_2 发生二聚反应形成 RO，RO 随后发生分解反应形成自由基 R_2^*，继续在氧气的介导下通过氢提取反应最终生成甲酸等低挥发性有机酸。在 OH 自由基氧化过程中生成的自由基，会继续发生自由基-自由基重组反应，生成大分子量有机酸[193, 206]。

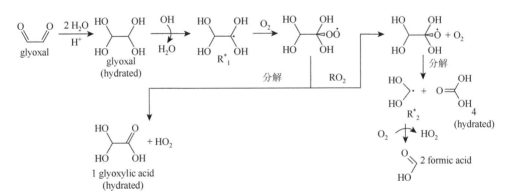

图 3-31 OH 自由基引发的醛类化合物液相氧化反应机制[193]

3.3.2.2 有机酸的液相光氧化反应机制

图 3-32 为有机酸的液相光氧化成核的反应机制[205, 208]。以丙酮酸为例，其在液相中通常以约 40%的酮和约 60%的二醇形式存在。理论研究表明：丙酮酸被波长大于 300 nm 的光照射后会形成激发态 T1（$^3(n, \pi^*)$）（反应 1），该激发态会对二醇形式丙酮酸的羰基进行氢提取反应，在进行氢提取的过程中会发生脱羧反应形成两种自由基产物（反应 2），一个具有羟基酸官能团化（HA·），另一个具有偕二醇官能团化（GD·）。由这两种自由引发的反应路径有 5 条：羟基酸官

能团化产物（HA·）和偕二醇官能团化产物（GD·）可以分别与氧气反应生成过氧自由基（反应 3A/B）；羟基酸官能团化产物（HA·）可以二聚生成二甲基酒石酸（反应 4），这种低聚物在早期的研究中已被证明[204]；偕二醇官能团化产物（GD·）会发生歧化作用生成乳酸和乙酸，已通过核磁共振法证明是丙酮酸的水解产物；羟基酸官能团化产物（HA·）和偕二醇官能团化产物（GD·）也可以直接发生自由基-自由基聚合反应形成乙酰乳酸的水合物，该化合物很容易脱水生成乙酰乳酸，随后发生乙酰乳酸的脱羧反应（反应 6），该反应被证实在 25℃水溶液下可以在几分钟内发生[209]，最终会生成羟基丁酮，这是丙酮酸液相光氧化的主要产物。

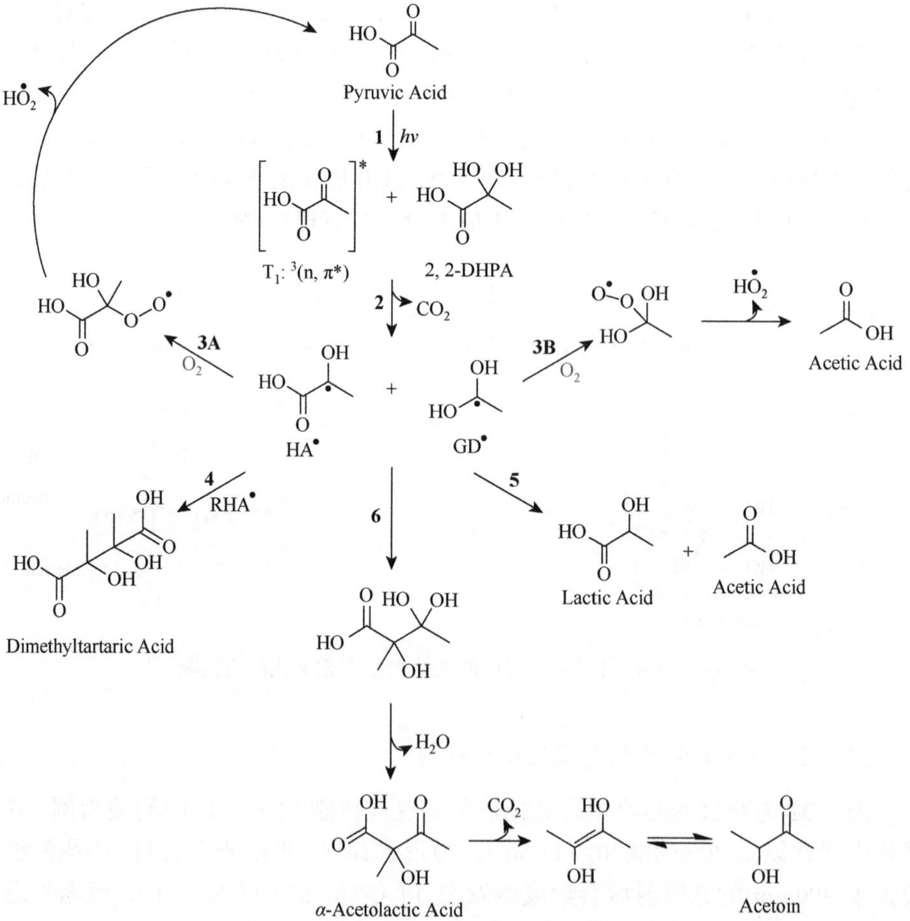

图 3-32　有机酸的液相光氧化反应机制[205, 208]

已有的研究已经证明了有机酸的液相光氧化反应可以促进 SOA 的形成。

Carlton 等[210]的研究表明，丙酮酸在液相中经化学氧化后产生乙醛酸、草酸、乙酸和甲酸等低挥发性有机酸，在液滴蒸发时，草酸和乙醛酸主要保留在颗粒相中；Larsen 等[211]通过红外光谱法监测丙酮酸的液相光化学反应，证明了脱羧反应的发生及低聚物的形成；Rapf 等[208]使用高分辨率电喷雾电离质谱，研究了丙酮酸的液相光化学，发现即使在最低浓度下，也能够观察到二聚体和三聚体等产物的生成。总的来说，有机酸在液相中的光氧化反应对于低聚物和 SOA 的形成有重要意义。

3.3.3　有机胺的液相成核机制

在液相中，有机胺与脂溶性醛类有机物的反应会形成亚胺及烯胺类物质，是城市气溶胶中含氮化合物的潜在来源，因此受到广泛关注。Duporte 等[212]利用 Tedlar 袋研究了二甲胺与蒎酮醛的反应，证实凝聚相中的反应产物存在吸光性的 BrC 类物质。采用核磁共振及气溶胶质谱等方法，De Haan 等[213, 214]证明在溶液体相中甲胺能够与乙二醛、甲基乙二醛进行非均相反应，同时鉴定出该反应的主要产物是咪唑类及高分子量的含氮低聚物。此外，在含有有机胺盐与羰基化合物的混合溶液及颗粒相中同样观察到低聚物及吸光物质的产生[215-217]，且证明咪唑类化合物是吸光物质的重要组成。有机胺与醛类化合物的液相反应受到多种因素影响，如当液相中存在硫酸、硝酸及有机酸时，有机胺与醛类分子的反应会显著增强。此外，液滴的蒸发能够使液相中乙二醛的双水合物向单水合物转化，反应速率比没有蒸发下的反应快多个数量级[218, 219]。光照也是影响有机胺与醛类反应活性的重要因素之一。在甲基乙二醛和甲胺共存的情况下，云中的光解反应会增加硫酸铵和甲基硫酸铵颗粒上 BrC 类物质的含量，也就是说 BrC 的水相光解产生了自由基物种，自由基物种进一步与其他物质结合形成更多的 BrC[215, 216]。除了作为反应物外，液相中有机胺的存在也会增强乙二醛的聚合反应，促进 SOA 的形成。

Kua 等[198]采用理论计算方法研究了 MA 与乙二醛在中性及酸性环境下的反应机理。在液相中乙二醛的二水合物 3 结构稳定，并不能参与到与有机胺的反应中，乙二醛主要的反应形式是单水合物 2。如图 3-33 所示，在中性溶液中，反应开始于甲胺对乙二醛单水合物的亲核加成，反应能垒仅为 0.60 kcal/mol。生成的中间体 4 既可以发生脱水反应（4→5）也可以与乙二醛聚合形成多种含氮低聚产物。当第二个甲胺分子与中间体 5 结合时反应很容易发生，然而随后中间产物 7、8 和 10 形成 12 的反应需要克服较高的势垒，在没有酸性质子参与下，反应很难发生。在酸性溶液中，乙二醛向二亚胺的转化（1→5p→7p→8p→9p）相比与中性环境中能垒稍有降低，如图 3-34 所示。随后二亚胺向咪唑的转化中最优途径为 9p→14p→15p→12p→16p→13p→19p。中间体 14p 的 C—H 键的断裂是反应速率决定步骤。有机胺与醛类的液相反应生成的含氮杂环化合物是 BrC 的重要组成部分，通过直接干扰太阳和地球辐射或间接改变云的形成和物理特性影响地球的辐射平衡。

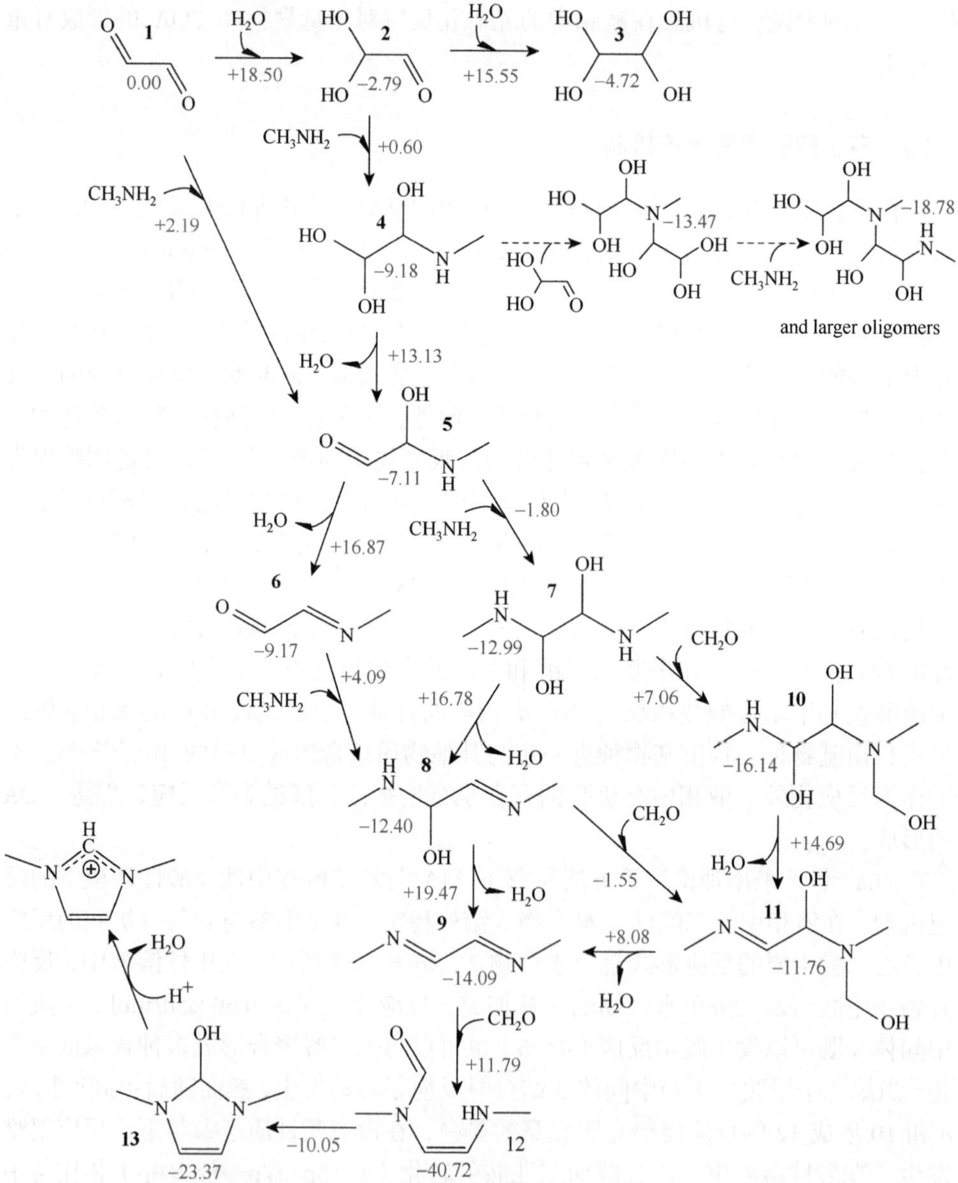

图 3-33　中性溶液中 MA、乙二醛和甲醛形成咪唑的吉布斯自由能剖面[198]（蓝色数值为反应热，红色数值为反应活化能，单位：kcal/mol）

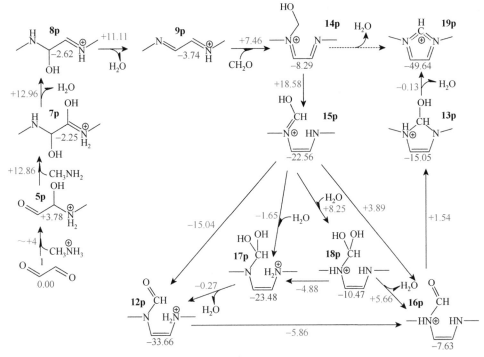

图 3-34 酸性溶液中 MA、乙二醛和甲醛形成咪唑的吉布斯自由能剖面[198]
（蓝色数值为反应热，红色数值为反应活化能，单位：kcal/mol）

3.4 本 章 小 结

本章节围绕大气 VOCs 的迁移转化机制科学问题，以芳香烃、OVOCs 以及有机胺等典型 VOCs 为代表，重点介绍了近年来大气 VOCs 的大气氧化反应及其二次氧化产物的气液界面反应和液相反应等理论研究方向的创新性成果与进展。这些成果为精准识别 SOA 和 O_3 形成的关键 VOCs 组分以及确定 $PM_{2.5}$ 的化学组分提供了必要的理论基础数据，也为进一步准确制定复合型大气污染防治政策和正确评估人体健康效应提供了技术支撑。但目前仍存在以下问题亟待解决：

（1）目前理论化学计算模型涉及的模型较为简单，大部分只考虑了直接与 VOCs 发生反应的化学组分，但是研究表明反应介质可以通过与 VOCs 或其他反应物之间的物理作用，改变反应体系的湿度、压力等条件，从而间接地影响 VOCs 的转化机制。因此，未来研究应扩大反应模型尺度，考虑复杂化的反应介质对 VOCs 形成 SOA 和 O_3 潜势的改变。

（2）由于不同区域污染源时空分布特征不同，起主导作用的迁移转化机制也必将有显著的差异，因此系统明晰区域大气 VOCs 化学转化过程，揭示多污染物造成的大气污染的耦合机制是未来该研究领域的研究重点、难点。

(3)大部分研究关注于新粒子形成和生长阶段，而对气溶胶老化及其对二次气溶胶形成贡献机制少有研究。然而在复合型大气污染的条件下，O_3不仅是主要的污染物，同时也是使气溶胶发生老化的重要氧化剂，因此有必要关注 O_3 诱导的气溶胶老化而产生的二次污染物的化学机制。

（姬越蒙　张维娜　安太成）

参 考 文 献

[1] Turpin BJ, Saxena P, Andrews E. Measuring and simulating particulate organics in the atmosphere: problems and prospects. Atmos. Environ., 2000, 34(18): 2983-3013.

[2] Taraborrelli D, Cabrera-Perez D, Bacer S, et al. Influence of aromatics on tropospheric gas-phase composition. Atmos. Chem. Phys., 2021, 21(4): 2615-2636.

[3] 陆思华, 白郁华, 陈运宽, 等. 北京市机动车排放挥发性有机化合物的特征. 中国环境科学, 2003, (02): 16-19.

[4] Hui L, Liu X, Tan Q, et al. VOC characteristics, chemical reactivity and sources in urban Wuhan, central China. Atmos. Environ., 2020, 224: 117340.

[5] Ma P, Zhang P, Shu J, et al. Characterization of secondary organic aerosol from photo-oxidation of gasoline exhaust and specific sources of major components. Environ. Pollut., 2018, 232: 65-72.

[6] Zhang Z, Xu J, Ye T, et al. Distributions and temporal changes of benzene, toluene, ethylbenzene, and xylene concentrations in newly decorated rooms in southeastern China, and the health risks posed. Atmos. Environ., 2021, 246: 118071.

[7] 蔡长杰, 耿福海, 俞琼, 等. 上海中心城区夏季挥发性有机物(VOCs)的源解析. 环境科学学报, 2010, 30(5): 926-934.

[8] 李兴华, 王书肖, 郝吉明. 民用生物质燃烧挥发性有机化合物排放特征. 环境科学, 2011, 32(12): 3515-3521.

[9] Cabrera-Perez D, Taraborrelli D, Sander R, et al. Global atmospheric budget of simple monocyclic aromatic compounds. Atmos. Chem. Phys., 2016, 16(11): 6931-6947.

[10] Hurley MD, Sokolov O, Wallington TJ, et al. Organic aerosol formation during the atmospheric degradation of toluene. Environ. Sci. Technol., 2001, 35(7): 1358-1366.

[11] Atkinson R, Aschmann SM, Arey J, et al. Formation of ring-retaining products from the OH radical-initiated reactions of benzene and toluene. Int. J. Chem. Kinet., 1989, 21(9): 801-827.

[12] Barletta B, Meinardi S, Rowland FS, et al. Volatile organic compounds in 43 Chinese cities. Atmos. Environ., 2005, 39(32): 5979-5990.

[13] Haagen-Smit AJ. Chemistry and physiology of Los Angeles Smog. Ind. Eng. Chem., 1952, 44(6): 1342-1346.

[14] Zhang R, Wang G, Guo S, et al. Formation of urban fine particulate matter. Chem. Rev., 2015, 115(10): 3803-55.

[15] Hu D, Bian Q, Li TWY, et al. Contributions of isoprene, monoterpenes, beta-caryophyllene, and toluene to secondary organic aerosols in Hong Kong during the summer of 2006. J. Geophys. Res.-Atmos., 2008, 113: D22206.

[16] Andino JM, Smith JN, Flagan RC, et al. Mechanism of atmospheric photooxidation of aromatics: a theoretical study. J. Phys. Chem., 1996, 100(26): 10967-10980.

[17]　Fan J, Zhang R. Density functional theory study on OH-initiated atmospheric oxidation of *m*-xylene. J. Phys. Chem. A, 2008, 112(18): 4314-4323.

[18]　Ji Y, Zhao J, Terazono H, et al. Reassessing the atmospheric oxidation mechanism of toluene. Proc. Natl. Acad. Sci. USA, 2017, 114(31): 8169-8174.

[19]　Koch R, Knispel R, Elend M, et al. Consecutive reactions of aromatic-OH adducts with NO, NO_2 and O_2: benzene, naphthalene, toluene, m- and p-xylene, hexamethylbenzene, phenol, m-cresol and aniline. Atmos. Chem. Phys., 2007, 7(8): 2057-2071.

[20]　Garmash O, Rissanen MP, Pullinen I, et al. Multi-generation OH oxidation as a source for highly oxygenated organic molecules from aromatics. Atmos. Chem. Phys., 2020, 20(1): 515-537.

[21]　Schwantes RH, Schilling KA, Mcvay RC, et al. Formation of highly oxygenated low-volatility products from cresol oxidation. Atmos. Chem. Phys., 2017, 17(5): 1-34.

[22]　Li L, Qi L, Cocker DR. Contribution of methyl group to secondary organic aerosol formation from aromatic hydrocarbon photooxidation. Atmos. Environ., 2017, 151: 133-139.

[23]　Li L, Tang P, Nakao S, et al. Role of methyl group number on SOA formation from monocyclic aromatic hydrocarbons photooxidation under low-NOx conditions. Atmos. Chem. Phys., 2016, 16(4): 2255-2272.

[24]　Yang Z, Tsona NT, Li J, et al. Effects of NO_x and SO_2 on the secondary organic aerosol formation from the photooxidation of 1, 3, 5-trimethylbenzene: A new source of organosulfates. Environ. Pollut., 2020, 264: 114742.

[25]　Luo H, Chen J, Li G, et al. Formation kinetics and mechanisms of ozone and secondary organic aerosols from photochemical oxidation of different aromatic hydrocarbons: dependence on NO_x and organic substituents. Atmos. Chem. Phys., 2021, 21(10): 7567-7578.

[26]　Tan Z, Rohrer F, Lu K, et al. Wintertime photochemistry in Beijing: Observations of RO_x radical concentrations in the North China Plain during the BEST-ONE campaign. Atmos. Chem. Phys., 2018, 18(16): 12391-12411.

[27]　Luo H, Jia L, Wan Q, et al. Role of liquid water in the formation of O_3 and SOA particles from 1, 2, 3-trimethylbenzene. Atmos. Environ., 2019, 217: 116955.

[28]　Xu J, Griffin RJ, Liu Y, et al. Simulated impact of NO_x on SOA formation from oxidation of toluene and m-xylene. Atmos. Environ., 2015, 101: 217-225.

[29]　Hao LQ, Wang ZY, Huang MQ, et al. Size distribution of the secondary organic aerosol particles from the photooxidation of toluene. J. Environ. Sci., 2005, 17(6): 912-916.

[30]　Chen T, Liu Y, Chu B, et al. Differences of the oxidation process and secondary organic aerosol formation at low and high precursor concentrations. J. Environ. Sci., 2019, 79: 256-263.

[31]　Li L, Tang P, Cocker DR. Instantaneous nitric oxide effect on secondary organic aerosol formation from m-xylene photooxidation. Atmos. Environ., 2015, 119: 144-155.

[32]　Wang Y, Mehra A, Krechmer JE, et al. Oxygenated products formed from OH-initiated reactions of trimethylbenzene: autoxidation and accretion. Atmos. Chem. Phys., 2020, 20(15): 9563-9579.

[33]　Ma X, Zhao X, Ding Z, et al. Determination of the amine-catalyzed SO_3 hydrolysis mechanism in the gas phase and at the air-water interface. Chemosphere, 2020, 252: 126292.

[34]　Chen T, Chu B, Ma Q, et al. Effect of relative humidity on SOA formation from aromatic hydrocarbons: Implications from the evolution of gas- and particle-phase species. Sci. Total Environ., 2021, 773: 145015.

[35]　Wu R, Pan S, Li Y, et al. Atmospheric oxidation mechanism of toluene. J. Phys. Chem. A, 2014, 118(25): 4533-4547.

[36]　Yu J, Jeffries HE. Atmospheric photooxidation of alkylbenzenes—II. Evidence of formation of epoxide intermediates. Atmos. Environ., 1997, 31(15): 2281-2287.

[37]　Ye C, Yuan B, Lin Y, et al. Chemical characterization of oxygenated organic compounds in the gas phase and particle phase using iodide CIMS with FIGAERO in urban air. Atmos. Chem. Phys., 2021, 21(11):

8455-8478.

[38] Mason SA, Field RJ, Yokelson RJ, et al. Complex effects arising in smoke plume simulations due to inclusion of direct emissions of oxygenated organic species from biomass combustion. J. Geophys. Res.-Atmos., 2001, 106(D12): 12527-12539.

[39] Zheng J, Yu Y, Mo Z, et al. Industrial sector-based volatile organic compound (VOC) source profiles measured in manufacturing facilities in the Pearl River Delta, China. Sci. Total Environ., 2013, 456: 127-136.

[40] Wang M, Chen W, Shao M, et al. Investigation of carbonyl compound sources at a rural site in the Yangtze River Delta region of China. J. Environ. Sci., 2015, 28: 128-136.

[41] Han Y, Huang X, Wang C, et al. Characterizing oxygenated volatile organic compounds and their sources in rural atmospheres in China. J. Environ. Sci., 2019, 81: 148-155.

[42] Fares S, Paoletti E, Loreto F, et al. Bidirectional flux of methyl vinyl ketone and methacrolein in trees with different isoprenoid emission under realistic ambient concentrations. Environ. Sci. Technol., 2015, 49(13): 7735-7742.

[43] Mellouki A, Wallington TJ, Chen J. Atmospheric chemistry of oxygenated volatile organic compounds: impacts on air quality and climate. Chem. Rev., 2015, 115(10): 3984-4014.

[44] Atkinson R, Baulch DL, Cox RA, et al. Evaluated kinetic and photochemical data for atmospheric chemistry: Volume II-gas phase reactions of organic species. Atmos. Chem. Phys., 2006, 6(11): 3625-4055.

[45] Clifford GM, Hadj-Aissa A, Healy RM, et al. The atmospheric photolysis of o-tolualdehyde. Environ. Sci. Technol., 2011, 45(22): 9649-9657.

[46] Ji Y, Zheng J, Qin D, et al. OH-initiated oxidation of acetylacetone: implications for ozone and secondary organic aerosol formation. Environ. Sci. Technol., 2018, 52(19): 11169-11177.

[47] Mang SA, Henricksen DK, Bateman AP, et al. Contribution of carbonyl photochemistry to aging of atmospheric secondary organic aerosol. J. Phys. Chem. A, 2008, 112(36): 8337-8344.

[48] Atkinson R, Tuazon EC, Aschmann SM. Atmospheric chemistry of 2-pentanone and 2-heptanone. Environ. Sci. Technol., 2000, 34(4): 623-631.

[49] Atkinson R, Arey J. Atmospheric degradation of volatile organic compounds. Chem. Rev., 2003, 103(12): 4605-4638.

[50] Crounse JD, Knap HC, Ornso KB, et al. Atmospheric fate of methacrolein. 1. peroxy radical isomerization following addition of OH and O-2. J. Phys. Chem. A, 2012, 116(24): 5756-5762.

[51] Asatryan R, da Silva G, Bozzelli JW. Quantum chemical study of the acrolein (CH_2CHCHO) + OH + O-2 reactions. J. Phys. Chem. A, 2010, 114(32): 8302-8311.

[52] da Silva G. Reaction of methacrolein with the hydroxyl radical in air: Incorporation of secondary O-2 addition into the MACR plus OH master equation. J. Phys. Chem. A, 2012, 116(22): 5317-5324.

[53] Le Calve S, Hitier D, Le Bras G, et al. Kinetic studies of OH reactions with a series of ketones. J. Phys. Chem. A, 1998, 102(24): 4579-4584.

[54] Vandenberk S, Vereecken L, Peeters J. The acetic acid forming channel in the acetone plus OH reaction: A combined experimental and theoretical investigation. Phys. Chem. Chem. Phys., 2002, 4(3): 461-466.

[55] Zhao X-l, Niu B, Sheng L. Branching ratio of gas-phase reaction of $CH_3C(O)CHCl_2$+OH: A theoretical dynamic study. Comput. Theor. Chem., 2013, 1008: 61-66.

[56] Ji Y, Wang L, Li Z, et al. Theoretical dynamic studies on the reaction of $CH_3C(O)CH_3$-nFn with the hydroxyl radical and the chlorine atom. Chemphyschem, 2006, 7(8): 1741-1749.

[57] Dillon TJ, Horowitz A, Holscher D, et al. Reaction of HO with hydroxyacetone $(HOCH_2C(O)CH_3)$: Rate coefficients (233-363 K) and mechanism. Phys. Chem. Chem. Phys., 2006, 8(2): 236-246.

[58] Paul S, Gour NK, Deka RC. Quantum mechanical study on the oxidation of ethyl vinyl ketone initiated by an OH radical. Environ. Sci.-Proc. Imp., 2018, 20(12): 1708-1715.

[59] Alvarez-Idaboy JR, Galano A, Bravo-Perez G, et al. Rate constant dependence on the size of aldehydes in the

NO$_3$+ aldehydes reaction. An explanation via quantum chemical calculations and CTST. J. Am. Chem. Soc., 2001, 123(34): 8387-8395.

[60] Rayez MT, Rayez JC, Kerdouci J, et al. Theoretical study of the gas-phase reactions of NO$_3$ radical with a series of trans-2-unsaturated aldehydes: from acrolein to trans-2-octenal. J. Phys. Chem. A, 2014, 118(28): 5149-5155.

[61] Ji Y, Qin D, Zheng J, et al. Mechanism of the atmospheric chemical transformation of acetylacetone and its implications in night-time second organic aerosol formation. Sci. Total Environ., 2020, 720: 137610.

[62] Ge X, Wexler AS, Clegg SL. Atmospheric amines-Part I. A review. Atmos. Environ., 2011, 45(3): 524-546.

[63] Cape JN, Cornell SE, Jickells TD, et al. Organic nitrogen in the atmosphere—Where does it come from? A review of sources and methods. Atmos. Res., 2011, 102(1): 30-48.

[64] Atkinson R. ChemInform abstract: a structure-activity relationship for the estimation of rate constants for the gas-phase reactions of OH radicals with organic compounds. ChemInform, 1987, 18(50): https://doi.org/10.1002/chin.198750103.

[65] Barnes I, Wiesen P, Gallus M. Rate coefficients for the reactions of OH radicals with a series of alkyl-substituted amines. J. Phys. Chem. A, 2016, 120(44): 8823-8829.

[66] Onel L, Thonger L, Blitz MA, et al. Gas-phase reactions of OH with methyl amines in the presence or absence of molecular oxygen. an experimental and theoretical study. J. Phys. Chem. A, 2013, 117(41): 10736-10745.

[67] Bunkan AJC, Tang Y, Sellevåg SR, et al. Atmospheric gas phase chemistry of CH$_2$=NH and HNC. A first-principles approach. J. Phys. Chem. A, 2014, 118(28): 5279-5288.

[68] Nicovich JM, Mazumder S, Laine PL, et al. An experimental and theoretical study of the gas phase kinetics of atomic chlorine reactions with CH$_3$NH$_2$, (CH$_3$)$_2$NH, and (CH$_3$)$_3$N. Phys. Chem. Chem. Phys., 2015, 17(2): 911-917.

[69] Fourre I, Silvi B. What can we learn from two-center three-electron bonding with the topological analysis of ELF? Heteroatom Chem., 2007, 18(2): 135-160.

[70] Nielsen CJ, Herrmann H, Weller C. Atmospheric chemistry and environmental impact of the use of amines in carbon capture and storage (CCS). Cheminform, 2012, 41(19): 6684-6704.

[71] Price DJ, Clark CH, Tang X, et al. Proposed chemical mechanisms leading to secondary organic aerosol in the reactions of aliphatic amines with hydroxyl and nitrate radicals. Atmos. Environ., 2014, 96: 135-144.

[72] Furuhama A, Imamura T, Maeda S, et al. Theoretical study of initial reactions of amine (CH$_3$)$_n$NH$_{(3-n)}$ (n = 1, 2, 3) with ozone. Chem. Phys. Lett., 2018, 692: 111-116.

[73] Tuazon EC, Atkinson R, Aschmann SM, et al. Kinetics and products of the gas-phase reactions of O$_3$ with amines and related compounds. Res. Chem. Intermed., 1994, 20(3): 303-320.

[74] Tong D, Chen J, Qin D, et al. Mechanism of atmospheric organic amines reacted with ozone and implications for the formation of secondary organic aerosols. Sci. Total Environ., 2020, 737: 139830.

[75] Atkinson R, Arey J. Gas-phase tropospheric chemistry of biogenic volatile organic compounds: a review. Atmos. Environ., 2003, 37: 197-219.

[76] Montzka SA, Dutton GS, Yu PF, et al. An unexpected and persistent increase in global emissions of ozone-depleting CFC-11. Nature, 2018, 557(7705): 413-417.

[77] Guo Q, Zhang N, Uchimaru T, et al. Atmospheric chemistry of cyc-CF$_2$CF$_2$CF$_2$CH = CH-: Kinetics, products, and mechanism of gas-phase reaction with OH radicals, and atmospheric implications. Atmos. Environ., 2018, 179: 69-76.

[78] Wallington TJ, Sulbaek Andersen MP, Nielsen OJ. Atmospheric chemistry of short-chain haloolefins: Photochemical ozone creation potentials (POCPs), global warming potentials (GWPs), and ozone depletion potentials (ODPs). Chemosphere, 2015, 129: 135-141.

[79] Paul S, Deka R C, Gour N K. Kinetics, mechanism, and global warming potentials of HFO-1234yf initiated

by O₃ molecules and NO₃ radicals: Insights from quantum study. Environmental Science and Pollution Research, 2018, 25(26): 26144-26156.

[80] Lamkaddam H, Gratien A, Pangui E, et al. High-NO$_x$ photooxidation of n-dodecane: Temperature dependence of SOA formation. Environ. Sci. Technol., 2017, 51(1): 192-201.

[81] Zhao Y, Hennigan CJ, May AA, et al. Intermediate-volatility organic compounds: A large source of secondary organic aerosol. Environ. Sci. Technol., 2014, 48(23): 13743-13750.

[82] Fahnestock KAS, Yee LD, Loza CL, et al. Secondary organic aerosol composition from C-12 alkanes. J. Phys. Chem. A, 2015, 119(19): 4281-4297.

[83] Li J, Li K, Li H, et al. Long-chain alkanes in the atmosphere: A review. J. Environ. Sci., 2022, 114: 37-52.

[84] Yee LD, Craven JS, Loza CL, et al. Effect of chemical structure on secondary organic aerosol formation from C$_{12}$ alkanes. Atmos. Chem. Phys., 2013, 13(21): 11121-11140.

[85] Yee LD, Craven JS, Loza CL, et al. Secondary organic aerosol formation from low-NO$_x$ photooxidation of dodecane: evolution of multigeneration gas-phase chemistry and aerosol composition. J. Phys. Chem. A, 2012, 116(24): 6211-6230.

[86] Lim YB, Ziemann PJ. Effects of molecular structure on aerosol yields from OH radical-initiated reactions of linear, branched, and cyclic alkanes in the presence of NOx. Environ. Sci. Technol., 2009, 43(7): 2328-2334.

[87] Lim YB, Ziemann PJ. Chemistry of secondary organic aerosol formation from OH radical-initiated reactions of linear, branched, and cyclic alkanes in the presence of NOx. Aerosol Sci. Technol., 2009, 43(6): 604-619.

[88] Lim YB, Ziemann PJ. Products and mechanism of secondary organic aerosol formation from reactions of n-alkanes with OH radicals in the presence of NO$_x$. Environ. Sci. Technol., 2005, 39(23): 9229-9236.

[89] Aimanant S, Ziemann PJ. Chemical mechanisms of aging of aerosol formed from the reaction of n-pentadecane with OH radicals in the presence of NO$_x$. Aerosol Sci. Technol., 2013, 47(9): 979-990.

[90] Gu S, Guenther A, Faiola C. Effects of anthropogenic and biogenic volatile organic compounds on los angeles air quality. Environ. Sci. Technol., 2021, 55(18): 12191-12201.

[91] Shrivastava M, Cappa CD, Fan J, et al. Recent advances in understanding secondary organic aerosol: Implications for global climate forcing. Rev. Geophys., 2017, 55(2): 509-559.

[92] Ma F, Guo X, Xia D, X et al. Atmospheric chemistry of allylic radicals from isoprene: a successive cyclization-driven autoxidation mechanism. Environ. Sci. Technol., 2021, 55(8): 4399-4409.

[93] Penuelas J, Staudt M. BVOCs and global change. Trends Plant Sci., 2010, 15(3): 133-144.

[94] Fu D, Millet DB, Wells KC, et al. Direct retrieval of isoprene from satellite-based infrared measurements. Nat. Commun., 2019, 10(1): 3811.

[95] Wennberg PO, Bates KH, Crounse JD, et al. Gas-phase reactions of isoprene and its major oxidation products. Chem. Rev., 2018, 118(7): 3337-3390.

[96] Teng AP, Crounse JD, Wennberg PO. Isoprene peroxy radical dynamics. J. Am. Chem. Soc., 2017, 139(15): 5367-5377.

[97] Lei W, Zhang R, McGivern WS, et al. Theoretical study of OH-O₂-isoprene peroxy radicals. J. Phys. Chem. A, 2001, 105(2): 471-477.

[98] Peeters J, Nguyen TL, Vereecken L. HO$_x$ radical regeneration in the oxidation of isoprene. Phys. Chem. Chem. Phys., 2009, 11(28): 5935-5939.

[99] Paulot F, Crounse JD, Kjaergaard HG, et al. Isoprene photooxidation: New insights into the production of acids and organic nitrates. Atmos. Chem. Phys., 2009, 9(4): 1479-1501.

[100] Laothawornkitkul J, Taylor JE, Paul ND, et al. Biogenic volatile organic compounds in the Earth system. New Phytol., 2009, 183(1): 27-51.

[101] Aschmann SM, Atkinson R. Formation yields of methyl vinyl ketone and methacrolein from the gas-phase reaction of O₃ with isoprene. Environ. Sci. Technol., 1994, 28(8): 1539-1542.

[102] Zhang D, Zhang R. Mechanism of OH formation from ozonolysis of isoprene: A quantum-chemical study. J. Am. Chem. Soc., 2002, 124(11): 2692-2703.

[103] Nguyen TB, Tyndall GS, Crounse JD, et al. Atmospheric fates of Criegee intermediates in the ozonolysis of isoprene. Phys. Chem. Chem. Phys., 2016, 18(15): 10241-10254.

[104] Schwantes RH, Teng AP, Nguyen TB, et al. Isoprene NO$_3$ oxidation products from the RO$_2$+ HO$_2$ pathway. J. Phys. Chem. A, 2015, 119(40): 10158-10171.

[105] Huneeus N, Schulz M, Balkanski Y, et al. Global dust model intercomparison in AeroCom phase I. Atmos. Chem. Phys., 2011, 11(15): 7781-7816.

[106] Huang K, Zhuang G, Li J, et al. Mixing of Asian dust with pollution aerosol and the transformation of aerosol components during the dust storm over China in spring 2007. J. Geophys. Res.-Atmos., 2010, 115: D00K13.

[107] DeMott PJ, Prenni AJ, McMeeking GR, et al. Integrating laboratory and field data to quantify the immersion freezing ice nucleation activity of mineral dust particles. Atmos. Chem. Phys., 2015, 15(1): 393-409.

[108] DeMott PJ, Sassen K, Poellot MR, et al. African dust aerosols as atmospheric ice nuclei. Geophys. Res. Lett., 2003, 30(14): 1732.

[109] Qin M, Chen Z, Shen H, et al. Impacts of heterogeneous reactions to atmospheric peroxides: Observations and budget analysis study. Atmos. Environ., 2018, 183: 144-153.

[110] Huang L, Zhao Y, Li H, et al. Kinetics of heterogeneous reaction of sulfur dioxide on authentic mineral dust: effects of relative humidity and hydrogen peroxide. Environ. Sci. Technol., 2015, 49(18): 10797-10805.

[111] Tie XX, Madronich S, Walters S, et al. Assessment of the global impact of aerosols on tropospheric oxidants. J. Geophys. Res.-Atmos., 2005, 110(D3): D03204.

[112] Choobari OA, Zawar-Reza P, Sturman A. The global distribution of mineral dust and its impacts on the climate system: A review. Atmos. Res., 2014, 138: 152-165.

[113] Guo J, Lou M, Miao Y, et al. Trans-Pacific transport of dust aerosols from East Asia: Insights gained from multiple observations and modeling. Environ. Pollut., 2017, 230: 1030-1039.

[114] Formenti P, Schuetz L, Balkanski Y, et al. Recent progress in understanding physical and chemical properties of African and Asian mineral dust. Atmos. Chem. Phys., 2011, 11(16): 8231-8256.

[115] Maring H, Savoie DL, Izaguirre MA, et al. Mineral dust aerosol size distribution change during atmospheric transport. J. Geophys. Res.-Atmos., 2003, 108(D19): 8592.

[116] Tian P, Zhang L, Ma J, et al. Radiative absorption enhancement of dust mixed with anthropogenic pollution over East Asia. Atmos. Chem. Phys., 2018, 18(11): 7815-7825.

[117] Huang J, Wang T, Wang W, et al. Climate effects of dust aerosols over East Asian arid and semiarid regions. J. Geophys. Res.-Atmos., 2014, 119(19): 11398-11416.

[118] Prospero JM. Long-range transport of mineral dust in the global atmosphere: Impact of African dust on the environment of the southeastern United States. Proc. Natl. Acad. Sci. USA, 1999, 96(7): 3396-3403.

[119] Kolb CE, Cox RA, Abbatt JPD, et al. An overview of current issues in the uptake of atmospheric trace gases by aerosols and clouds. Atmos. Chem. Phys., 2010, 10(21): 10561-10605.

[120] Usher CR, Michel AE, Grassian VH. Reactions on mineral dust. Chem. Rev., 2003, 103(12): 4883-4939.

[121] Shen X, Zhao Y, Chen Z, et al. Heterogeneous reactions of volatile organic compounds in the atmosphere. Atmos. Environ., 2013, 68: 297-314.

[122] Ji Y, Chen X, Xiao Y, et al. Assessing the role of mineral particles in the atmospheric photooxidation of typical carbonyl compound. J. Environ. Sci., 2021, 105: 56-63.

[123] Chen J, Yi J, Ji Y, et al. Enhanced H-abstraction contribution for oxidation of xylenes via mineral particles: Implications for particulate matter formation and human health. Environ. Res., 2020, 186: 109568.

[124] Iuga C, Ignacio Sainz-Diaz C, Vivier-Bunge A. On the OH initiated oxidation of C2-C5 aliphatic aldehydes

in the presence of mineral aerosols. Geochim. Cosmochim. Acta, 2010, 74(12): 3587-3597.

[125]　Yu Z, Jang M. Atmospheric Processes of aromatic hydrocarbons in the presence of mineral dust particles in an urban environment. ACS Earth Space Chem., 2019, 3(11): 2404-2414.

[126]　Chu B, Liu T, Zhang X, et al. Secondary aerosol formation and oxidation capacity in photooxidation in the presence of Al_2O_3 seed particles and SO_2. Sci. China Chem., 2015, 58(9): 1426-1434.

[127]　Ji Y, Chen X, Li Y, et al. The mixing state of mineral dusts with typical anthropogenic pollutants: A mechanism study. Atmos. Environ., 2019, 209: 192-200.

[128]　Carlos-Cuellar S, Li P, Christensen AP, et al. Heterogeneous uptake kinetics of volatile organic compounds on oxide surfaces using a Knudsen cell reactor: Adsorption of acetic acid, formaldehyde, and methanol on alpha-Fe_2O_3, alpha-Al_2O_3, and SiO_2. J. Phys. Chem. A, 2003, 107(21): 4250-4261.

[129]　Xu B, Shang J, Zhu T, et al. Heterogeneous reaction of formaldehyde on the surface of gamma-Al_2O_3 particles. Atmos. Environ., 2011, 45(21): 3569-3575.

[130]　Xu B, Zhu T, Tang X, et al. Heterogeneous reaction of formaldehyde on the surface of TiO_2 particles. Sci. China-Chem., 2010, 53(12): 2644-2651.

[131]　Sassine M, Burel L, D'Anna B, et al. Kinetics of the tropospheric formaldehyde loss onto mineral dust and urban surfaces. Atmos. Environ., 2010, 44(40): 5468-5475.

[132]　Chen ZM, Jie CY, Li S, et al. Heterogeneous reactions of methacrolein and methyl vinyl ketone: Kinetics and mechanisms of uptake and ozonolysis on silicon dioxide. J. Geophys. Res.-Atmos., 2008, 113: D22303.

[133]　Chen ZM, Wang HL, Zhu LH, et al. Aqueous-phase ozonolysis of methacrolein and methyl vinyl ketone: a potentially important source of atmospheric aqueous oxidants. Atmos. Chem. Phys., 2008, 8(8): 2255-2265.

[134]　Zhao Y, Chen Z, Zhao J. Heterogeneous reactions of methacrolein and methyl vinyl ketone on alpha-Al_2O_3 particle. Environ. Sci. Technol., 2010, 44(6): 2035-2041.

[135]　Wang X, Sun J, Han D, et al. Gaseous and heterogeneous reactions of low-molecular-weight (LMW) unsaturated ketones with O_3: Mechanisms, kinetics, and effects of mineral dust in tropospheric chemical processes. Chem. Eng. J., 2020, 395: 125083.

[136]　Wang N, Wei F, Sun J, et al. Atmospheric ozonolysis of crotonaldehyde in the absence and presence of hydroxylated silica oligomer cluster adsorption. Chemosphere, 2021, 281: 130996.

[137]　Wang N, Sun J, Wei B, et al. Gaseous and heterogeneous reactions on the mechanisms and kinetics of acrolein with ozone. Atmos. Environ., 2021, 254: 118392.

[138]　Chen J, Min FF, Liu L, et al. Experimental investigation and DFT calculation of different amine/ammonium salts adsorption on kaolinite. Appl. Surf. Sci., 2017, 419: 241-251.

[139]　Zahardis J, Geddes S, Petrucci GA. The ozonolysis of primary aliphatic amines in fine particles. Atmos. Chem. Phys., 2008, 8(5): 1181-1194.

[140]　Angelino S, Suess DT, Prather KA. Formation of aerosol particles from reactions of secondary and tertiary alkylamines: characterization by aerosol time-of-flight mass spectrometry. Environ. Sci. Technol., 2001, 35(15): 3130-3138.

[141]　Zhang W, Guo Z, Zhang W, et al. Contribution of reaction of atmospheric amine with sulfuric acid to mixing particle formation from clay mineral. Sci. Total Environ., 2022, 821: 153336.

[142]　Zhang W, Ji Y, Li G, et al. The heterogeneous reaction of dimethylamine/ammonia with sulfuric acid to promote the growth of atmospheric nanoparticles. Environ. Sci.: Nano, 2019, 6(9): 2767-2776.

[143]　Zhong J, Kumar M, Anglada JM, et al. Atmospheric spectroscopy and photochemistry at environmental water interfaces. Ann. Rev. Phys. Chem., 2019, 70(1): 45-69.

[144]　Martins-Costa MTC, Anglada JM, Francisco JS, et al. Reactivity of volatile organic compounds at the surface of a water droplet. J. Am. Chem. Soc., 2012, 134(28): 11821-11827.

[145]　Martins-Costa MT, Garcia-Prieto FF, Ruiz-Lopez MF. Reactivity of aldehydes at the air-water interface. Insights from molecular dynamics simulations and ab initio calculations. Org. Biomol. Chem., 2015, 13(6):

1673-1679.

[146] Shi Q, Zhang W, Ji Y, et al. Enhanced uptake of glyoxal at the acidic nanoparticle interface: implications for secondary organic aerosol formation. Environ. Sci.: Nano, 2020, 7(4): 1126-1135.

[147] Biswas S, Wong BM. Ab initio metadynamics calculations reveal complex interfacial effects in acetic acid deprotonation dynamics. J. Mol. Liq., 2021, 330: 115624.

[148] Kusaka R, Nihonyanagi S, Tahara T. The photochemical reaction of phenol becomes ultrafast at the air-water interface. Nat. Chem., 2021, 13(4): 306-311.

[149] Mosallanejad S, Oluwoye I, Altarawneh M, et al. Interfacial and bulk properties of concentrated solutions of ammonium nitrate. Phys. Chem. Chem. Phys., 2020, 22(47): 27698-27712.

[150] Waxman EM, Elm J, Kurten T, et al. Glyoxal and methylglyoxal setschenow salting constants in sulfate, nitrate, and chloride solutions: measurements and gibbs energies. Environ. Sci. Technol., 2015, 49(19): 11500-11508.

[151] Jayne JT, Worsnop DR, Kolb CE, et al. Uptake of gas-phase formaldehyde by aqueous acid surfaces. J. Phys. Chem., 1996, 100(19): 8015-8022.

[152] Donaldson DJ, Valsaraj KT. Adsorption and reaction of trace gas-phase organic compounds on atmospheric water film surfaces: a critical review. Environ. Sci. Technol., 2010, 44(3): 865-873.

[153] Wren SN, Gordon BP, Valley NA, et al. Hydration, orientation, and conformation of methylglyoxal at the air-water interface. J. Phys. Chem. A, 2015, 119(24): 6391-403.

[154] Zhu C, Zeng XC, Francisco JS, et al. Hydration, solvation, and isomerization of methylglyoxal at the air/water interface: new mechanistic pathways. J. Am. Chem. Soc., 2020, 142(12): 5574-5582.

[155] Gordon BP, Lindquist GA, Crawford ML, et al. Diol it up: The influence of NaCl on methylglyoxal surface adsorption and hydration state at the air-water interface. J. Chem. Phys., 2020, 153(16): 164705.

[156] Enami S, Hoffmann MR, Colussi AJ. Extensive H-atom abstraction from benzoate by OH-radicals at the air-water interface. Phys. Chem. Chem. Phys., 2016, 18(46): 31505-31512.

[157] Zhang F, Yu X, Sui X, et al. Evolution of aqSOA from the air-liquid interfacial photochemistry of glyoxal and hydroxyl radicals. Environ. Sci. Technol., 2019, 53(17): 10236-10245.

[158] Sui X, Xu B, Yao J, et al. New insights into secondary organic aerosol formation at the air-liquid interface. J. Phys. Chem. Lett., 2021, 12(1): 324-329.

[159] Zhu C, Kais S, Zeng XC, et al. Interfaces select specific stereochemical conformations: the isomerization of glyoxal at the liquid water interface. J. Am. Chem. Soc., 2017, 139(1): 27-30.

[160] Zhong J, Carignano MA, Kais S, et al. Tuning the stereoselectivity and solvation selectivity at interfacial and bulk environments by changing solvent polarity: isomerization of glyoxal in different solvent environments. J. Am. Chem. Soc., 2018, 140(16): 5535-5543.

[161] 何凌燕, 胡敏, 黄晓锋, 等. 北京市大气气溶胶PM$_{2.5}$中极性有机化合物的测定. 环境科学, 2004, 25(5): 15-20.

[162] Souza SR, Vasconcellos PC, Carvalho LRF. Low molecular weight carboxylic acids in an urban atmosphere: Winter measurements in São Paulo City, Brazil. Atmos. Environ., 1999, 33(16): 2563-2574.

[163] Zhong J, Li H, Kumar M, et al. Mechanistic insight into the reaction of organic acids with SO$_3$ at the air-water interface. Angew. Chem. Int. Ed., 2019, 58(25): 8351-8355.

[164] Blower PG, Shamay E, Kringle L, et al. Surface behavior of malonic acid adsorption at the air/water interface. J. Phys. Chem. A, 2013, 117(12): 2529-2542.

[165] Lv G, Zhang H, Wang Z, et al. Understanding the properties of methanesulfinic acid at the air-water interface. Sci. Total Environ., 2019, 668: 524-530.

[166] Enami S, Sakamoto Y, Hara K, et al. "Sizing" heterogeneous chemistry in the conversion of gaseous dimethyl sulfide to atmospheric particles. Environ. Sci. Technol., 2016, 50(4): 1834-1843.

[167] Sorjamaa R, Svenningsson B, Raatikainen T, et al. The role of surfactants in Köhler theory reconsidered.

Atmos. Chem. Phys., 2004, 4(8): 2107-2117.

[168] Li X, Hede T, Tu Y, et al. Surface-active cis-pinonic acid in atmospheric droplets: a molecular dynamics study. J. Phys. Chem. Lett., 2010, 1(4): 769-773.

[169] Shulman ML, Jacobson MC, Carlson RJ, et al. Dissolution behavior and surface tension effects of organic compounds in nucleating cloud droplets. Geophys. Res. Lett., 1996, 23(3): 277-280.

[170] Kokkola H, Sorjamaa R, Peräniemi A, et al. Cloud formation of particles containing humic-like substances. Geophys. Res. Lett., 2006, 33(10): L10816.

[171] Tuckermann R, Cammenga HK. The surface tension of aqueous solutions of some atmospheric water-soluble organic compounds. Atmos. Environ., 2004, 38(36): 6135-6138.

[172] Tuckermann R. Surface tension of aqueous solutions of water-soluble organic and inorganic compounds. Atmos. Environ., 2007, 41(29): 6265-6275.

[173] Enami S, Sakamoto Y. OH-radical oxidation of surface-active cis-pinonic acid at the air-water interface. J. Phys. Chem. A, 2016, 120(20): 3578-3587.

[174] Huang Y, Barraza KM, Kenseth CM, et al. Probing the OH oxidation of pinonic acid at the air-water interface using field-induced droplet ionization mass spectrometry (FIDI-MS). J. Phys. Chem. A, 2018, 122(31): 6445-6456.

[175] Tinel L, Rossignol S, Bianco A, et al. Mechanistic insights on the photosensitized chemistry of a fatty acid at the air/water interface. Environ. Sci. Technol., 2016, 50(20): 11041-11048.

[176] Bernard F, Ciuraru R, Boreave A, et al. Photosensitized formation of secondary organic aerosols above the air/water interface. Environ. Sci. Technol., 2016, 50(16): 8678-8686.

[177] Ciuraru R, Fine L, van Pinxteren M, et al. Photosensitized production of functionalized and unsaturated organic compounds at the air-sea interface. Sci. Rep., 2015, 5(1): 12741.

[178] Rossignol S, Tinel L, Bianco A, et al. Atmospheric photochemistry at a fatty acid-coated air-water interface. Science, 2017, 353(6300): 699.

[179] Xiao P, Wang Q, Fang WH, et al. Quantum chemical investigation on photochemical reactions of nonanoic acids at air-water interface. J. Phys. Chem. A, 2017, 121(22): 4253-4262.

[180] Ma X, Zhao X, Huang Z, et al. Determination of reactions between Criegee intermediates and methanesulfonic acid at the air-water interface. Sci. Total Environ., 2020, 707: 135804.

[181] Mmereki BT, Hicks JM, Donaldson DJ. Adsorption of atmospheric gases at the airwater interface. 3: methylamines. J. Phys. Chem. A, 2000, 104(46): 10789-10793.

[182] Mmereki BT, Donaldson DJ. Ab initio and density functional study of complexes between the methylamines and water. J. Phys. Chem. A, 2002, 106(13): 3185-3190.

[183] Hoehn RD, Carignano MA, Kais S, et al. Hydrogen bonding and orientation effects on the accommodation of methylamine at the air-water interface. J. Chem. Phys., 2016, 144(21): 214701.

[184] Horváth RA, Fábián B, Szőri M, et al. Investigation of the liquid-vapour interface of aqueous methylamine solutions by computer simulation methods. J. Mol. Liq., 2019, 288: 110978.

[185] Kumar M, Li H, Zhang X, et al. Nitric acid-amine chemistry in the gas phase and at the air-water interface. J. Am. Chem. Soc., 2018, 140(20): 6456-6466.

[186] Kumar M, Francisco JS. Ion pair particles at the air-water interface. Proc. Natl. Acad. Sci. USA, 2017, 114(47): 12401-12406.

[187] Wang L, Lal V, Khalizov AF, et al. Heterogeneous chemistry of alkylamines with sulfuric acid: implications for atmospheric formation of alkylaminium sulfates. Environ. Sci. Technol., 2010, 44(7): 2461-2465.

[188] Zhang W, Zhong J, Shi Q, et al. Mechanism for Rapid Conversion of Amines to Ammonium Salts at the Air-Particle Interface. J. Am. Chem. Soc., 2020, 143(2): 1171-1178.

[189] Lv G, Nadykto AB, Sun X, et al. Towards understanding the role of amines in the SO₂ hydration and the contribution of the hydrated product to new particle formation in the Earth's atmosphere. Chemosphere,

2018, 205: 275-285.

[190] Wang S, Zeng XC, Li H, et al. A possible unaccounted source of atmospheric sulfate formation: amine-promoted hydrolysis and non-radical oxidation of sulfur dioxide. Chem. Sci., 2020, 11(8): 2093-2102.

[191] Kumar M, Francisco JS. Elucidating the molecular mechanisms of Criegee-amine chemistry in the gas phase and aqueous surface environments. Chem. Sci., 2019, 10: 743-751.

[192] Blando JD, Turpin BJ. Secondary organic aerosol formation in cloud and fog droplets: a literature evaluation of plausibility. Atmos. Environ., 2000, 34(10): 1623-1632.

[193] Lim YB, Tan Y, Perri MJ, et al. Aqueous chemistry and its role in secondary organic aerosol (SOA) formation. Atmos. Chem. Phys., 2010, 10(21): 10521-10539.

[194] Zhang J. An induction of rearrangement reactions in college organic chemistry and its application in teaching practice. Daxue Huaxue, 2021, 36: 2008027.

[195] 邢其毅, 裴伟伟, 徐瑞秋, 等. 基础有机化学(下册). 第 4 版[M]. 北京: 北京大学出版社, 2016: 227-230.

[196] Gomez ME, Lin Y, Guo S, et al. Heterogeneous chemistry of glyoxal on acidic solutions. an oligomerization pathway for secondary organic aerosol formation. J. Phys. Chem. A, 2015, 119(19): 4457-4463.

[197] Zhao J, Levitt NP, Zhang R, et al. Heterogeneous reactions of methylglyoxal in acidic media: implications for secondary organic aerosol formation. Environ. Sci. Technol., 2006, 40(24): 7682-7687.

[198] Kua J, Krizner HE, De Haan DO. Thermodynamics and kinetics of imidazole formation from glyoxal, methylamine, and formaldehyde: a computational study. J. Phys. Chem. A, 2011, 115(9): 1667-1675.

[199] Ji Y, Shi Q, Li Y, et al. Carbenium ion-mediated oligomerization of methylglyoxal for secondary organic aerosol formation. Proc. Natl. Acad. Sci. USA, 2020, 117(24): 13294-13299.

[200] Li Y, Ji Y, Zhao J, et al. Unexpected oligomerization of small alpha-dicarbonyls for secondary organic aerosol and brown carbon formation. Environ. Sci. Technol., 2021, 55(8): 4430-4439.

[201] Herrmann H, Schaefer T, Tilgner A, et al. Tropospheric aqueous-phase chemistry: kinetics, mechanisms, and its coupling to a changing gas phase. Chem. Rev., 2015, 115(10): 4259-4334.

[202] Haddad IE, Liu Y, Nieto-Gligorovski L, et al. In-cloud processes of methacrolein under simulated conditions-Part 2: Formation of secondary organic aerosol. Atmos. Chem. Phys., 2009, 9(14): 5119-5130.

[203] Liu Y, Siekmann F, Renard P, et al. Oligomer and SOA formation through aqueous phase photooxidation of methacrolein and methyl vinyl ketone. Atmos. Environ., 2012, 49: 123-129.

[204] Guzman MI, Colussi AJ, Hoffmann MR. Photoinduced oligomerization of aqueous pyruvic acid. J. Phys. Chem. A, 2006, 110(10): 3619-3626.

[205] Griffith EC, Carpenter BK, Shoemaker RK, et al. Photochemistry of aqueous pyruvic acid. Proc. Natl. Acad. Sci. USA, 2013, 110(29): 11714-11719.

[206] Zhao R. Aqueous-phase Organic Chemistry in the Atmosphere. Ph.D., University of Toronto (Canada). 2015.

[207] Lim YB, Tan Y, Turpin BJ. Chemical insights, explicit chemistry, and yields of secondary organic aerosol from OH radical oxidation of methylglyoxal and glyoxal in the aqueous phase. Atmos. Chem. Phys., 2013, 13(17): 8651-8667.

[208] Rapf RJ, Perkins RJ, Carpenter BK, et al. Mechanistic description of photochemical oligomer formation from aqueous pyruvic acid. J. Phys. Chem. A, 2017, 121(22): 4272-4282.

[209] Closs GL, Miller RJ. Photoreduction and photodecarboxylation of pyruvic acid. Applications of CIDNP to mechanistic photochemistry. J. Am. Chem. Soc., 1978, 100(11): 3483-3494.

[210] Carlton AG, Turpin BJ, Lim HJ, et al. Link between isoprene and secondary organic aerosol (SOA): Pyruvic acid oxidation yields low volatility organic acids in clouds. Geophys. Res. Lett., 2006, 33(6): L06822.

[211] Larsen MC, Vaida V. Near infrared photochemistry of pyruvic acid in aqueous solution. J. Phys. Chem. A,

2012, 116(24): 5840-5846.

[212] Duporte G, Parshintsev J, Barreira LM, et al. Nitrogen-containing low volatile compounds from pinonaldehyde-dimethylamine reaction in the atmosphere: A laboratory and field study. Environ. Sci. Technol., 2016, 50(9): 4693-700.

[213] De Haan DO, Tolbert MA, Jimenez JL. Atmospheric condensed-phase reactions of glyoxal with methylamine. Geophys. Res. Lett., 2009, 36(11): L11819.

[214] De Haan DO, Pajunoja A, Hawkins LN, et al. Methylamine's effects on methylglyoxal-containing aerosol: chemical, physical, and optical changes. ACS Earth Space Chem., 2019, 3(9): 1706-1716.

[215] De Haan DO, Hawkins LN, Welsh HG, et al. Brown carbon production in ammonium-or amine-containing aerosol particles by reactive uptake of methylglyoxal and photolytic cloud cycling. Environ. Sci. Technol., 2017, 51(13): 7458-7466.

[216] De Haan DO, Tapavicza E, Riva M, et al. Nitrogen-containing, light-absorbing oligomers produced in aerosol particles exposed to methylglyoxal, photolysis, and cloud cycling. Environ. Sci. Technol., 2018, 52(7): 4061-4071.

[217] Kampf CJ, Jakob R, Hoffmann T. Identification and characterization of aging products in the glyoxal/ammonium sulfate system – implications for light-absorbing material in atmospheric aerosols. Atmos. Chem. Phys., 2012, 12(14): 6323-6333.

[218] Haan DOD, Corrigan AL, Smith KW, et al. Secondary organic aerosol-forming reactions of glyoxal with amino acids. Environ. Sci. Technol., 2009, 43(8): 2818-2824.

[219] Lee AK, Zhao R, Li R, et al. Formation of light absorbing organo-nitrogen species from evaporation of droplets containing glyoxal and ammonium sulfate. Environ. Sci. Technol., 2013, 47(22): 12819-12826.

第4章 挥发性有机物在矿物界面的
反应过程与降解机理

地球的大气圈中存在着大量的挥发性有机物（VOCs），种类最高达到 10 万种[1]。天然源（如植物排放、森林火灾等）和人为源（如汽车尾气、工业过程、溶剂使用等）是大气环境中 VOCs 的两个主要来源。相比于天然源对全球的更大贡献，人为源被认为是人类居住的城市及其周边地区 VOCs 的主要来源[2,3]。不同发展程度的城市群其人为源 VOCs 的排放特征也存在显著差异。如发展中国家的大城市人为源 VOCs 主要来自于汽车尾气[4]。而对于一些发达国家的城市群来说，VOCs 的人为源正在从以交通运输为主向工业生产过程释放为主转变[5-7]。更多工业源释放到大气中的 VOCs 被·OH、·Cl、NO_3·等自由基氧化，生成的中间产物对于 O_3 和二次有机气溶胶的形成起着重要的作用[8]。因此，如何有效地消除人为源 VOCs 对人类生存环境的威胁是当前所要解决的重大科学挑战。与大气圈存在大量的 VOCs 一样，地球环境同样蕴藏着丰富的矿物资源，仅仅每年从地球表面排放到大气中的矿物颗粒就高达 1000~3000 Tg[9]。这些矿物颗粒可能会促进或抑制 VOCs 在地球环境中的迁移行为并改变其转化途径，进而影响 VOCs 的大气寿命和归趋。因此，本章将基于团队前期的研究成果，并结合国内外最新研究进展，主要围绕不同类型 VOCs（如酯类、芳香烃类、醇类等）在不同矿物（蒙脱石、锐钛矿、钙钛矿等）界面的吸附、光化学降解等反应过程及其机理进行阐述，揭示了矿物选择性吸附 VOCs、矿物结构定向调控等加速 VOCs 降解的机制，探讨了 VOCs 在矿物界面自由基调控矿物界面的微观降解过程，最终提出矿物材料净化工业 VOCs 的机制与风险消减可行性。

4.1 矿物界面吸附酯类 VOCs 加速其光降解速率原理

在实际大气环境中，VOCs 和矿物都是以混合组分的形式存在的，而目前的研究大多集中于单一组分 VOCs 在单一矿物界面的迁移转化，而对于多组分 VOCs 竞争吸附和降解及其与矿物组分之间的关系的研究相对较少。同时如何通过提高 VOCs 在矿物界面的吸附性能进一步加速其光降解速率是目前研究的难点。

蒙脱石是近几十年来受到广泛关注的一类黏土矿物。研究人员将多种有机[10]或无机阳离子[11]柱撑到蒙脱石的硅酸盐层中用于合成各式各样的柱撑矿物材料。这其中以 TiO₂ 柱撑蒙脱石的制备及其用于吸附和降解水体和大气中有机物的研究吸引了大量研究人员的关注[12-14]。由于这类柱撑蒙脱石的内层表面一般是疏水的，因此更倾向于吸附和降解疏水性有机物[15]。另一方面，SiO₂ 由于表面羟基基团的作用，导致其表面是亲水性的[16]。Zhang 等发现将 SiO₂ 与 TiO₂ 复合可以有效地提高后者对羰基化合物的吸附和降解[17]。进一步有学者探究了不同极性 VOCs（乙酸乙酯和甲苯）在 SiO₂、TiO₂ 负载 SiO₂（CTS）和 TiO₂ 柱撑蒙脱石负载 SiO₂（CTMS）上的吸附热力学[18]。发现 SiO₂ 对乙酸乙酯的吸附量最大，CTMS 其次，而 CTS 最小 [图 4-1（a）]，且吸附量与矿物材料的比表面积和孔容的大小关系一致。导致 CTS 吸附容量降低的原因是 TiO₂ 堵塞了 SiO₂ 的孔道。而 CTMS 中 TiO₂ 含量比较低（其质量只有 SiO₂ 的 7%），因此对 CTMS 的吸附性能的减弱很小。他们还发现 TiO₂ 柱撑蒙脱石颗粒对于矿物吸附量的贡献要比 TiO₂ 颗粒大得多。在甲苯 [图 4-1（b）] 等温吸附实验中也得到了相类似的结果。Ooka 等也发现 TiO₂ 柱撑不同类型黏土矿物后对于气相甲苯的吸附量都明显高于 TiO₂[19]。

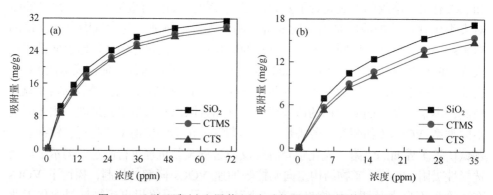

图 4-1　乙酸乙酯(a)和甲苯(b)在矿物界面的吸附等温曲线

　　Langmuir 和 Freundlich 模型被经常用于评价 VOCs 在矿物表面的吸附机理并预测吸附量。有研究表明乙酸乙酯和甲苯在矿物上的实际吸附量要比 Langmuir 模型计算出的最大理论吸附量要小（表 4-1），说明这两种 VOCs 在矿物上的吸附是单层吸附而且矿物的表面并没有被乙酸乙酯和甲苯完全覆盖。而对于 Freundlich 模型常数来说，有报道指出 n 值介于 1 到 10 之间就说明吸附很好[20, 21]。从表中可以看出，所有 n 值都在 1.89~2.36 范围内，表明所有矿物均能够很好地吸附乙酸乙酯和甲苯。同时，随着 K 值的增大，吸附强度也会越强。从表中可以看出，对于乙酸乙酯和甲苯等温吸附，K 值的大小关系是：CTS＜CTMS＜SiO₂。另外，它们在相同样品上的吸附量发现理论 Q_{max} 和 K 值都呈现如下趋势：甲苯＜乙酸乙酯。

表 4-1　Langmuir 和 Freundlich 模型常数

VOCs	矿物	Langmuir 常数			Freundlich 常数		
		Q_{max}(mg/g)	B(ppm^{-1})	R^2	K	n	R^2
乙酸乙酯	SiO$_2$	36.8	0.0770	0.998	5.73	2.36	0.966
	CTMS	36.2	0.0660	0.999	4.81	2.19	0.968
	CTS	36.1	0.0615	0.999	4.46	2.13	0.967
甲苯	SiO$_2$	22.0	0.0908	0.999	3.40	2.14	0.988
	CTMS	20.9	0.0737	0.998	2.60	1.95	0.987
	CTS	20.4	0.0685	0.998	2.34	1.89	0.987

　　由于实际环境中 VOCs 总是以混合物的状态存在，因此，探究不同组分 VOCs 的竞争吸附对于了解它们在实际环境中的迁移转化具有一定的指导意义。研究发现双组分甲苯和乙酸乙酯在 TiO$_2$ 基矿物界面吸附的前 20 min，它们的吸附量均呈现迅速增大的趋势，但是延长吸附时间后甲苯的吸附量是先减小，后增大，最后达到一个平衡值，而乙酸乙酯的吸附量则是缓慢增大[18]［图 4-2（b）］。甲苯单组分时的吸附量是它在双组分时的 2.7 倍，而乙酸乙酯在单组分吸附时的吸附量只比它与甲苯共吸附时稍微高一点。说明单组分甲苯和乙酸乙酯的吸附量均要高于它们在多组分时的吸附量，证实了在双组分吸附时存在竞争吸附。有学者采用理论计算发现酯类 VOCs 与 TiO$_2$ 的吸附能要比芳香烃类 VOCs 的小 7.45 kcal/mol（图 4-3），说明 TiO$_2$ 更容易吸附酯类 VOCs[22]。

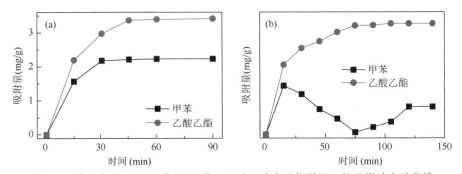

图 4-2　单组分(a)和双组分(b)甲苯和乙酸乙酯在矿物界面上的吸附动力学曲线

　　既然酯类和芳香烃类 VOCs 在矿物表面呈现出不同的吸附性能，那么是否会对于后续的降解产生影响？单组分乙酸乙酯和甲苯在矿物界面的光降解速率研究发现在反应开始的前 60 min，两种 VOCs 的降解率迅速增加，当反应进行了 75 min 后，超过 90% 的污染物得以去除［图 4-4（a）］。当反应进行到 120 min 时，已经检测不到任何污染物。毫无疑问，矿物能够高效地光降解乙酸乙酯和甲苯，尤其是前者。这是因为乙酸乙酯更多地被吸附在矿物上，使得矿物与紫外光以及矿物与底物具有更好的接触，从而使得乙酸乙酯的光降解效率更高。同时单组分甲苯和乙酸乙酯的降解速率常数的大小顺序为甲苯（0.0338 min⁻¹）＜乙酸乙酯（0.0489 min⁻¹）[图 4-4（b）]。很显然，这一顺序与两种污染物在矿物上的吸附能力的强弱顺序是一致的。当甲苯和乙酸乙酯双组分降解时，两种污染物在 90 min 内的降解率均超过了 90%[图 4-4（a）]。与各自污染物的单组分降解结果相比，虽然甲苯和乙酸乙酯在双组分共降解时的降解率比单组分的略微低些，但是考虑到实验误差，两者的降解率实质上是很接近的。因此，在甲苯和乙酸乙酯双组分降解时，由于反应物在矿物上的竞争吸附，导致了微弱的相互抑制现象的发生，进而甲苯和乙酸乙酯的降解率双双降低。对于乙酸乙酯（或甲苯）来说，其在与甲苯（或乙酸乙酯）双组分降解时，其速率常数均低于其单组分降解时的速率常数[图 4-4（b）]。速率常数的降低应该归功于降解前后的竞争吸附。从单组分降解实验中，已经得出两种污染物的降解速率常数大小顺序为甲苯＜乙酸乙酯。并且它们在双组分时的降解速率常数也遵循上述顺序。另外，所有的降解速率常数与它们在矿物上的吸附能力大小顺序是一致的。因此，降解速率与吸附浓度之间可能存在着紧密的联系。污染物在矿物上吸附得越多，其降解速率常数也越大。

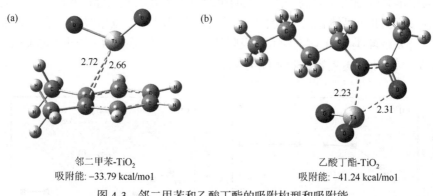

邻二甲苯-TiO₂　　　　　　　　　　　乙酸丁酯-TiO₂
吸附能：−33.79 kcal/mol　　　　　　　吸附能：−41.24 kcal/mol

图 4-3　邻二甲苯和乙酸丁酯的吸附构型和吸附能

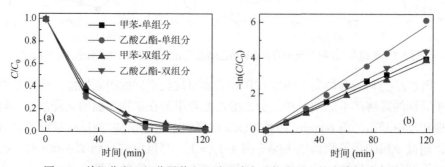

图 4-4　单组分和双组分甲苯和乙酸乙酯在矿物表面上的光降解动力学

4.2　芳香烃类 VOCs 在表面结构调控的矿物界面光降解过程强化机制

4.2.1　芳香烃类 VOCs 在晶面暴露调控的矿物界面光降解过程强化机制

由 4.1 节的结果可知，通过调节酯类 VOCs 在不同组成矿物界面的选择性吸附能够提高其光降解速率，但是对于芳香烃类 VOCs 的效率提升并不明显，因此如何通过矿物表面结构的调控，来进一步提升芳香烃类 VOCs 的光降解效率是目前相关领域研究的热点。

自 1991 年 Iijima 发现了碳纳米管（CNTs）以来，由于其具有独特的力学、电学和化学性能，因而引起了许多研究者的重视[23-25]。CNTs 的中空和层状结构使得其具有较大的比表面积，非常适合吸附和富集低浓度的 VOCs，是一种很有潜力的共吸附剂或者载体。因此，通过加入 CNTs 到矿物中以提高后者对 VOCs 的光活性是可以实现的。然而，光活性的提升不仅仅依赖于 CNTs 本身的性能，而且还与矿物的结构特性如颗粒大小、晶型、结晶度、比表面积和晶面等息息相关[26-29]。因此，通过 CNTs 来调控矿物的结构以提高其对芳香烃类 VOCs 的光降解效率是一个非常值得研究的课题[30-32]。目前研究的一个热门方向是利用多壁碳纳米管（MWCNTs）来实现矿物暴露晶面的调控，从而实现其对芳香烃类 VOCs 的高效吸附和光降解。以 MWCNTs 调控 TiO_2 来提升后者吸附和降解苯乙烯为例，研究人员首先采用扫描电子显微镜（SEM）和透射电子显微镜（TEM）深入研究了不同含量 MWCNTs、TiF_4 加入量、水热温度和水热时间对调控后复合矿物微观结构的影响。如图 4-5 所示，所制备复合矿物是由 MWCNTs 缠绕着 TiO_2 亚微米球组成。随着 MWCNTs 含量的增加，更多 MWCNTs 出现在复合矿物中，并且 TiO_2 亚微米球的尺寸变得更小，证实了 MWCNTs 能够抑制 TiO_2 颗粒的增长。对于 MWCNTs 含量为 0.01 g 的复合矿物［图 4-5（a）］，TiO_2 亚微球的平均直径大约为 600 nm，而且发现亚微米球的表面覆盖着方形的薄板。图 4-5（b）给出了单个 TiO_2 亚微米球的 TEM 图。通过相应的选区电子衍射谱图发现，这些正方形的薄板是由单晶组成［图 4-5（b）插图］，进而证实正方形的晶面为{001}面。另外，相应的高分辨 TEM 图得到的晶格条纹间距为 0.235 nm，这说明与上下两个面平行的面为{001}面。总体来说，MWCNTs 含量为 0.01 g 所制备的 MWCNTs-TiO_2 亚微米球复合矿物是由 MWCNTs 和 TiO_2 亚微米球组成，而这些亚微米球是由具有{001}暴露面的方形薄板组成。当 MWCNTs 的含量增加到 0.03 g 时，所得到的复合矿物中 TiO_2 亚微米球的平均直径稍微减小到 500 nm 左右，并且亚微米球上的薄板开始熔融在一起［图 4-5（c）和图 4-5（d）］。此外，相应的高分辨 TEM 图显示{200}原子面的晶格间距为 0.19 nm［图 4-5（d）插图］，对应着锐钛矿 TiO$_2$ 单晶的{200}面。因此，MWCNTs 含量为 0.03 g 条件下所制备的复合矿物中 TiO$_2$ 亚微米球上颗粒的暴露面仍然为{001}面。MWCNTs 含量进一步增加到 0.06 g 时［图 4-5（e）］，制备的复合矿物中 TiO$_2$ 亚微米球的平均直径也进一步减小到 400 nm，同时 TiO$_2$ 亚微米球上的方形薄板也在逐渐消失。然而，当 MWCNTs 的含量继续增加到 0.12 g 时［图 4-5（f）］，此时制备的复合矿物中只能观察到少量的 TiO$_2$ 亚微米球，并且这些亚微米球是由不规则形状的颗粒组成。

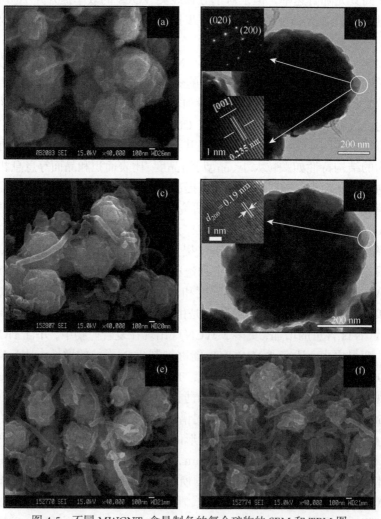

图 4-5　不同 MWCNTs 含量制备的复合矿物的 SEM 和 TEM 图

(a) (b) 0.01 g; (c) (d) 0.03 g; (e) 0.06 g; (f) 0.12 g

　　图 4-6 给出了不同 TiF$_4$ 的加入量对所制备的复合矿物形貌的影响。随着 TiF$_4$ 加入量的增加，复合矿物中 TiO$_2$ 颗粒越来越多。当 TiF$_4$ 的加入量从 0.05 g 增加到 0.10 g 时［图 4-6（a）和图 4-6（b）］，复合矿物中 TiO$_2$ 亚微米球的大小并没有什么明显的变化，平均直径保持在大约 200 nm。当 TiF$_4$ 的加入量进一步增加到 0.20 g 和 0.40 g 时［图 4-6（c）和图 4-6（e）］，TiO$_2$ 颗粒开始团聚形成直径大于 500 nm 的 TiO$_2$ 亚微米球。对于 TiF$_4$ 加入量为 0.10 g 所制备的复合矿物，选区电子衍射谱图证实了 TiO$_2$ 亚微米球是由单晶组成［图 4-6（d）插图］。相应的高分辨 TEM 图表明晶格条纹间距为 0.35 nm，对应的是锐钛矿 TiO$_2$ 的[33]面。这些结果表明该复合矿物中的 TiO$_2$ 亚微米球是由具有{101}暴露面的颗粒组成。随着 TiF$_4$ 加入量的变化，所制备的复合矿物中 TiO$_2$ 亚微米球上颗粒的形貌和组成也发生了相应的变化，从方形的薄板转变为无规则的颗粒，并且颗粒的暴露面也相应地有{001}面转变为{101}面，这表明可以通过改变 TiF$_4$ 的加入量来控制 TiO$_2$ 的形貌以及暴露面。

图 4-6　不同 TiF$_4$ 的加入量制备的复合矿物的 SEM 和 TEM 图

(a) 0.05 g; (b) (d) 0.10 g; (c) 0.20 g; (e) 0.40 g

　　图 4-7 给出了水热温度为 120℃，150℃，180℃和 210℃时制备的 MWCNTs-TiO$_2$ 亚微米球复合矿物的 SEM 和 TEM 图。从 SEM 图中可以看出，水热温度为 150℃［图 4-7（c）］时制备的复合矿物是由 MWCNTs 和平均直径大约在 200 nm 的 TiO$_2$ 亚微米球组成。随着水热温度继续提高到 180℃［图 4-7（d）］和 210℃［图 4-7（e）］，所制备的复合矿物在形貌上并没有明显的改变。但是，当水热温度从 150℃降低到 120℃［图 4-7（a）］时，从 SEM 图中可以看出，所制备的材料中的 TiO$_2$

亚微米球的平均直径从 200 nm 迅速地增大到 400 nm。通过 TEM 表征进一步发现〔图 4-6（d）和图 4-7（b）〕，TiO$_2$ 亚微米球由单晶转变为多晶。这些结果表明可以通过调控水热温度来选择性地得到由不同数目晶粒组成的 TiO$_2$ 颗粒。而水热时间对该复合矿物形貌的影响很小，且经过 24 h 的水热时间就可以得到 MWCNTs-TiO$_2$ 亚微米球复合矿物（图 4-8）。

图 4-7　不同水热温度制备的复合矿物的 SEM 和 TEM 图

(a)(b) 120℃; (c) 150℃; (d) 180℃; (e) 210℃

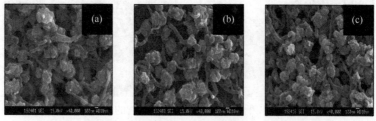

图 4-8　不同水热时间制备的复合矿物的 SEM 和 TEM 图

(a) 24 h; (b) 48 h; (c) 72 h

　　研究人员在明晰 MWCNTs 调控 TiO$_2$ 微观结构的基础上，进一步选择气态苯乙烯作为芳香烃类 VOCs 的代表来评估调控前后复合矿物的光活性。图 4-9 给出了纯 MWCNTs、纯 TiO$_2$、P25 和不同 MWCNTs 含量条件下制备的 MWCNTs-TiO$_2$ 亚微米球复合矿物的吸附、光解和光催化降解曲线。苯乙烯在前 20 min 被快速地吸附在所有的材料上，然后缓慢地达到吸附穿透即吸附-脱附平衡。对于纯 TiO$_2$

和 P25 来说，达到完全穿透所需要的时间分别仅为 90 min 和 150 min。然而，当 TiO$_2$ 中加入 0.01 g MWCNTs 时，苯乙烯在所制备的复合矿物上达到完全穿透所需要的时间迅速地延长到 240 min。而且随着 MWCNTs 的含量增加到 0.03 g，0.06 g 和 0.12 g，吸附达到完全穿透所需要的时间分别被进一步地延长到 330 min，450 min 和 660 min。表明 MWCNTs 在吸附苯乙烯的过程中起到了非常重要的作用，MWCNTs 的含量越高，复合矿物的吸附性能越强。纯 MWCNTs 表现出最好的吸附性能，其对苯乙烯的吸附达到完全穿透所需要的时间为 720 min。

当吸附达到平衡之后，将紫外灯打开开始进行降解实验。光解或以 MWCNTs 为催化剂光降解 180 min 时（图 4-9），仅有不到 1% 的苯乙烯被去除，这意味着光解和仅以 MWCNTs 为催化剂的降解对苯乙烯的降解率的贡献不大。同时从图中还可以看出纯 TiO$_2$ 对苯乙烯的降解活性也很差并且很不稳定。在降解实验开始的前 10 min，纯 TiO$_2$ 对苯乙烯的降解率达到了 50% 以上。然后，继续延长反应时间至 60 min 时，其降解率迅速地降低到 30.7%，并且在反应 180 min 后继续降低到 26.9%。当反应结束后，通过比较反应前后催化剂的颜色发现该催化剂由原来的白色变成了黄色。这是由于在反应的过程中生成了一些很稳定的中间产物，这些中间产物被吸附在催化剂上，占据了光催化活性位点，因而导致催化剂活性的降低。当用 P25 代替纯 TiO$_2$ 用于苯乙烯降解时，得到了与本节自制纯 TiO$_2$ 类似的结果。相反地，所制备的 MWCNTs-TiO$_2$ 亚微米球复合矿物表现出了更为稳定和高效的去除效率。而以 MWCNTs 含量为 0.01 g 所制备的 MWCNTs-TiO$_2$ 亚微米球复合矿物降解苯乙烯为例，从图中可以很明显地看出，在反应的前 90 min，光催化剂对苯乙烯的降解率在逐渐地升高，并在 180 min 左右达到最大值（47.3%），是纯 TiO$_2$ 对苯乙烯降解率的 1.76 倍，这是因为 MWCNTs 的加入产生了协同效应，从而导致了复合光催化剂光催化活性的提高。

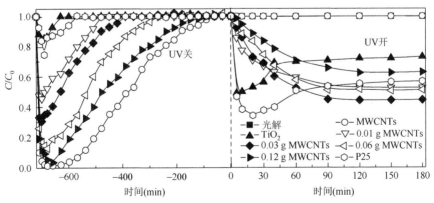

图 4-9   苯乙烯在纯 MWCNTs、纯 TiO$_2$、P25 和不同 MWCNTs 含量条件下制备的
复合矿物上的吸附和降解曲线

通过综合分析 SEM、TEM 以及光降解结果发现，复合矿物的结构与它的活性之间存在着一定的联系。当 MWCNTs 的含量从 0.01 g 增加到 0.03 g 时，所制备的复合矿物对苯乙烯的降解率相应地从 47.3%提高到 55.4%。当 MWCNTs 的含量增加到 0.06 g 时，所制备的复合矿物对苯乙烯的降解率降低到 48.8%。此时复合矿物中 TiO_2 颗粒的晶粒大小并没有很明显的差别，这意味着 TiO_2 颗粒的晶粒大小对此时制备的复合矿物活性的影响可以忽略。而另一方面，与 MWCNTs 含量为 0.03 g 时制备的复合矿物相比，随着 MWCNTs 的含量的增加，TiO_2 亚微米球上具有方形薄板的晶面逐渐减少，从而导致了催化剂的捕光效率降低，进而降低催化剂的光催化活性。这一结果表明 TiO_2 颗粒的形貌也会对复合矿物的光催化活性产生影响。但是，过量的 MWCNTs 却反而会抑制协同效应。这是因为过量的 MWCNTs 会遮蔽紫外光，减少紫外光与 TiO_2 的接触机会。总体来说，在本实验中可以通过改变 MWCNTs 的含量来得到更为完整的方形薄板形貌的 TiO_2 亚微球，以得到更好的协同效应来增强光催化活性。MWCNTs 除了可以改变 TiO_2 的暴露面之外，有研究人员也发现 CNTs 还可以同时改变 TiO_2 的其他性质，比如光吸收、电子传输等[34]。

在得到了最佳 MWCNTs 含量的基础上，继续考察了 TiF_4 的加入量和水热温度对复合催化剂光催化活性的影响。图 4-10（a）给出了不同 TiF_4 加入量对所制备材料的光催化活性的影响。通过比较得出降解率遵循如下关系：0.40 g TiF_4（43.0%）＜0.05 g TiF_4（53.5%）＜0.20 g TiF_4（55.4%）＜0.10 g TiF_4（61.1%）。同样也出现了协同效应，并且发现它不仅受到复合矿物中 TiO_2 颗粒的晶粒尺寸的影响，而且还受到不同暴露面的影响。随着 TiF_4 加入量从 0.10 g 增加到 0.20 g，复合矿物中 TiO_2 颗粒的直径从 200 nm 增大到 500 nm，降解率相应地从 61.1%降低到了 55.4%。这个结果证实了的 TiO_2 颗粒越大，其光催化活性和协同效应越低。另外，TEM 图表明 TiF_4 加入量为 0.20 g 所制备的复合矿物中 TiO_2 亚微米球上的颗粒的暴露面为{001}面，而当 TiF_4 加入量减少到 0.10 g 时，此时制备的复合矿物中 TiO_2 亚微米球上的颗粒的暴露面却为{101}面。从此结果可以看出，在复合矿物中，具有{101}暴露面的 TiO_2 亚微米球要比具有{001}暴露面的 TiO_2 亚微米球更为活跃，在相同时间内，由 MWCNTs 与具有{001}暴露面的 TiO_2 亚微米球组成的复合矿物对苯乙烯的降解率要高于 MWCNTs 与具有{101}暴露面的 TiO_2 亚微米球组成的复合矿物。

从图 4-10（b）可以看出，当水热温度从 150℃提高到 180℃时，所制备的复合矿物对苯乙烯的降解率从 61.1%降低到了 47.4%。而水热温度进一步提高到 210℃时，降解率只是稍稍降低到了 43.9%。同样地，这可能也与复合矿物中 TiO_2 颗粒的晶粒粒径的变化有关。当水热温度从 150℃降低到 120℃时，从降解曲线可以看出，在反应的前 90 min，采用后者条件下制备的复合矿物对苯乙烯的降解率总是比采用前者所制备的要高，但是在经过 180 min 反应后，最终的降解率却几乎一样。结合降解和 TEM 结果发现，MWCNTs 与多晶 TiO₂ 亚微米球的复合矿物的活性要好于其与单晶 TiO₂ 亚微米球的。图 4-10（c）给出了不同水热时间所制备的复合矿物对苯乙烯的降解情况。从图中可以看出，随着水热时间的延长（从 24 h，48 h 到 72 h），降解率逐渐增加（从 51.1%，55.0% 到 61.1%）。

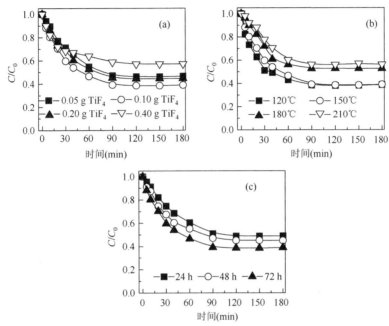

图 4-10　苯乙烯在不同 TiF₄ 的加入量(a)、不同水热温度(b)和不同水热时间(c)制备的
复合矿物上的降解动力学曲线

4.2.2　芳香烃类 VOCs 在化学键联调控的矿物界面光降解过程强化机制

从 4.2.1 节得到的结果表明，通过碳材料调控矿物表面结构可以实现光生电子-空穴的分离，进而提高矿物光降解芳香烃类 VOCs 的效率。最近，研究人员进一步发现在石墨烯调控 TiO₂ 的过程中，能够形成 Ti—O—C 键，极大地抑制了光生电子-空穴的复合，大大地提高了污染物的降解效率[35-39]。该复合矿物性能的提高主要归因于其无机组分和石墨烯之间存在着交联共价键，这不同于大多数已报道的非共价键复合矿物。

最近，有学者尝试着将这一理论应用于其他矿物材料，比如具有尖晶石结构的三元硫化物中。他们采用一步水热法合成了通过 Zn—O—C 键交联的 ZnIn₂S₄/还原石墨烯（ZIS/rGO）复合矿物，以同时提高其可见光光活性和太阳光稳定性[40]。图 4-11（a）给出了 ZnIn₂S₄ 和 ZIS/rGO 复合矿物的 XRD 图。可以看出，ZnIn₂S₄

和 ZIS/rGO 的 XRD 谱图中特征峰完全一样，均在 $2\theta = 21.6°$，$27.7°$，$30.4°$，$39.8°$，$47.2°$，$52.4°$和 $55.0°$出现了对应着六方晶型 $ZnIn_2S_4$ 的 (006)，(102)，(104)，(108)，(110)，(116) 和 (200) 晶面。这表明，少量 GO 的加入并不会影响 $ZnIn_2S_4$ 的晶体结构。从图 4-11（b）可以看出，GO 的 Raman 谱图中出现了两个分别位于 1340 cm^{-1} 和 1590 cm^{-1} 的特征峰，分别对应着 D 和 G 带。而对于 ZIS/rGO-1.5%，除了可以观察到这两个特征峰之外，同时在位于 250 cm^{-1} 和 355 cm^{-1} 处出现了 $ZnIn_2S_4$ 的 Raman 特征峰。这表明复合矿物中同时存在着 $ZnIn_2S_4$ 和 GO。进一步观察发现，与 GO 的 D/G 特征峰强度比值（$I_D/I_G = 0.88$）相比，ZIS/rGO-1.5%的明显更大（$I_D/I_G = 1.16$），这表明在水热过程中，GO 在一定程度上已经被还原为 rGO。

　　进一步通过 SEM 和 TEM 表征 rGO、$ZnIn_2S_4$ 和 ZIS/rGO 的形貌特征，发现 $ZnIn_2S_4$ 是由大量厚度约为 20 nm 的纳米片组成的直径约为 4~8 μm 的微米球组成 [图 4-11（c）]。而 ZIS/rGO 则是微米球和散落的纳米片组成的，且随着 GO 加

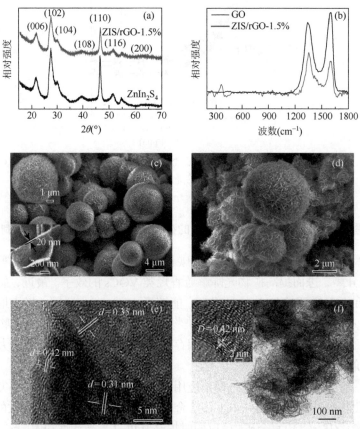

图 4-11　$ZnIn_2S_4$ 和 ZIS/rGO-1.5%的 XRD 谱图（a）、拉曼谱图（b）、SEM 图（c 和 d）以及 ZIS/rGO-1.5%和 rGO 的 TEM 图（e 和 f）

入量的增加，这些微米球的数量和尺寸逐渐减少，而散落的纳米片却越来越多
[图 4-11（d）]。这表明 rGO 扮演着结构导向剂的角色，逐渐将 ZnIn$_2$S$_4$ 从微米球
转变为纳米片。另外从高分辨 TEM 图片可以看出 [图 4-11（e）]，ZIS/rGO-1.5%
出现了两组晶格条纹：一种是有序的间距分别为 0.31 nm 和 0.35 nm，分别对应着六
方晶型 ZnIn$_2$S$_4$ 的（103）面和（007）面，另一组则不是那么规整，其间距为 0.42 nm，
对应着 rGO 的（002）面（图 4-11（f）给出的 rGO 的晶格间距同样为 0.42 nm）。值
得指出的是，复合矿物中 rGO 的晶格间距要比石墨晶体（0.34 nm）的要大，这可
能是因为存在着含氧基团。

　　图 4-12（a）给出的 GO 的 C1s 高分辨谱图结果表明，C1s 可以拟合出三个特征
峰。其中位于 284.6 eV，286.7 eV 和 288.5 eV 的峰分别归属于 sp2 碳原子（C—C，
C＝C 和 C—H 基团），C—OH 和 C＝O 基团以及 O＝C—OH 基团。与 GO 的
C1s 谱图相比，ZIS/rGO-1.5%的 C—OH，C＝O 和 O＝C—OH 基团对应的特征
峰虽然仍然存在，但是峰的强度大大减小，这表明经过水热反应后，GO 被大幅
度地还原成 rGO [图 4-12（b）]。同时在位于 287.6 eV 的位置出现了一个新的归
属于 Zn—O—C 键的特征峰。另外 GO 的 FT-IR 谱图上出现了三个伸缩振动峰：
C＝O（1724 cm^{-1}），芳香族 C＝C（1621 cm^{-1}）和烷氧基 C—OH（1049 cm^{-1}）。

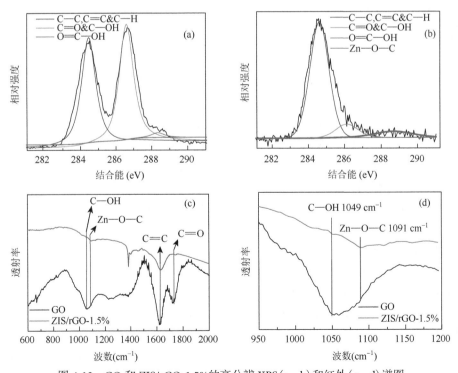

图 4-12　GO 和 ZIS/rGO-1.5%的高分辨 XPS（a，b）和红外（c，d）谱图

同样地，ZIS/rGO-1.5%复合矿物的 FT-IR 谱图上也出现了两个类似的位于 1742 cm^{-1}（C=O）和 1628 cm^{-1}（C=C）的伸缩振动峰，但是峰的强度均有所减弱，进一步证明了 GO 的水热还原并不彻底 [图 4-12（c）（d）]。进一步观察发现位于 1049 cm^{-1}的 C—OH 基团几乎消失，而在 1091 cm^{-1}处出现了一个 Zn—O—C 的伸缩振动峰。这一结果也表明，在水热反应过程中，C—OH 基团可能起到交联剂的作用，从而在复合矿物中形成了 Zn—O—C 键，进而可以调控复合矿物的禁带宽度（图 4-13）。

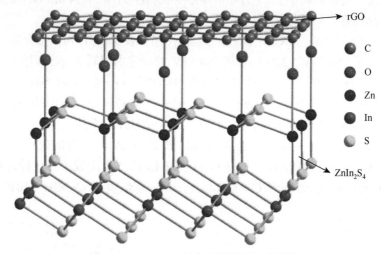

图 4-13　ZIS/rGO 复合矿物的结构示意图

　　进一步采用电化学技术来研究 ZnIn$_2$S$_4$ 和 ZIS/rGO 的平带电势，以期估算它们的导电边缘电势（E_{cb}）。从图 4-14（a）可以得出 ZnIn$_2$S$_4$，ZIS/rGO-0.30%，ZIS/rGO-0.75%，ZIS/rGO-1.5%和 ZIS/rGO-3.0%的 E_{cb} 分别是−0.79 V，−0.66 V，−0.54 V，−0.40 V 和−0.38 V。与 ZnIn$_2$S$_4$ 相比，ZIS/rGO 复合矿物的导带边缘电势发生了正偏移。而 ZnIn$_2$S$_4$，ZIS/rGO-0.30%，ZIS/rGO-0.75%，ZIS/rGO-1.5%和 ZIS/rGO-3.0%的价带边缘电势分别为 1.38 V，1.40 V，1.41 V，1.52 V 和 1.07 V [图 4-14（b）]。与 ZnIn$_2$S$_4$ 相比，ZIS/rGO-0.30%，ZIS/rGO-0.75%和 ZIS/rGO-1.5%的 E_{vb} 发生了正偏移，而 ZIS/rGO-3.0%的却发生了负偏移。从上面的结果可以看出，ZIS/rGO-1.5%的价带电势最大，表明其具有最强的氧化能力。

　　为了评价矿物的光催化活性，在可见光（VL）照射下（$\lambda > 400$ nm）开展了光催化降解 4-壬基酚（4-NP）的实验。当光和矿物均不存在时 [图 4-15（a）]，4-NP 的浓度没有变化，而 4-NP 的光解也不明显。但是当矿物和可见光同时存在时，4-NP 的浓度大幅度地降低。经过 360 min 反应后，ZnIn$_2$S$_4$，ZIS/rGO-0.30%，ZIS/rGO-0.75%，ZIS/rGO-1.5%和 ZIS/rGO-3.0%对 4-NP 的降解率分别为 77.1%，80.0%，81.8%，97.8%和 68.3%，其中 ZIS/rGO-1.5%的光催化活性是最高的。

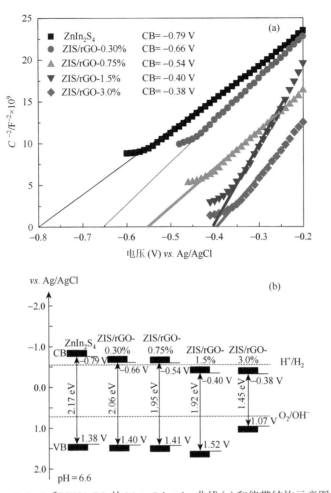

图 4-14　ZnIn₂S₄ 和 ZIS/rGO 的 Mott-Schottky 曲线(a)和能带结构示意图(b)

接着考察了在模拟太阳光（SSL）照射下矿物的光催化活性。经过 180 min 光解后，约有 10%的 4-NP 被降解［图 4-15（b）］。而当加入矿物之后，ZnIn₂S₄ 和 ZIS/rGO-1.5%对 4-NP 的降解率迅速提高到 88.2%和 97.0%。与 ZnIn₂S₄ 相比，ZIS/rGO-1.5%不论是在 VL 还是在 SSL 照射下均具有更好的光催化活性。为了进一步阐明 4-NP 的环境迁移过程，通过 TOC 浓度的减少来考察它的矿化程度。从图 4-15（c）可以看出，对于 ZnIn₂S₄ 来说，在分别经过 10 h 的 VL 和 6 h 的 SSL 照射后，4-NP 中大约有 39.1%和 48.5%的碳被矿化转化为 CO₂，低于相同条件下的 ZIS/rGO-1.5%（47.8%和 53.2%），证实了在经过 rGO 修饰后，ZnIn₂S₄ 的光催化活性能够得到大大地提高。值得指出的是，与 VL 相比，在 SSL 照射下，ZIS/rGO-1.5% 表现出更高的光催化和矿化性能，这归功于太阳光中存在着一定的紫外光，这也表明 ZIS/rGO 是一种潜在的太阳光驱动的光催化剂。

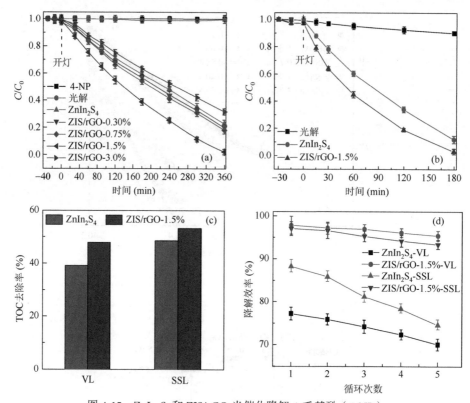

图 4-15　ZnIn$_2$S$_4$ 和 ZIS/rGO 光催化降解 4-壬基酚（4-NP）

(a)可见光（VL）；(b)模拟太阳光（SSL）；(c)TOC 去除率；(d)稳定性实验

　　此外，矿物的稳定性在其实际应用过程中至关重要。而且，窄带隙半导体在太阳光照射会变得更加不稳定。因此，下面比较了 ZnIn$_2$S$_4$ 和 ZIS/rGO-1.5%在 VL 和 SSL 照射下光催化降解 4-NP 的稳定性情况。图 4-15（d）给出的研究结果表明，在经过 5 次循环利用之后，ZnIn$_2$S$_4$ 的 VL 和 SSL 催化效率分别降低了 7.2%和 13.7%。而对于 ZIS/rGO-1.5%来说，光催化效率仅仅分别降低了 2.5%和 3.7%。这表明在经过 rGO 修饰之后，ZnIn$_2$S$_4$ 的 SSL 稳定性得到了一定的提高。上述结果再次说明，本研究中合成的 ZIS/rGO 复合矿物在 SSL 下是稳定的，因此其在实际环境修复方面具有很好的潜在应用前景。

　　从上述结果可知，通过加入适量的 GO 可以显著地提供 ZIS/rGO 复合矿物的光催化活性和稳定性。这归因于以下几个方面的协同作用：更窄的禁带宽度、更正的价带电势和卓越的电子传输性能以及相对比较大的比表面积。图 4-16 给出了 ZIS/rGO 复合矿物光催化性能提高机理的示意图。由于 ZnIn$_2$S$_4$ 纳米片和 rGO 片之间形成了 Zn—O—C 键，使得 ZIS/rGO 复合矿物的禁带宽度进一步变窄，从而提高了 VL 的利用效率。另外，在经过 rGO 修饰之后，复合矿物的价带电势

更正，可以获得高强的光催化氧化
活性。此外，光生电子也可以快速地
通过 Zn—O—C 键从 $ZnIn_2S_4$ 的导带
传输到 rGO，这样的话可以有效地
抑制光生电荷的复合，进而增加光
催化反应中空穴的数量。这是因为石
墨烯具有卓越的电子流动性，可以提
高电荷的传输速率，从而实现电荷的
快速分离。

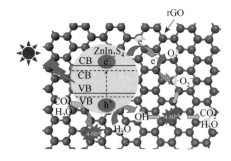

图 4-16　ZIS/rGO 光催化活性提高的机理示意图

　　图 4-17 给出的光致发光光谱（photoluminescence spectroscopy，简称 PL 谱）
结果很好地证实了这一结论。从图中可以看出，随着 GO 质量的增加，荧光猝灭
的程度也在显著提高，这表明复合矿物中光生电子和空穴的复合明显地减少。另
一方面，光生电子有效地从 $ZnIn_2S_4$ 传输到 rGO 有利于保护 In^{3+} 和 Zn^{2+} 离子不被
电子还原，从而提高复合矿物中 $ZnIn_2S_4$ 的稳定性。而且，rGO 可以作为一种保护
层来保护 $ZnIn_2S_4$ 不被溶解，进一步提高矿物的稳定性。最后，复合矿物相对较大
的比表面积能够提供大的吸附能力和多的活性位点。因此，4-NP 分子能够更为容
易地在矿物表面富集，从而加速它们与活性氧物种（·OH，$·O_2^-$，h^+ 等）的反应，
并最终实现 4-NP 的矿化。然而，当 GO 的加入量超过一定值时，合成出的复合
矿物的光催化性能的提高将会受到限制，这主要是因为 rGO 会吸收更多的入射
光，而且复合矿物的比表面积大幅度地降低。因此，适量的 rGO 修饰有利于提
高复合矿物的光催化活性。Pan 等也证实了由于 rGO 的加入导致了 rGO-TiO_2 复
合材料的吸附性能和电荷分离性能比单独 TiO_2 明显提升，从而促进了有机物的快
速降解[41]。

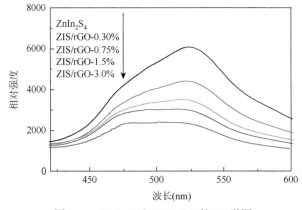

图 4-17　$ZnIn_2S_4$ 和 ZIS/rGO 的 PL 谱图

4.2.3　芳香烃类 VOCs 在活性晶格氧调控的矿物界面光降解过程强化机制

除了利用碳材料调控矿物晶面和电子传输之外，也可以直接通过调节矿物的活性晶格氧来提高芳香烃类 VOCs 的降解效率，这是因为芳香烃类 VOCs 在矿物上的反应遵循 Mars-van Krevelen 氧化还原循环：首先有机分子被矿物的晶格氧氧化，而被还原的矿物随后被来自于气相中的吸附氧氧化[42]。更多活性晶格氧会促进循环的加速，从而提高芳香烃类 VOCs 在矿物上的催化效率[43, 44]。

相比于锐钛矿、尖晶石等矿物，钙钛矿含有丰富的氧空位，很容易活化氧气分子。有学者以钙钛矿为代表，研究了钙钛矿的结构、形貌、光学和氧化性能，深入探究了钙钛矿上活性晶格氧调控加速芳香烃类 VOCs 降解的机制[45]。他们采用溶胶-凝胶法合成了一系列的具有可见光响应的 ABO_3（A = La, Ce, Sm; B = Cr, Mn, Fe, Co, Ni），所有钙钛矿都有强衍射峰且与标准钙钛矿特征峰吻合 [图 4-18（a）（b）]，表明这些样品具有高纯度和结晶度。$ANiO_3$ 的 H_2 消耗量非常接近，具有相似的氧化能力，表明不同 A 位取代后对于钙钛矿氧化能力的增强可以忽略不计 [图 4-18（c）]。然而，不同 B 位取代的钙钛矿之间有着明显的不同 [图 4-18（d）]。$LaCoO_3$、$LaMnO_3$、$LaFeO_3$ 和 $LaNiO_3$ 有两个明显的区域，分别在低温（≤520℃）和高温（>520℃）。与 $ANiO_3$ 类似，第一个区域为吸附氧的消耗并将 B^{X+} 还原为 $B^{(X-1)+}$，而第二个区域归因于 $B^{(X-1)+}$ 继续被还原至 $B^{(X-2)+}$。在≤520℃这个区间，$LaCoO_3$、$LaMnO_3$ 和 $LaNiO_3$ 的 H_2 消耗量明显高于 $LaCrO_3$ 和 $LaCoO_3$，表明前者拥有更好的氧化能力和更高的催化活性。

同时 A 位取代的钙钛矿紫外可见光吸收非常相似，表明具有相同的光响应 [图 4-18（e）]。而 B 位取代的钙钛矿紫外可见光响应存在明显差异 [图 4-18（f）]，其中 $LaMnO_3$ 和 $LaNiO_3$ 具有最高的可见光吸收能力。这些钙钛矿的估计带隙遵循 $LaCrO_3$（3.1 eV）>$LaCoO_3$（2.9 eV）>$LaMnO_3$（2.5 eV）>$LaNiO_3$（2.4 eV）>$LaFeO_3$（2.1 eV）。而 $LaFeO_3$、$LaNiO_3$ 和 $LaMnO_3$ 的带隙更窄，因此它们可能具有更高的可见光光催化活性。总的来说，B 位取代的钙钛矿对氧化和可见光吸收性能的增强要远远高于 A 位取代。

进一步，研究人员探究了苯乙烯在不同 A 位取代的钙钛矿上的光催化、热催化和光热催化降解动力学（图 4-19）。在光催化过程中，$LaFeO_3$ 显示出最好的降解效果。与光催化相比，所有钙钛矿在 140℃下的热催化降解效率均显著增强。同时钙钛矿的热催化活性顺序与 H_2-TPR 结果完全一致。当热催化与光催化结合时，降解效率得到进一步提升。与 $LaFeO_3$、$LaCrO_3$ 和 $LaNiO_3$ 相比，$LaMnO_3$ 对苯乙烯热催化的效率增强最为明显，表明光热催化协同效应对其提升最高。这里，研究人员使用了协同因子（SF）来直观地计算出光热催化系统中光催化和热催化

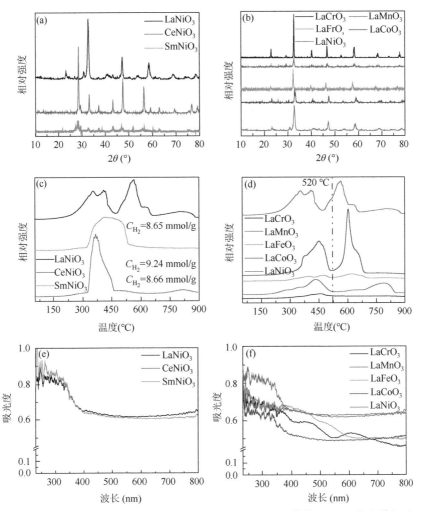

图 4-18 钙钛矿的 XRD 图谱(a, b)，H₂-TPR 曲线(c, d)及紫外-可见吸收光谱(e, f)

的协同效应。如果 SF＞1，则光催化和热催化之间存在协同效应。反之，协同效应不明显。如图 4-20（a）所示，LaFeO₃ 和 LaMnO₃ 在相对较低的温度下具有相同的光热催化协同效应。然而，随着温度不断上升，LaMnO₃ 的 SF 值逐渐增加并在 140℃处达到峰值，随后逐渐下降，表明温度过高不利于光催化和热催化协同效应的提高，这可能是因为过高的温度会降低苯乙烯氧化的活性能，并导致 H₂O 离解到钙钛矿表面。更重要的是，LaMnO₃ 显示出最高的 SF 值，可能归因于其晶体尺寸和带隙以及可见光吸收能力和还原性的协同效应。除了活性外，光催化和热催化的结合还可以提高制备的钙钛矿的稳定性。正如图 4-20（b）所示，在钙钛矿上将光催化与热催化技术相结合，可以提供一种有效且实用的方式来利用光和热的总能量来修复大气环境污染。

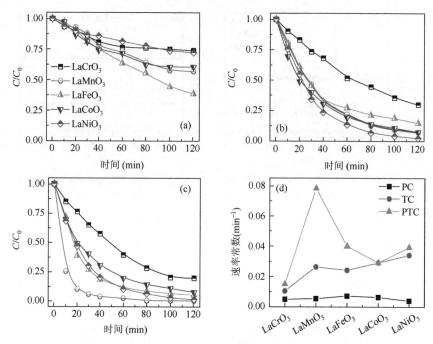

图 4-19　LaBO₃降解苯乙烯光催化（PC）(a)，热催化（TC）(b)，光热催化（PTC）(c)
曲线和相应的速率常数(d)

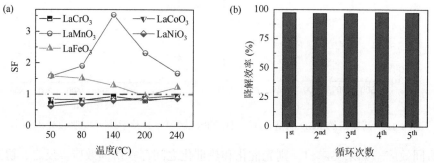

图 4-20　(a)钙钛矿在不同温度下的协同因子（SF）和(b)LaMnO₃对苯乙烯的光热催化降解
效率的稳定性测试

如 H_2-TPR 结果所示，$LaBO_3$ 中的 B 离子更容易从 B^{X+} 还原为 $B^{(X-1)+}$ 离子以形成 $LaBO_{3-x}$，然后在低温热催化系统中钙钛矿被气态氧重新氧化。而对于光热催化，除了气态氧外，在可见光照射下，钙钛矿导带中的光生电子还原氧也可以产生 O_2^- 等活性氧物种。更重要的是，光热催化与单独的光催化和热催化组合相比，表现出更高的协同效率，因为在可见光照射下可以诱导钙钛矿产生更多的活性晶格氧，从而加速钙钛矿的氧化还原循环。此外，较高的反应温度导致更有效地抑制光生空穴和电子的复合，导致随着温度升高而提高光热催化效率。

值得注意的是，具有不同 B 离子取代度的 LaBO₃ 获得了不同程度的光热催化效率增强。LaMnO₃ 对气态苯乙烯显示出最佳的光热催化活性。这种显著增强的光热催化活性可能归因于多种因素的协同作用，例如这种钙钛矿的晶体尺寸、带隙、可见光响应和氧化还原特性。要实现高光热催化效率，光催化剂必须同时满足两个要求：强光吸附和高效热催化活性。在这项研究中，由于 LaMnO₃ 的小晶体尺寸可以获得高光催化、热催化和光热催化降解反应的催化活性。同时，钙钛矿显示出相对窄的带隙（2.5 eV），导致高效可见光吸收。此外，LaMnO₃ 在低温区域也显示出非常高的还原性，表明 LaMnO₃/LaMnO₃₋ₓ 具有高氧化能力和快速氧化还原循环，这是因为低温还原性是氧化反应的关键因素之一（图 4-21）。因此，LaMnO₃ 对苯乙烯降解的光热催化效率的显著提高归因于其从小晶体尺寸和窄带隙以及高可见光吸收能力和还原性的非常好的光催化和热催化活性的协同作用。

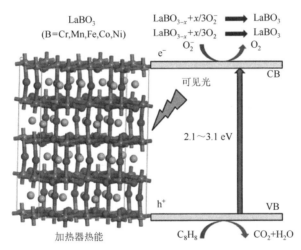

图 4-21　LaBO₃ 钙钛矿上苯乙烯的光热催化降解机制

4.3　VOCs 在自由基调控矿物界面的光降解路径和微观机制

4.3.1　丙烯醇在高浓度羟基自由基矿物界面优先形成双羰基产物路径和机理

在 4.1 和 4.2 节探究了不同 VOCs 在不同矿物界面的反应过程的基础上，本节重点对 VOCs 在不同矿物界面的降解路径和机制进行了梳理和总结。与芳香烃类 VOCs 一样，烯醇也是大气羰基化合物的一类重要前体物，目前大部分的研究都聚焦在烯醇向单羰基化合物的均相转化，且相关的转化机制仍然不清楚[46-48]。同时，在实际大气环境中除了均相反应之外，也会发生非均相反应，从而更加完整地解释烯醇的大气转化机制。

　　前面两节的总结发现通过调控矿物界面性质或结构，可以改变矿物界面的电子传输等，从而加速有机物的降解，那么是否会对 VOCs 的降解产物产生影响？为了解答这个问题，有学者选择丙烯醇作为烯醇的代表，探究了丙烯醇在还原型 TiO₂（锐钛矿、金红石等）上太阳光诱导下的光化学转化为羰基化合物的过程，并基于活性氧物种和中间产物的结果以及量子化学计算，提出了丙烯醇的非均相转化途径和机理[49, 50]。图 4-22 显示了 5 min 降解后 P25 上羰基中间体的总离子色谱图。共鉴定出 7 种化合物，分别是丙酮、乙醇醛、1, 3-二羟基丙酮、丙烯醛、乙二醛、甲基乙二醛和二甲基乙二醛（图 4-23）。前四种产物是单羰基化合物（MCs），而后三种是二羰基化合物（DCs）。这些结果揭示了丙烯醇在太阳光照射下 5 min 后在 P25 上能够形成 MCs 和 DCs。

　　以丙酮为参考物，比较了这些单羰基化合物和二羰基化合物的相对含量。发现丙酮、乙醇醛、1, 3-二羟基丙酮、丙烯醛、乙二醛、甲基乙二醛和二甲基乙二醛的相对含量分别为 1.0，4.7，2.5，2.0，5.3，2.7 和 1.9［图 4-24（a）］。DCs 与 MCs 的相对含量比率约为 1.0，表明在最初的 5 min 反应期间丙烯醇同时转化

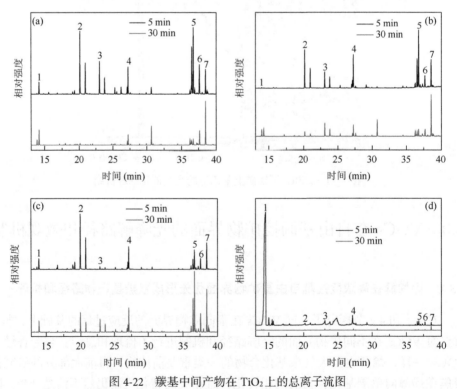

图 4-22　羰基中间产物在 TiO₂ 上的总离子流图

(a)P25；(b)还原型 P25；(c)还原型金红石；(d)还原型锐钛矿

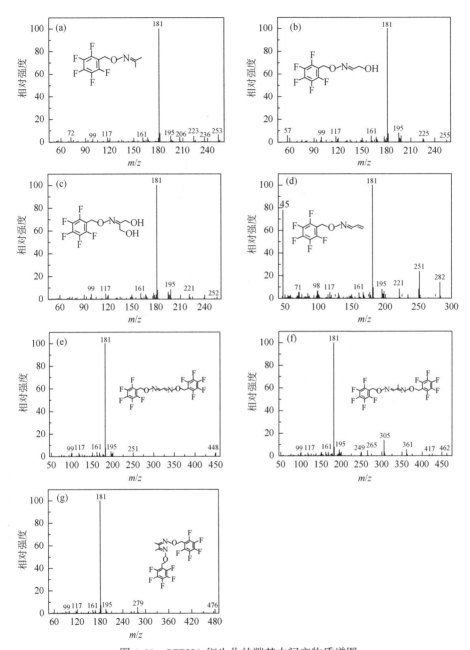

图 4-23 PFBHA 衍生化的羰基中间产物质谱图

为这两组羰基中间体。当反应时间延长至 30 min 时，DCs 与 MCs 的相对含量比增加至 2.3，表明在足够长的反应时间内，丙烯醇形成的 MCs 优先在 P25 上转化为 DCs。而且反应 30 min 时，还原型 P25 上 DCs 与 MCs 的相对含量比率高达 9.5（图 4-24），表明 DCs 在还原型 TiO$_2$ 上形成显著加速。

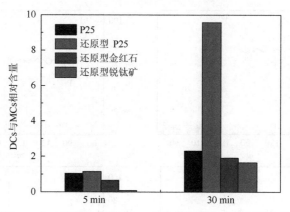

图 4-24 各类 TiO₂ 上二羰基化合物（DCs）和单羰基化合物（MCs）相对浓度比

电子顺磁共振（EPR）技术被用于验证氧空位的存在，并揭示氧空位和活性氧（ROS）的关系。如图 4-25（a）所示，与 P25 相比，还原型 P25、还原型金红石和还原型锐钛矿在 $g = 2.003$ 处显出现明显信号，表明形成氧空位。同时，还原型 P25 上的·OH 信号强于 P25 [图 4-25（b）]，表明增强的氧空位增加了 TiO₂ 上 ROS 形成。这是因为氧空位有效地阻止了电子-空穴对的复合，增强了由空穴氧化的 H₂O 形成的·OH。与还原型 P25 相比，还原型锐钛矿显示相似的·OH 信号，而还原型金红石显示较低的·OH 强度 [图 4-25（b）]。从而验证了在 P25，还原型 P25，还原型金红石和还原型锐钛矿上不同强度的·OH 可以在这些 TiO₂ 上形成不同浓度副产物。

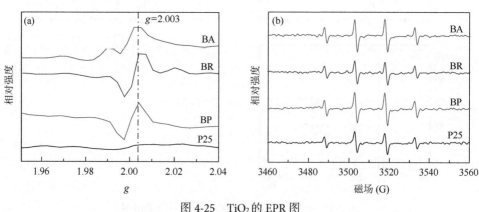

图 4-25 TiO₂ 的 EPR 图

(a) 氧空位；(b) DMPO-OH

BP：还原型 P25；BR：还原型金红石；BA：还原型锐钛矿

图 4-26 显示了在·OH 和 O₂ 的作用下丙烯醇转化路径和机制。丙烯醇的醇基易被 O₂ 氧化，并且在失去·HO₂ 后形成丙烯醛。理论计算证实该氧化反应期间释

放大量能量，表明上述过程从热力学角度上是自发发生的。同时，·OH 加成到丙烯醇的侧链碳原子上先形成 1,3-丙二醇基后转化为丙三醇。在上述转化过程中释放出 99.23 kcal/mol 的能量，进一步引发丙三醇裂解成甲醇和乙二醇自由基（所需能量为 87.09 kcal/mol）。随后，乙二醇自由基被 O_2 氧化形成乙醇醛，同时释放 54.90 kcal/mol 的能量，说明该自由基的氧化能够自发发生。另一方面，在·OH 和 O_2 共同作用下，丙三醇失去·HO_2 后也可以转化为 1,3-二羟基丙酮。该过程释放出非常高的能量（$\Delta E_r = -46.95$ kcal/mol），证实为自发反应。与丙三醇裂解相似，1,3-二羟基丙酮也可以分裂成两个自由基：甲醇自由基和乙醇醛自由基。该裂解反应所需的理论能量为 74.29 kcal/mol，远低于来自丙烯醇（176.35 kcal/mol）形成酮反应所释放的能量，揭示了酮裂解反应非常容易发生。而乙醇醛自由基在 O_2 的进一步氧化作用下转化为乙二醛。与乙二醛（$\Delta E_r = -97.21$ kcal/mol）形成相比，乙醇醛（$\Delta E_r = -136.04$ kcal/mol）的高释放能量的结果表明丙烯醇更倾向于转化为二羰基化合物而不是转化为单羰基化合物。

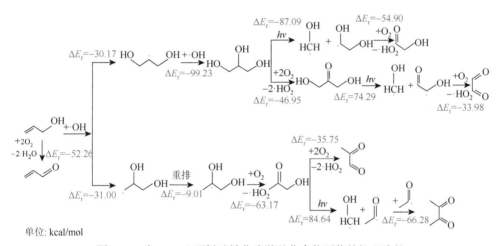

单位: kcal/mol

图 4-26　在 TiO_2 上丙烯醇转化为羰基化合物可能的机理途径

除了攻击丙烯醇的侧链碳原子外，·OH 还可以加成到双键的另一个碳原子上形成 1,2-丙二醇自由基。理论计算发现该反应释放 31.00 kcal/mol 的能量，比丙烯醇转化为 1,3-丙二醇自由基释放的能量高 0.83 kcal/mol，表明丙烯醇优先转化为 1,2-丙二醇自由基。随后，1,2-丙二醇自由基发生重排反应，并被 O_2 氧化形成羟基丙酮。随后，1,2-丙二醇自由基发生重排反应，并被 O_2 氧化形成羟基丙酮并进一步转化为甲基乙二醛。另一方面，在强烈的太阳光照射下，羟基丙酮也可以分裂形成甲醇自由基和乙酰基自由基，而后者进一步与自身反应形成二甲基乙二醛。理论计算表明，羟基丙酮转化为二甲基乙二醛的总释放能量为 129.45 kcal/mol，远高于该酮裂解反应所需的能量，揭示了二甲基乙二醛从热力学角度更容易形成。

4.3.2　芳香烃类 VOCs 在羟基自由基调控矿物界面的定向成环路径和机理

上面的研究发现矿物界面·OH 强度不同，形成羰基产物的类型不同，从而初步建立了·OH 与烯醇类 VOCs 在矿物界面的转化机制的关系。为了进一步验证这种关系是否适用于其他 VOCs，研究人员选取了苯乙烯作为研究对象，通过不同光源（UV 和 VUV）照射相同矿物 TiO₂ 产生不同强度的·OH，探究·OH 调控的苯乙烯在矿物界面的光化学降解机制[25]。图 4-27（a）给出了苯乙烯在 TiO₂/UV 系统中气相产物的总离子流图。共检测到 5 个产物，分别是苯（G2）、甲苯（G4）、乙苯（G6）、苯并环丁烯（G8）和苯甲醛（G9）。苯、甲苯和乙苯是苯乙烯的光解产物，苯甲醛来自矿物表面脱附，而苯并环丁烯呈现双环结构，与苯乙烯是同分异构体。在 TiO₂/VUV 系统的气相中也检测到苯、甲苯、乙苯和苯甲醛，但是没有检测到苯并环丁烯，说明苯乙烯在这个系统中不会发生环化异构。除此之外，还鉴定出丙酮（G1）、戊醛（G3）、己醛（G5）和庚醛（G7），表明在 TiO₂/VUV 系统中发生了氧化反应。

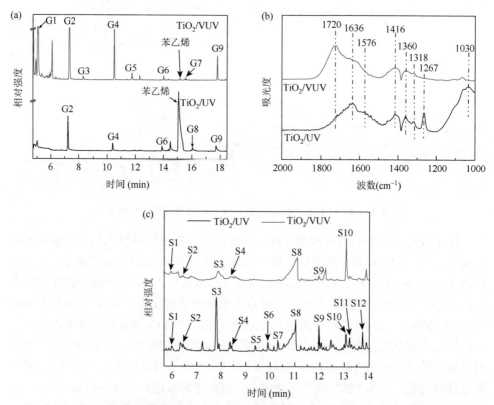

图 4-27　气相（a）和矿物上（b）产物总离子流图以及反应后矿物 FTIR 图（c）

进一步对矿物界面的产物进行了比较，发现 TiO_2/UV 和 TiO_2/VUV 系统中同时检测到 COO—基团（1318 cm^{-1}，1360 cm^{-1}，1416 cm^{-1}）、芳环（1576 cm^{-1} 和 1636 cm^{-1}）和 C=O 基团（1720 cm^{-1}）[图 4-27（b）]，说明形成了芳香醛、酮和酸。而在 TiO_2/UV 系统中观察到 1030 cm^{-1} 和 1267 cm^{-1} 两个新峰。前一个峰是环状醇的 O—H 弯曲振动的特征峰，而后一个峰是由于环状酸酐的 C—O—C 不对称拉伸模式。这些结果表明，在 TiO_2/UV 体系中形成了芳香环醇和环酐。

进一步采用 GC-MS 对上述中间体进行定性分析。TiO_2/VUV 和 TiO_2/UV 系统相同的产物有苯甲醛（S1）、苯酚（S2）、苯乙醛（S3）、苯乙酮（S4）、苯甲酸（S8）、2-羟基-1-苯乙酮（S9）和 1-苯基-1, 2-乙二醇（S10）[图 4-27（c）]。此外，在 TiO_2/UV 系统还检测到另外 5 个产物，分别是苯并环丁烯酮（S5）、苯并环丁烯醇（S6）、邻苯二甲酸酯（S7）、邻苯二甲酰胺（S11）和邻苯二甲酸酐（S12）。这五种化合物均含有含氧双环结构，类似于苯并环丁烯，这意味着苯并环丁烯与 TiO_2 上的·OH 进一步反应形成这些含氧双环化合物。

EPR 结果清楚地证实了 VUV 光解、TiO_2/UV 和 TiO_2/VUV 系统中产生了较强的·OH 强信号[图 4-28（a）]。此外，观察到 TiO_2/VUV 系统中的·OH 峰值强度高于 VUV 光解和 TiO_2/UV，这表明在光催化过程中额外生成·OH 自由基，主要来自于 O_3。另一方面 TiO_2/UV 和 TiO_2/VUV 系统中·O_2^- 的信号强度接近[图 4-28（b）]，说明形成的·O_2^- 浓度差不多。因此 TiO_2/VUV 系统更强的·OH 自由基，特别是在气相中，可能是导致 TiO_2/UV 和 TiO_2/VUV 系统气相和矿物界面产物不同的原因。

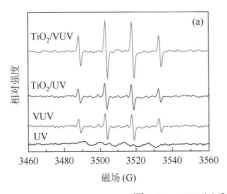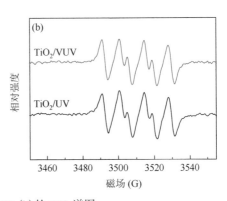

图 4-28　·OH（a）和·O_2^-（b）的 EPR 谱图

下面对 TiO_2/UV 系统中苯乙烯的成环机制进行了探究。首先，在光的激发下，苯乙烯发生环异构化形成苯并环丁烯（图 4-29）。这一反应的发生可能是由于紫外光子（471 kJ/mol）的能量弱于 C=C 键（615 kJ/mol），但可以破坏 C=C 键的 π 键（264 kJ/mol）。上述环异构化过程所需的理论计算反应能量约为 11.90 kcal/mol，远低于紫外光子能量，表明在紫外辐照下这不是一个困难的反应。然后，在苯并环丁烯接近 TiO$_2$ 后，它很容易与界面·OH 反应，最初形成 2-羟基-苯并环丁烯自由基、苯并环丁烯自由基，然后形成苯并环丁烯醇。上述反应释放的总能量为 113.13 kcal/mol，表明·OH 诱导的苯并环丁烯转化为苯并环丁醇从热力学角度是可行的。此外，该醇被 O$_2$ 氧化生成 2-羟基-苯并环丁烯醇自由基，然后与·OH 反应生成 2, 2-二羟基-苯并环丁烯醇，最后生成苯并环丁烯酮。这个过程的反应能为 −87.27 kcal/mol，说明从醇到酮是自发反应。另一方面，·OH 加成到苯并环丁烯上使其四元环分裂形成 1, 2-苯二甲醇自由基，随后在失去一个 H$_2$O 后转化为邻苯二甲酸酯。在这一过程中释放了约 35.55 kcal/mol 的能量，表明苯并环丁烯向邻苯二甲酸酯的转化是自发的。此外·OH 进一步攻击邻苯二甲酸导致邻苯二甲酸根、2-羟基-邻苯二甲酸根和 2, 2-二羟基邻苯二甲酸根的形成。最后，邻苯二甲酸二氢酯失去一个 H$_2$O 后形成邻苯二甲酸酯。邻苯二甲酸酯转化为邻苯二甲酸酯过程中释放的能量约为 −112.71 kcal/mol，有力地证明了这些过程很容易发生。最后，在·OH 的作用下，邻苯二甲酸酐通过类似的途径生成邻苯二甲酸酐，释放出 −208.95 kcal/mol 的更高能量。

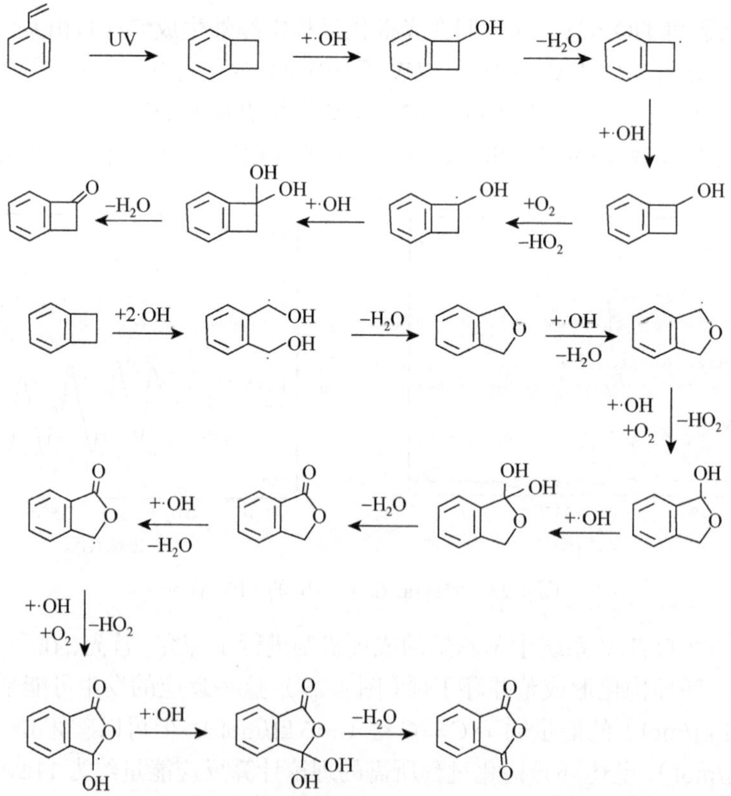

图 4-29　TiO$_2$/UV 体系下苯乙烯环氧化机制

4.3.3　脂肪烃类 VOCs 在羟基和超氧自由基调控矿物界面的定向环氧化路径和机理

在 4.3.1 节和 4.3.2 节的研究中，通过矿物结构和光源的调节，实现了·OH 强度的改变，进而获得了烯醇和芳香烃在矿物界面的不同光降解机制。实际上，除了·OH 之外，矿物界面还会形成其他的活性物种，比如·O_2^- [51, 52]，因此如何进一步利用更多的活性物种并进行科学的调控，来揭示更多 VOCs 转化机制是目前研究的热点[53, 54]。有学者基于方程式：$O_3 + M^{n+} \longrightarrow \cdot O_2^- + M^{(n+2)} + O_2$（M = 金属离子），通过在 TiO_2 上负载双价态金属氧化物（Cu_2O-CuO、Mn_2O_3-MnO_2 和 Ag-Ag_2O），实现了 O_3 的定向转化为·O_2^-，从而极大地增强了矿物界面·O_2^- 的浓度[55]。如图 4-30 所示，在空白对照试验中，只有光照的条件下，·OH 的信号非常弱，而当里面加入 TiO_2 后，其信号有了很大的提升，说明 TiO_2 促进了·OH 自由基的生成。在双价态金属氧化物复合以后，·OH 的信号有了更进一步的提升。而对于·O_2^- 自由基来说，单独光照和 TiO_2 存在时其信号没有明显变化，而在双价态金属氧化物复合后，·O_2^- 自由基的浓度有了很大的提升，主要来源于双价态金属氧化物促进 O_3 的分解产生的。同时发现·OH 比·O_2^- 自由基的强度小很多。显而易见，双价态金属氧化物复合后，后者浓度增加的幅度远远大于前者。

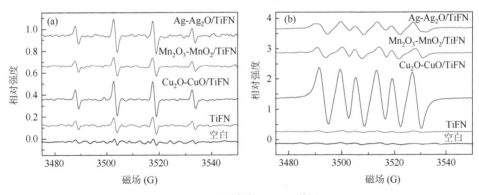

图 4-30　不同条件下 EPR 谱图

(a) DMPO-·OH; (b) DMPO-·O_2^-

正己烷在不同矿物界面的降解产物的定性分析结果表明，TiO_2 上检测到 4 种产物（图 4-31），分别是 3-己酮、2-己酮、3-己醇和 2-己醇。在双价态金属氧化物复合后同样检测到这四种化合物，表明双价态金属氧化物加入不会改变 TiO_2 上正己烷形成这些醇和酮的过程。除此之外，在复合后的矿物上检测到了六个新的产物，分别是 2,5-己二酮、3-氢过氧己烷、2-甲基四氢吡喃、2,3-二乙基环氧乙烷、2-甲基-3-丙氧基硅烷和 4-己内酯。进一步比较发现，这些产物中包括有 4 类环氧化物，分别是三元环（2,3-二乙基环氧乙烷和 2-甲基-3-丙氧基环氧乙烷）、五元环

（4-己内酯）或六元环（2-甲基四氢吡喃）。结合 EPR 结果，这些环氧化物的形成应与增强的·OH 和·O$_2^-$浓度相关。

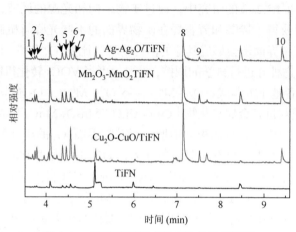

图 4-31　正己烷降解中间产物总离子流图

　　为了验证这一假设，研究人员结合理论计算对正己烷的降解产物己醇环氧化过程进行了探究（图 4-32）。首先·OH 自由基吸收 2-己醇上 H 原子并失去水分子得到己醇自由基，该过程释放很高的能量（$\Delta E_r = -13.07$ kcal/mol），证明形成己醇自由基是放热且自发反应。然后己醇自由基在·O$_2^-$作用下形成六元环氧化产物（2-甲基四氢吡喃）。在形成这个产物的反应中，·O$_2^-$自由基占主导作用的，因为在以·OH 自由基为主要活性物种的 TiO$_2$ 上并没有检测到该六元环氧化产物。通过理论计算得出，·O$_2^-$自由基和己醇基反应生成六元环的这步反应能够释放很高的能量（-39.14 kcal/mol），说明这个反应是很容易发生的。这说明在己醇生成六元环氧化产物的反应中，两种自由基都起到了很大的作用，其中·OH 自由基是在前一步生成己醇自由基的反应中起到关键性的作用，而·O$_2^-$自由基是在己醇基生成六元氧化产物这步反应中起到决定性作用。

　　类似地，通过·OH 自由基从 3-己醇的醇基中提取 H 形成 3-己醇自由基，该自由基在·O$_2^-$的作用下经历环氧化过程形成两种三元环氧化物（2,3-二乙基环氧乙烷和 2-甲基-3-丙氧基环氧乙烷）。理论计算表明，所有过程都释放出显著的能量（13.23~26.64 kcal/mol），而·O$_2^-$参与的环氧化过程释放的能量比·OH 参与的 H 提取过程至少高 13.38 kcal/mol，进一步表明所有这些过程都是自发的，前者的热力学性能优于后者。

　　在此基础上，·OH 自由基进一步提取 3-己醇末端碳上的 H 原子，在失去一个 H$_2$O 分子后，形成 3-己醇-6-自由基。理论计算证实该过程为放热反应（$\Delta E_r = -17.41$ kcal/mol），表明·OH 自由基提取 3-己醇末端碳的 H 提取在热力学上也是可

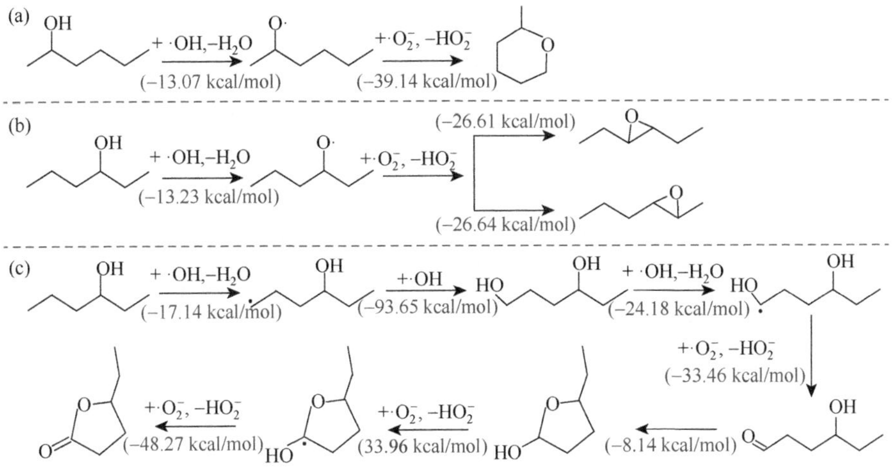

图 4-32　正己烷降解产物 2-己醇(a)和 3-己醇(b, c)环氧化机制

行的。然后，形成的 3-己醇-6-自由基进一步与·OH 反应生成 1, 4-己二醇。本研究中没有检测到这种二醇，可能是因为它的浓度很低。然而，根据量子化学计算，这一过程释放了约 93.65 kcal/mol 的热量，表明反应非常容易发生。此外，在 3-己醇转化为 1, 4-己二醇的过程中，约 111.06 kcal/mol 的热量被释放，这一巨大的能量很容易驱动 1, 4-己二醇的进一步转化。这可能是没有检测到这种二醇的另一个原因。具体来说，1, 4-己二醇的末端 H 原子在失去一个 H_2O 分子后被·OH 提取形成 1, 4-己二醇自由基。上述反应释放的 24.18 kcal/mol 的理论计算能量很高，再次证明了二醇快速转化为相应的自由基。

此外，1, 4-己二醇自由基的末端位置被·O_2^- 进一步攻击，并生成 4-羟基-己醛。该反应释放的热量为 33.46 kcal/mol。然后，该醛迅速异构化形成五元环氧化物（2-羟基-5-乙基四氢呋喃），释放能量为 8.14 kcal/mol。该呋喃化合物挥发性低，在矿物界面与高浓度·O_2^- 发生快速反应，形成 2-羟基-5-乙基四氢呋喃自由基，然后形成 4-己内酯。上述两个过程的理论反应能分别为 33.96 kcal/mol 和−48.27 kcal/mol。后一反应释放的能量比前一反应多 14.31 kcal/mol，表明 2-羟基-5-乙基四氢呋喃转化为 4-己内酯是可行的。

4.4　矿物材料净化工业 VOCs 的机制与风险消减评价

4.4.1　矿物材料净化工业 VOCs 的效率和机制

在提升 VOCs 在矿物界面光降解速率并明晰其降解过程机制的基础上，将矿物材料用于净化实际工业 VOCs，并探究了工业 VOCs 浓度和健康风险消减可行性。研究人员选取汽车喷涂行业作为研究对象，集成喷淋（ST）和矿物光催化（PC）技术，用于消除该行业含氧和单环芳香烃类 VOCs[22]。现场装置如图 4-33 所示，包括取样口、喷淋塔、光催化反应器和风机。该装置的设计原理是利用喷淋首先捕获废气中的颗粒物，保护后续的矿物光催化剂不会被覆盖，同时亲水性 VOCs 也可以一同被捕集。随后，基于矿物 TiO$_2$ 薄膜和真空紫外灯的光催化剂技术能够高效地分解 VOCs 分子。同时，该光催化技术还可以实现催化剂的原位再生，保证了催化剂的长期和高效活性。

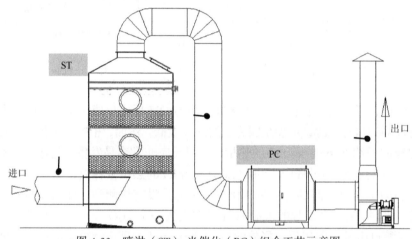

图 4-33　喷淋（ST）-光催化（PC）组合工艺示意图

图 4-34 给出了处理前后 VOCs 的总离子流图。可以看出，经过喷淋技术处理后，大多数含氧 VOCs 的峰面积有所减小，而芳香烃类 VOCs 的峰面积反而增大了。这表明喷淋技术能够更为有效地净化含氧 VOCs。图 4-35 比较了组合技术处理这两类 VOCs 的去除负荷结果。从图中可以看出，组合工艺对芳香烃的去除负荷在 77.4~159.1 g/（m^3 h）之间，仅为含氧 VOCs 的一半还少（176.3~395.3 g/（m^3 h））。很显然，与芳香烃类 VOCs 相比，本研究中的组合工艺对含氧 VOCs 的去除性能更高，这可能归因于组合工艺中喷淋和光催化技术的协同作用。

为了证实这一假设，分别比较了单一技术对不同 VOCs 的去除性能。从图 4-35 可以看出，喷淋技术对芳香烃的去除负荷很低（最高为 33.4 g/（m^3 h）），甚至出现了负值（第一次和第二次的样品的去除负荷分别为–10.8 g/（m^3 h）和–71.4 g/（m^3 h）），这与总离子流图的结果是一致的。这可能是因为芳香烃类 VOCs 的水溶性很差，从而导致了已经被捕获的 VOCs 在高速流过的气体的冲击下重新释放出来，引起出口浓度高于进口浓度。与之相比，采用相同的技术，含氧 VOCs 的去除负荷更高，平均达到了 144.0 g/（m^3 h）。其中第三次样品的去除负荷达到了 393.5 g/（m^3 h）。

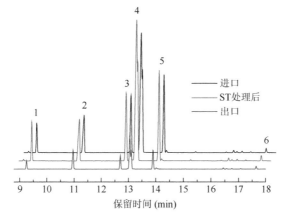

图 4-34　处理前后 VOCs 的总离子流图

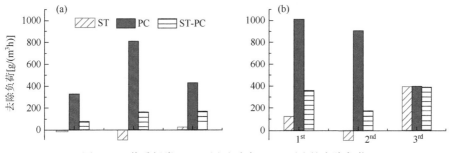

图 4-35　芳香烃类 VOCs(a) 和含氧 VOCs(b) 的去除负荷

喷淋技术对于这两类 VOCs 既然会有如此大差距的去除效果，这可能与 VOCs 在水中的溶解性有关。

表 4-2 给出了不同 VOCs 的亨利常数。亨利常数越大，越容易溶于水。从表中可以发现，芳香烃类 VOCs 的亨利常数介于 $6.8 \times 10^{-4} \sim 3.8 \times 10^{-3}$ mol/(m³ Pa) 之间，平均为 1.7×10^{-3} mol/(m³ Pa)，比含氧 VOCs 的要小 2 个数量级（介于 $2.8 \times 10^{-2} \sim 1.2$ mol/(m³ Pa) 之间，平均值为 3.5×10^{-1} mol/(m³ Pa)）。因此，正是由于含氧 VOCs 在水中的溶解度更大，导致了其更容易被喷淋技术所捕获。与喷淋相比，光催化技术对所有 VOCs 的去除效率均有大幅度提高。含氧 VOCs 的平均去除负荷为 774.5 g/(m³ h)，是芳香烃类 VOCs 的 1.5 倍（518.5 g/(m³ h)）。与喷淋技术一样，光催化技术也对含氧 VOCs 的去除效果更好。众所周知，光催化降解有机物的活性取决于 VOCs 在光催化表面的有效吸附。而更高的吸附亲和力会导致更快的光催化降解速率。在本研究中，由于所采用的矿物的制备过程中涉及大量的水溶液，因此很容易在其表面富集羟基基团，导致表面为亲水性。由于含氧 VOCs 的介电常数要大于芳香烃类 VOCs（4.79~17.84＞2.23~2.66），因此前者与矿物的亲和力要好于后者，进而光催化反应更快。

表 4-2　VOCs 的基本性质

芳香烃 VOCs	亨利常数 (mol/(m³ Pa))	介电常数	吸附能 (kcal/mol)	含氧 VOCs	亨利常数 (mol/(m³ Pa))	介电常数	吸附能 (kcal/mol)
苯	1.8×10^{-3}	2.28	−27.42	异丁醇	1.0	17.26	−37.32
甲苯	1.5×10^{-3}	2.38	−31.30	正丁醇	1.2	17.84	−37.69
乙苯	1.3×10^{-3}	2.45	−31.65	甲基异丁基酮	7.0×10^{-2}	13.11	−39.87
苯乙烯	3.8×10^{-3}	2.43	−28.14	甲基丙烯酸甲酯	3.1×10^{-2}	6.32	−42.94
间/对二甲苯	1.4×10^{-3}	2.32	−34.15, −34.41	乙酸乙酯	1.1×10^{-1}	6.08	−39.34
邻二甲苯	2.0×10^{-3}	2.56	−33.79	乙酸丁酯	3.5×10^{-2}	5.07	−41.24
丙苯	1.1×10^{-3}	2.37	−31.69	乙酸戊酯	2.8×10^{-2}	4.79	−43.64
异丙苯	6.8×10^{-4}	2.38	−31.08				
邻乙基甲苯	1.9×10^{-3}	2.60	−34.03				
间乙基甲苯	1.3×10^{-3}	2.37	−35.45				
对乙基甲苯	2.0×10^{-3}	2.27	−34.84				
间异丙基甲苯	1.4×10^{-3}	2.23	−34.94				
对异丙基甲苯	1.2×10^{-3}	2.23	−34.75				
2,5-二甲基乙苯	N/A	2.28	−37.59				
1,2,3-三甲苯	3.1×10^{-3}	2.66	−34.84				
1,2,4-三甲苯	1.7×10^{-3}	2.38	−36.45				

　　作为汽车喷涂行业的上游行业，涂料制造也会排放大量的 VOCs。但是相比于喷涂行业，涂料制造行业排放的 VOCs 较为纯净，具有很高的回收价值，有学者设计了一套回收-净化组合工艺，不仅能降低污染还能实现高价值的有机溶剂的回收[56]。活性炭吸附技术是一种有效且常见的吸附手段，与冷凝技术组合联用可以实现 VOCs 的资源回收。现场装置图如图 4-36 所示。

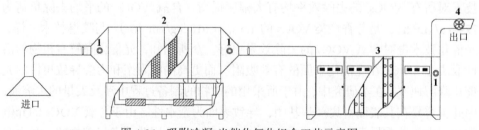

图 4-36　吸附冷凝-光催化氧化组合工艺示意图

1: 采样口；2: 回收系统；3: 光催化反应装置；4: 排气口

　　经 30 min 吸附和 60 min 冷凝处理后，残留的芳香烃（AHs）、脂肪烃（AlHs）、卤代烃（HHs）和含氧 VOCs（OVOCs）的浓度均显著降低，平均回收效率分别为 96.1%、100%、97.1% 和 98.6%（图 4-37）。组合回收技术对四组 VOCs 都具有优异的去除能力。进一步分析发现，AHs、AlHs 和 OVOCs 的平均相对贡献率从 79.4%、8.1% 和 2.3% 下降到 51.6%、0% 和 0.6%；而 HHs 的从 10.2% 显著增加到 47.8%，表明该回收系统优先捕获 AHs、AlHs 和 OVOCs（图 4-38）。这可能是由于 HHs 的极性最强。极性越大，对疏水性活性炭的吸附亲和力越低。

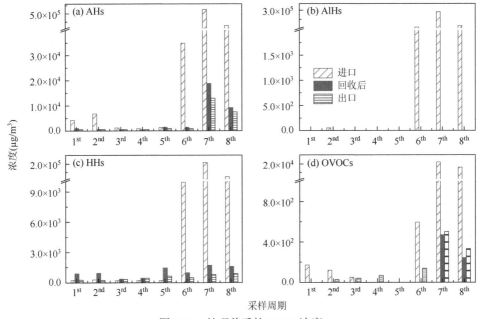

图 4-37　处理前后的 VOCs 浓度

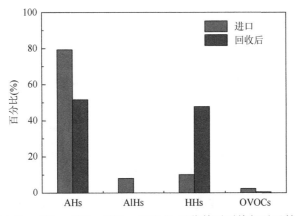

图 4-38　AHs，AlHs，HHs，OVOCs 回收前后平均相对贡献率

　　为了验证这一结论，选取乙苯、正庚烷、二氯甲烷和乙酸乙酯作为 AHs、AlHs、HHs、OVOCs 的代表，采用量子化学计算方法，对不同组分 VOCs 在活性炭上的吸附构型和吸附能力进行研究。如图 4-39 所示，乙苯、正庚烷、二氯甲烷和乙酸乙酯分别通过 C、H、Cl 和 O 原子吸附在活性炭上，形成对应的络合物。图中数字表示各共价键键长，可见四种 VOCs 都可通过共价键强吸附在活性炭上。其中键长最长的为 C—Cl，其对应的键能（327 kJ/mol）也要小于 C—C（346 kJ/mol）、C—H（441 kJ/mol）、C—O（358 kJ/mol），表明 C—Cl 键在冷凝解吸过程中更容易断裂。此外，正庚烷、乙苯和乙酸乙酯与活性炭的吸附能分别为 -6.05 kcal/mol、-8.69 kcal/mol 和 -33.08 kcal/mol，均小于二氯甲烷与活性炭的吸附能（-5.12 kcal/mol）。吸附能都是负的，表明这些 VOCs 在活性炭表面的吸附为自发反应。因此，活性炭优先吸附和富集非极性 AHs、AlHs 和 OVOCs，导致更多极性 HHs 残留物的释放。

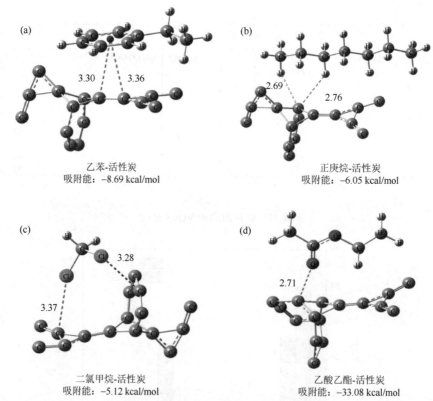

图 4-39　乙苯(a)、正庚烷(b)、二氯甲烷(c)和乙酸乙酯(d)在活性炭上的吸附构型和吸附能

　　虽然大部分 VOCs 都能被成功回收，但是对于难以回收的极性 VOCs 以及残余的一些非极性 VOCs 则需要后续光催化部分进行净化处理。如图 4-40 所示，整

个实验过程中光催化对 VOCs 的去除率介于–10.2%~79.4%之间，导致 VOCs 的平均浓度从 5.1×10^3 μg/m³ 下降到 3.3×10^3 μg/m³。同时发现在 60 天的时间内，随着处理时间的增加，去除效率逐渐下降，表明一些产物可能吸附在矿物催化剂上。图 4-41 给出了光催化对四种 VOCs 的去除效率。AH 的平均消除效率仅为 29.3%，OVOCs 和 HH 的为 49.6%和 57.9%的。然而 AlHs 的去除率为负值（–1192.4%），这可能是由于在降解过程中产生了正己烷中间体。四组 VOCs 的降解效率遵循以下顺序：AlHs＜AHs＜OVOCs＜HHs。众所周知光催化降解主要依赖于矿物催化剂表面对污染物的有效吸附。TiO_2 对极性 VOCs 具有更高的吸附亲和力。由于 HHs 的极性要强于其余三组 VOCs，因此它能被光催化优先降解。

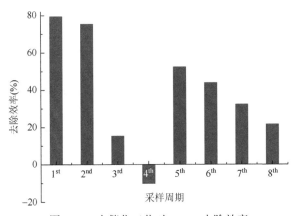

图 4-40　光催化工艺对 VOCs 去除效率

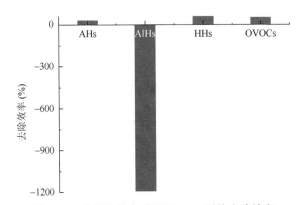

图 4-41　光催化技术对四组 VOC 平均去除效率

同时为了进一步验证这一推断，研究人员采用量子化学计算对四组 VOCs 与 TiO_2 的吸附构型和吸附能进行了研究。如图 4-42 所示，乙苯、正庚烷、二氯甲烷和乙酸乙酯分别通过 C、H、Cl 和 O 原子吸附在 TiO_2 上，形成对应的络合物。吸附能顺序为乙酸乙酯＞乙苯＞正庚烷，这与之前其介电常数和降解效率是一致的。表明 AHs、AlHs 和 OVOCs 在 TiO₂ 上的降解效率与它们的介电常数呈线性相关。然而二氯甲烷表现出相反的趋势，表明介电常数不是影响光催化吸附性能和降解率的唯一参数。对于 HHs，除了介电常数和吸附能力之外，其他参数如键能也有显著影响。例如，C—Cl 的键能显著低于 C—C、C—H、C—O。这表明 C—Cl 更容易受到强活性氧化剂物质的攻击，导致 HHs 的光催化降解效率更高。

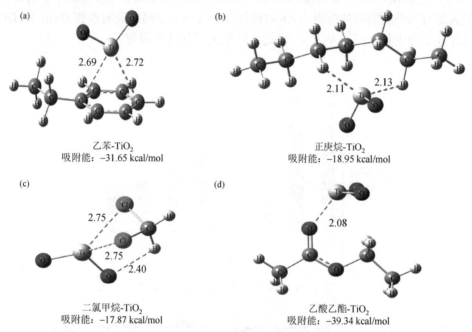

图 4-42　乙苯(a)、正庚烷(b)、二氯甲烷(c)和乙酸乙酯(d)在 TiO₂ 上的吸附构型和吸附能

4.4.2　矿物材料净化工业 VOCs 的风险消减评价

　　由于 VOCs 具有强刺激性、腐蚀性、器官毒性、致癌性，可经呼吸道、消化道和皮肤进入人体，对人体健康会造成很大危害[57-59]。因此对 VOCs 进行健康风险评价以便了解控制技术是否能够消除 VOCs 的风险而保护人们身体健康是非常有必要的。根据 USEPA 风险评估方法[60]，研究人员在涂料行业排放的 VOCs 中分别选取了 20 种和 9 种 VOCs 进行了非致癌和致癌风险评估（图 4-43 和图 4-44）。在处理前，环己烷、一氯乙烷、二氯甲烷和甲基丙烯酸甲酯的非致癌风险值均要小于 0.1，说明它们对工人不会产生潜在的非致癌风险。而甲苯、苯乙烯、正己烷、1,2-二氯丙烷的风险值介于 0.1 和 1 之间，表明它们具有潜在的非致癌风险。值得注意的是，1,2-二氯乙烷、氯苯、甲基丁基酮、苯和乙苯的风险值要远远大于 1，

说明它们具有明显的非致癌风险，应该重点消除。此外，一溴二氯甲烷（1.12）、乙苯（1.03×10^{-1}）和 1, 1, 2, 2-四氯乙烷（2.07×10^{-2}）的致癌风险值均高于 10^{-4}，说明这些 VOCs 具有确定致癌风险。

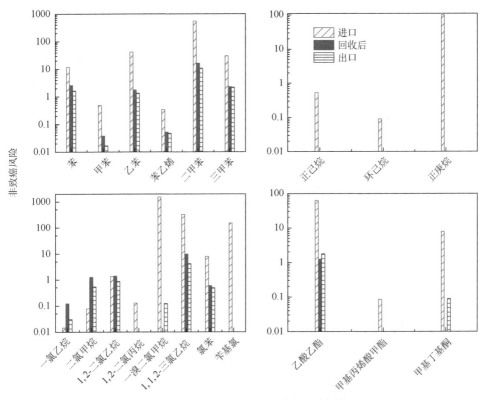

图 4-43　处理前后 VOCs 非致癌风险评估

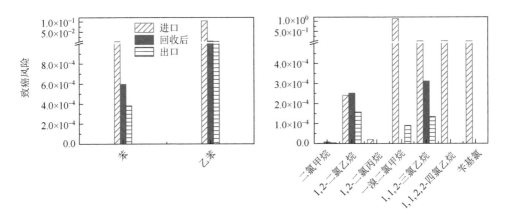

图 4-44　处理前后 VOCs 致癌风险评估

　　经过资源化装置回收后，出口排放的 VOCs 的非致癌和致癌风险值均得到了大大降低，尤其是一溴二氯甲烷（从 1507.35 降低到 0）、苄基氯（从 148.76 降低到 0）、正庚烷（从 98.93 降低到 0）和甲基丁基酮（从 7.78 降低到 0）的非致癌风险值以及一溴二氯甲烷（从 1.12 降低到 0）、1, 1, 2, 2-四氯乙烷（从 2.07×10^{-2} 降低到 0）和苄基氯（从 7.29×10^{-3} 降低到 0）的致癌风险值。遗憾的是，由于资源化过程 VOCs 富集浓度太高，经过有效地冷凝回收后排出的 VOCs 仍然具有一定的风险，比如二甲苯（16.27）和 1, 1, 2-三氯乙烷（9.72）具有非致癌风险，而乙苯（4.37×10^{-3}）和苯（5.95×10^{-4}）具有致癌风险。因此需要进一步地对这些 VOCs 进行消除。幸运的是，在经过光催化净化后，这些 VOCs 的风险值均大幅度降低，大多数小于 0.1 或 10^{-4}。

　　此外，根据 ACGIH（美国政府工业卫生师协会）方法选取了 19 种 VOCs 进行了职业暴露风险评估，如图 4-45 所示，二甲苯、苯和乙苯的平均 Ei 值在处理前高于 0.1，具有潜在的职业暴露风险。而处理后，整体 VOCs 的 Ei 值降低至 0.1以下，表明所应用的回收-净化技术有效降低了涂料制造行业排放的 VOCs 的职业暴露致癌风险。

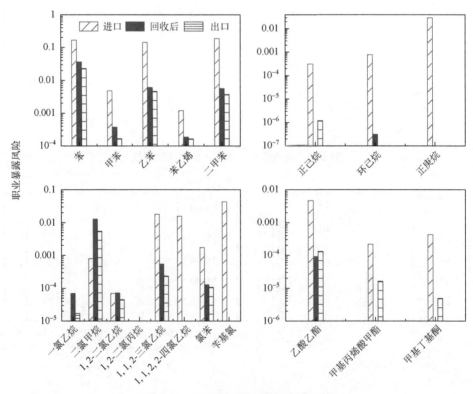

图 4-45　处理前后职业暴露风险评估

在之前对汽车喷涂行业 VOCs 的研究中发现其 VOCs 总浓度是《广东省地方标准表面涂装（汽车制造业）挥发性有机化合物有组织排放标准》规定的 6 倍多。进一步比较发现，含氧 VOCs 的含量要远高于芳香烃类 VOCs。因此，研究人员选取了 12 种 VOCs 对其急性毒性（RQ）进行了评估。从图 4-46 可以看出，所有 VOCs 的 RQ 值均低于 5.0×10^{-2}，表明单个 VOCs 的急性风险不高。但是，所有含氧 VOCs 的 RQ 值介于 $1.6 \times 10^{-2} \sim 3.8 \times 10^{-2}$ 之间，与 5.0×10^{-2} 接近，表明含氧 VOCs 可能具有急性风险。相比而言，芳香烃的 RQ 值是含氧 VOCs 的一半（1.0×10^{-2}）还少，这表明前者的急性风险要远低于后者。因此，如果想有效地保护工人远离 VOCs 的急性风险影响，首先应该将含氧 VOCs 消除。

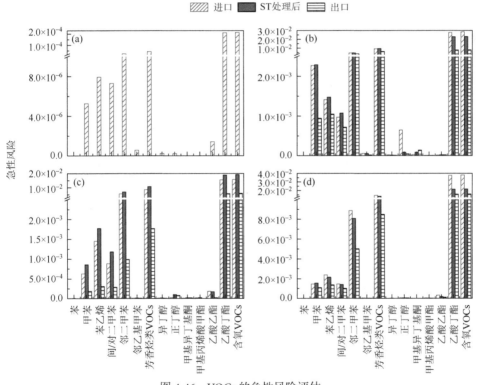

图 4-46　VOCs 的急性风险评估

经 ST 和光催化联合技术处理后，芳香烃类 VOCs 和含氧 VOC 的 RQs 分别从 1.1×10^{-2} 和 2.7×10^{-2} 降低至 5.5×10^{-3} 和 1.0×10^{-2}，消减效率分别为 48.3% 和 63.6%。这揭示了集成技术能够对所有 VOCs 实现风险消减，尤其是含氧 VOCs。

由于工人可能在喷涂车间工作长达几个月甚至几年，因此研究人员进一步地评估了 VOCs 的长期慢性致癌风险。图 4-47 给出了选取的 14 种 VOCs 相对应的风险值。从图中可以看出，对照点检测到的 VOCs 的风险值远小于 0.1，说明它们不具备致癌风险。然而，喷涂车间内的风险值要高得多。比如，第三次采集的样品中含氧 VOCs（1.13）和芳香烃（1.10）的风险值均大于 1，说明长期暴露在这些 VOCs 下的工人可能会有致癌风险。

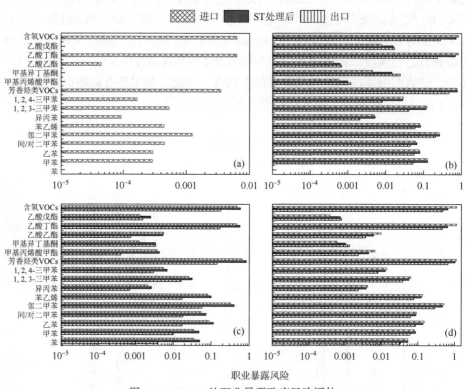

图 4-47　VOCs 的职业暴露致癌风险评估

与急性风险类似，喷淋与光催化技术的结合导致含氧 VOC 职业暴露癌症风险（62.0%）比芳香烃类 VOCs（49.6%）更有效地消减，这也归因于喷淋和光催化装置的协同作用。但是，喷淋出口处大多数 VOCs 的 Ei 值仍然很高（＞0.1），表明仍存在慢性癌症威胁，需要进一步消除风险。在进一步的光催化处理后，所有 VOCs 的致癌风险都得到有效的降低。比如芳香烃类 VOCs 和含氧 VOC 的平均 Ei 值分别从 0.87 和 0.64 降至 0.42 和 0.31，平均消减率分别为 51.7% 和 52.1%。所有这些结果再次证实，通过集成技术更为有效地消减含氧 VOCs 的风险。

4.5　本 章 小 结

VOCs 污染已成为当前人类面临的重大环境问题之一。我国城市群 VOCs 的污染同样十分严重，呈现排放量大（约 2500 万吨/年）、污染贡献高（超过 SO₂、

NO_x 等，成为大气污染主要来源）、毒性强（如苯是确定人类致癌物）的特点，直接威胁国家城市生态环境安全和人民群众身体健康。VOCs 的排放也会导致 O_3 和 $PM_{2.5}$ 超标，造成城市大气复合污染，成为影响我国生态环境质量提升和城市群生态功能与居民健康水平改善的内在限制动力，引起国家高度重视并将 VOCs 纳入"十四五"空气质量改善指标。因此，VOCs 污染问题的解决与否，不仅直接关系到人民群众的生活幸福，而且关系到我国生态文明建设的成败。

　　本章聚焦人为源 VOCs 矿物界面迁移转化机理，探究了 VOCs 在矿物界面降解速率调控、转化机理解析和深度消减应用，阐明了矿物结构和性能定向调控加速 VOCs 降解的机理，诠释了 VOCs 在活性自由基调控的矿物界面定向双羰基化和成环机制，将理论探索与实践应用紧密结合，在实际 VOCs 污染治理中应用与验证基本理论，建立了 VOCs 高效深度净化与健康风险消减的新方法，研究成果为我国大气污染防治和人体健康保护提供了坚实的理论和技术支撑，对于准确揭示人为源 VOCs 环境演化和地球生命过程同样具有极其重要的意义。

（陈江耀　安太成）

参 考 文 献

[1]　Goldstein AH, Galbally IE. Known and unexplored organic constituents in the earth's atmosphere. Environ. Sci. Technol., 2007, 41(5): 1514-1521.

[2]　Atkinson R, Arey J. Atmospheric degradation of volatile organic compounds. Chem. Rev., 2003, 103(12): 4605-4638.

[3]　Glasius M, Goldstein AH. Recent discoveries and future challenges in atmospheric organic chemistry. Environ. Sci. Technol., 2016, 50(6): 2754-2764.

[4]　Gentner DR, Jathar SH, Gordon TD, et al. Review of urban secondary organic aerosol formation from gasoline and diesel motor vehicle emissions. Environ. Sci. Technol., 2017, 51(3): 1074-1093.

[5]　McDonald BC, de Gouw JA, Gilman JB, et al. Volatile chemical products emerging as largest petrochemical source of urban organic emissions. Science, 2018, 359(6377): 760-764.

[6]　Lewis AC. The changing face of urban air pollution. Science, 2018, 359(6377): 744-745.

[7]　Shah RU, Coggon MM, Gkatzelis GI, et al. Urban oxidation flow reactor measurements reveal significant secondary organic aerosol contributions from volatile emissions of emerging importance. Environ. Sci. Technol., 2020, 54(2): 714-725.

[8]　Ziemann PJ, Atkinson R. Kinetics, products, and mechanisms of secondary organic aerosol formation. Chem. Soc. Rev., 2012, 41(19): 6582-6605.

[9]　Li X, Maring H, Savoie D, et al. Dominance of mineral dust in aerosol light-scattering in the North Atlantic trade winds. Nature, 1996, 380: 416-419.

[10]　Harper M, Purnell CJ. Alkylammonium montmorillonites as adsorbents for organic vapors from air. Environ. Sci. Technol., 1990, 24(1): 55-62.

[11]　Yoneyama H, Haga S, Yamanaka S. Photocatalytic activities of microcrystalline titania incorporated in sheet silicates of clay. J. Phys. Chem., 1989, 93(12): 4833-4837.

[12]　Lim M, Zhou Y, Wood B, et al. Highly thermostable anatase titania-pillared clay for the photocatalytic

degradation of airborne styrene. Environ. Sci. Technol., 2009, 43 (2): 538-543.

[13] Tanguay JF, Suib SL, Coughlin RW. Dichloromethane photodegradation using titanium catalysts. J. Catal., 1989, 117 (2): 335-347.

[14] Chen J, Liu X, Li G, et al. Synthesis and characterization of novel SiO_2 and TiO_2 co-pillared montmorillonite composite for adsorption and photocatalytic degradation of hydrophobic organic pollutants in water. Catal. Today, 2011, 164 (1): 364-369.

[15] Ooka C, Yoshida H, Horio M, et al. Adsorptive and photocatalytic performance of TiO_2 pillared montmorillonite in degradation of endocrine disruptors having different hydrophobicity. Appl. Catal. B: Environ., 2003, 41 (3): 313-321.

[16] Shimizu KI, Murayama H, Nagai A, et al. Degradation of hydrophobic organic pollutants by titania pillared fluorine mica as a substrate specific photocatalyst. Appl. Catal. B: Environ., 2005, 55 (2): 141-148.

[17] Zhang M, An T, Fu J, et al. Photocatalytic degradation of mixed gaseous carbonyl compounds at low level on adsorptive TiO_2/SiO_2 photocatalyst using a fluidized bed reactor. Chemosphere, 2006, 64 (3): 423-431.

[18] Chen J, Li G, He Z, et al. Adsorption and degradation of model volatile organic compounds by a combined titania-montmorillonite-silica photocatalyst. J. Hazard. Mater., 2011, 190 (1-3): 416-423.

[19] Ooka C, Yoshida H, Suzuki K, et al. Effect of surface hydrophobicity of TiO_2-pillared clay on adsorption and photocatalysis of gaseous molecules in air. Appl. Catal. A: Gen., 2004, 260 (1): 47-53.

[20] Lee SH, Cho N, Kim SJ, et al. Correlation between high resolution dynamic MR features and prognostic factors in breast cancer. Korean J. Radiol., 2008, 9 (1): 10-18.

[21] Rengaraj S, Yeon JW, Kim Y, et al. Adsorption characteristics of Cu (II) onto ion exchange resins 252 H and 1500 H: Kinetics, isotherms and error analysis. J. Hazard. Mater., 2007, 143 (1): 469-477.

[22] Chen J, Liu R, Gao Y, et al. Preferential purification of oxygenated volatile organic compounds than monoaromatics emitted from paint spray booth and risk attenuation by the integrated decontamination technique. J. Clean Prod., 2017, 148: 268-275.

[23] Xu YJ, Zhuang Y, Fu X. New insight for enhanced photocatalytic activity of TiO_2 by doping carbon nanotubes: a case study on degradation of benzene and methyl orange. J. Phys. Chem. C, 2010, 114 (6): 2669-2676.

[24] Weon S, He F, Choi W. Status and challenges in photocatalytic nanotechnology for cleaning air polluted with volatile organic compounds: visible light utilization and catalyst deactivation. Environ. Sci.-Nano, 2019, 6 (11): 3185-3214.

[25] Chen J, He Z, Ji Y, et al. ·OH determined photocatalytic degradation mechanisms of gaseous styrene in TiO_2 system under 254 nm versus 185 nm irradiation: Combined experimental and theoretical studies. Appl. Catal. B: Environ., 2019, 257: 117912.

[26] Liu H, Ma Y, Chen J, et al. Highly efficient visible-light-driven photocatalytic degradation of VOCs by CO_2-assisted synthesized mesoporous carbon confined mixed-phase TiO_2 nanocomposites derived from MOFs. Appl. Catal. B: Environ., 2019, 250: 337-346.

[27] Yue X, Li Z, Zhang T, et al. Design and fabrication of superwetting fiber-based membranes for oil/water separation applications. Chem. Eng. J., 2019, 364: 292-309.

[28] Feng J, Xiong S, Wang Y. Atomic layer deposition of hybrid metal oxides on carbon nanotube membranes for photodegradation of dyes. Compos. Commun., 2019, 12: 39-46.

[29] Zhang W, Li G, Liu H, et al. Micro/nano-bubble assisted synthesis of Au/TiO_2@CNTs composite photocatalyst for photocatalytic degradation of gaseous styrene and its enhanced catalytic mechanism. Environ. Sci.-Nano, 2019, 6 (3): 948-958.

[30] An T, Chen J, Nie X, et al. Synthesis of carbon nanotube-anatase TiO_2 sub-micrometer-sized sphere composite photocatalyst for synergistic degradation of gaseous styrene. ACS Appl. Mater. Inter., 2012, 4 (11): 5988-5996.

[31] Chen J, Li G, Huang Y, et al. Optimization synthesis of carbon nanotubes-anatase TiO₂ composite photocatalyst by response surface methodology for photocatalytic degradation of gaseous styrene. Appl. Catal. B: Environ., 2012, 123: 69-77.

[32] Chen J, Luo H, Shi H, et al. Anatase TiO₂ nanoparticles-carbon nanotubes composite: Optimization synthesis and the relationship of photocatalytic degradation activity of acyclovir in water. Appl. Catal. A: Gen., 2014, 485: 188-195.

[33] An T, Li G, Xiong Y, et al. Photoelectrochemical degradation of methylene blue with nano TiO₂ under high potential bias. Mater. Phys. Mech., 2001, 4(2): 101-106.

[34] Yang MQ, Zhang N, Xu YJ. Synthesis of fullerene-, carbon nanotube-, and graphene-TiO₂ nanocomposite photocatalysts for selective oxidation: A comparative study. ACS Appl. Mater. Inter., 2013, 5(3): 1156-1164.

[35] Lee JS, You KH, Park CB. Highly photoactive, low bandgap TiO₂ nanoparticles wrapped by graphene. Adv. Mater., 2012, 24(8): 1084-1088.

[36] Zhang Y, Tang ZR, Fu X, et al. TiO₂-graphene nanocomposites for gas-phase photocatalytic degradation of volatile aromatic pollutant: is TiO₂-graphene truly different from other TiO₂-carbon composite materials? ACS Nano, 2010, 4(12): 7303-7314.

[37] Xiang Q, Yu J, Jaroniec M. Preparation and enhanced visible-light photocatalytic H₂-production activity of graphene/C₃N₄ composites. J. Phys. Chem. C, 2011, 115(15): 7355-7363.

[38] Du J, Lai X, Yang N, et al. Hierarchically ordered macro-mesoporous TiO₂-graphene composite films: improved mass transfer, reduced charge recombination, and their enhanced photocatalytic activities. ACS Nano, 2011, 5(1): 590-596.

[39] Zhang H, Fan X, Quan X, et al. Graphene sheets grafted Ag@AgCl hybrid with enhanced plasmonic photocatalytic activity under visible light. Environ. Sci. Technol., 2011, 45(13): 5731-5736.

[40] Chen J, Zhang H, Liu P, et al. Cross-linked ZnIn₂S₄/rGO composite photocatalyst for sunlight-driven photocatalytic degradation of 4-nitrophenol. Appl. Catal. B: Environ., 2015, 168: 266-273.

[41] Pan X, Zhao Y, Liu S, et al. Comparing graphene-TiO₂ nanowire and graphene-TiO₂ nanoparticle composite photocatalysts. ACS Appl. Mater. Inter., 2012, 4(8): 3944-3950.

[42] Li Y, Huang J, Peng T, et al. Photothermocatalytic synergetic effect leads to high efficient detoxification of benzene on TiO₂ and Pt/TiO₂ nanocomposite. ChemCatChem, 2010, 2(9): 1082-1087.

[43] Li Y, Sun Q, Kong M, et al. Coupling oxygen ion conduction to photocatalysis in mesoporous nanorod-like ceria significantly improves photocatalytic efficiency. J. Phys. Chem. C, 2011, 115(29): 14050-14057.

[44] Liu X, Zhou K, Wang L, et al. Oxygen vacancy clusters promoting reducibility and activity of ceria nanorods. J. Am. Chem. Soc., 2009, 131(9): 3140-3141.

[45] Chen J, He Z, Li G, et al. Visible-light-enhanced photothermocatalytic activity of ABO(3)-type perovskites for the decontamination of gaseous styrene. Appl. Catal. B: Environ., 2017, 209: 146-154.

[46] So S, Wille U, da Silva G. Atmospheric chemistry of enols: a theoretical study of the vinyl alcohol + OH + O₂ reaction mechanism. Environ. Sci. Technol., 2014, 48(12): 6694-6701.

[47] Du B, Zhang W. Theoretical mechanistic study of OH-initiated atmospheric oxidation reaction of allyl alcohol in the presence of O₂ and NO. Comput. Theor. Chem., 2011, 977(1): 111-122.

[48] Teles JH, Rieber N, Breuer K, et al. Preparation of butenyl and butadienyl methyl ketones useful as fragrance and intermediate-uses catalytic gas phase reaction of fresh and recycled ketal with propyne and/or allene to prepare isopropenyl ether for condensation with allyl and/or propargyl alcohol. EP902001-A1; DE19739716-A1; JP11152245-A; CN1217316-A; US6184420-B1; EP902001-B1; DE59802040-G.

[49] Li J, Chen J, Ji Y, et al. Solar light induced transformation mechanism of allyl alcohol to monocarbonyl and dicarbonyl compounds on different TiO₂: A combined experimental and theoretical investigation. Chemosphere, 2019, 232: 287-295.

[50] 李杰. 黑色 TiO₂ 太阳光催化降解典型含氧 VOCs 机理研究. 硕士, 广东工业大学, 2019.

[51] Wei P, Qin D, Chen J, et al. Photocatalytic ozonation mechanism of gaseous n-hexane on MOx-TiO₂-foam nickel composite（M = Cu, Mn, Ag）: unveiling the role of OH and O²⁻. Environ. Sci.-Nano, 2019, 6（3）: 959-969.

[52] Chen J, Zhang Z, Zhu W, et al. Superoxide radical enhanced photocatalytic performance of styrene alters its degradation mechanism and intermediate health risk on TiO₂/graphene surface. Environ. Res., 2021, 195: 110747.

[53] Huang H, Lu H, Zhan Y, et al. VUV photo-oxidation of gaseous benzene combined with ozone-assisted catalytic oxidation: Effect on transition metal catalyst. Appl. Surf. Sci., 2017, 391: 662-667.

[54] Huang H, Huang H, Zhang L, et al. Enhanced degradation of gaseous benzene under vacuum ultraviolet （VUV） irradiation over TiO₂ modified by transition metals. Chem. Eng. J., 2015, 259: 534-541.

[55] 卫鹏. MOx-TiO₂（M = Cu, Mn, Ag）光催化臭氧氧化气相己烷同分异构体机理研究. 硕士, 广东工业大学, 2019.

[56] Zhang Z, Chen J, Gao Y, et al. A coupled technique to eliminate overall nonpolar and polar volatile organic compounds from paint production industry. J. Clean Prod., 2018, 185: 266-274.

[57] Trieu-Vuong D, Choi IY, Son YS, et al. Volatile organic compounds （VOCs） in surface coating materials: Their compositions and potential as an alternative fuel. J. Environ. Manage., 2016, 168: 157-164.

[58] Papasavva S, Kia S, Claya J, et al. Characterization of automotive paints: an environmental impact analysis. Prog. Org. Coat., 2001, 43（1-3）: 193-206.

[59] Pierucci S, Del Rosso R, Bombardi D, et al. An innovative sustainable process for VOCs recovery from spray paint booths. Energy, 2005, 30（8）: 1377-1386.

[60] An T, Huang Y, Li G, et al. Pollution profiles and health risk assessment of VOCs emitted during e-waste dismantling processes associated with different dismantling methods. Environ. Int., 2014, 73: 186-194.

第 5 章　挥发性有机物的暴露与机制

VOCs 在人类生产和生活的过程中会释放到环境中，由于其物理和化学性质，以及在大气中的平均寿命（从几分钟到几个月不等），能够从排放源传播很远的距离。广泛存在的 VOCs 使得人们不可避免地通过空气吸入、皮肤吸收和膳食摄入等途径接触到 VOCs，最主要通过空气吸入或皮肤吸收进入人体。动物或细胞实验研究表明，暴露于 VOCs 会诱发氧化应激，而氧化应激与许多病理状况的病因和进展有关，包括癌症、衰老和神经退行性疾病。流行病学研究表明，长期接触 VOCs 可导致一系列不利的健康影响，包括急性和慢性呼吸道反应、神经系统毒性、肺癌、眼睛和喉咙刺激等。一些 VOCs，如苯、1,3-丁二烯和氯乙烯，被列为国际癌症研究机构 IARC 的 1 类致癌物。因此，VOCs 的长期暴露会对人类健康构成严重威胁。对 VOCs 接触暴露的评估，结合对毒理学数据的了解、对人类健康的不利影响和接触暴露的安全限度，是预防或尽量减少 VOCs 与人类有机体相互作用造成的死亡或疾病发生率的重要方面。明确不同暴露途径的 VOCs 对不同人群的暴露特点是准确评估人类接触 VOCs 及其对健康的相关后果的关键。因此，本章基于团队的研究成果以及国内外的研究进展，主要围绕不同暴露途径 VOCs 的暴露机制，以及 VOCs 暴露的人群特点、暴露参数和暴露评估模型等进行阐述。

5.1　VOCs 暴露途径

VOCs 来源广泛，主要包括机动车尾气排放、工业固定排放、溶剂挥发、生物质燃烧和日常生活排放等[1, 2]。日常生活排放源主要有各式化妆品、洗发用品、常用的黏合剂、油漆、含水涂料等有机溶液，室内外使用的涂料、塑料板材、泡沫隔热材料、人造板材墙体涂料、壁纸等材料等[3]。虽然 VOCs 的环境浓度较低，但在日常生活中无处不在，人们会通过呼吸、皮肤接触、膳食等途径不同程度地摄入 VOCs，已有研究表明，长期暴露于 VOCs 可导致呼吸系统疾病，神经系统症状甚至癌症[4, 5]。如苯暴露可能增加各种血液和骨髓异常的风险[6]，汽油、建筑涂料和家用产品 VOCs 排放与慢性阻塞性肺病急诊入院人数呈正相关[7]。

5.1.1　VOCs 呼吸暴露途径

因为 VOCs 低沸点及高蒸汽压力，其主要以气态形式分布在环境中，这一特性决定 VOCs 主要通过呼吸暴露途径威胁人体健康，约占所有暴露途径的 50%~ 70%。人体从环境中呼吸摄入 VOCs，通过鼻腔/口腔进入气管、支气管、肺部，在肺泡内完成气体交换后呼出。人体经呼吸暴露 VOCs 过程如图 5-1 所示。

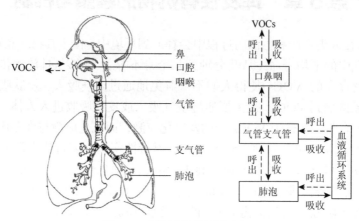

图 5-1　人体经呼吸暴露 VOCs

国内外学者对经呼吸暴露摄入 VOCs 对人体健康的影响进行了研究。经呼吸进入人体的 VOCs 可直接损害呼吸系统，包括引起肺癌、肺功能下降、哮喘、慢性支气管炎等疾病。据报道，普通环境中低浓度 VOCs 的暴露引发肺功能下降，血液中苯、甲苯、苯乙烯等 VOCs 浓度与肺功能下降具有相关性[8]。暴露于低浓度甲醛可导致鼻炎、窦炎、咽炎、喘息等呼吸道疾病，其较强的黏膜刺激性可破坏鼻黏膜功能[9, 10]。澳大利亚的研究表明，VOCs 浓度每增加 10 μg/m³，哮喘患病风险增加 27%，VOCs 浓度超过 60 μg/m³ 时哮喘的患病风险提高 4 倍[11-14]。Rolle-Kampczyk 等研究了室内典型 VOCs 对上呼吸道感染的影响，甲苯与湿疹发病率显著相关；苯、甲苯、m, p-二甲苯和苯乙烯引起气管黏膜异常，同时与阻塞性支气管炎显著相关[15]。Krzyzanowski 等发现长期暴露于甲醛中，慢性支气管炎、哮喘、咳嗽等患病率均明显高于未暴露人群[9]。李曙光等认为甲醛浓度每增加 5 mg/m³，呼吸系统危险性增加 2.452 倍[16]。方家龙等研究显示暴露乙醛蒸汽 30 min，上呼吸道会出现轻微症状，高浓度乙醛环境下甚至会引起呼吸麻痹而死亡[17]。同时，根据世界卫生组织（WHO）公布的信息，甲醛、苯、氯乙烯、双氯甲醚、芥子气、4-氨基联苯和工业品级氯甲醚均属于一级致癌物；丙烯腈、四氯化碳、四氯乙烯、三氯乙烯、环氧乙烷、硫酸二甲酯、多氯联苯类均属于二级致癌物；苯乙烯、三氯乙烯均属于三级致癌物。因此，研究经呼吸暴露 VOCs 对人体健康的影响，对于科学评估呼吸暴露健康风险、改善空气质量及人体健康有着重要的意义。

人体呼吸气体中 VOCs 由内源类和外源类两部分组成[18, 19]。外源类 VOCs 是能够从外界环境进入人体的一类 VOCs；而内源类 VOCs 是人体代谢过程中产生的 VOCs。外源类 VOCs 进入人体后，在肺泡以浓度梯度驱动自由扩散进而达到血气分配动态平衡状态后呼出；内源类 VOCs 通过血气屏障释放出来。如果环境中也存在内源类 VOCs，当环境浓度高于内源产生浓度的内源类 VOCs 表现为吸收，当环境浓度低于内源产生浓度的内源类 VOCs 表现为呼出[20-22]。吸入的 VOCs 在呼吸道及肺部被部分吸收，被吸收的部分为生物有效性，进而通过血气屏障扩散进入毛细血管的部分为生物可利用性[23-25]。

VOCs 对人体健康产生危害，所以在评估经呼吸摄入 VOCs 的暴露风险时，不仅要考虑 VOCs 环境浓度水平，还要考虑 VOCs 的生物有效性。目前很多健康风险评估研究中使用 VOCs 生物有效性假设值，而这些假设值有待验证[26-29]。部分健康风险评估采用高浓度下测得的 VOCs 生物有效性，但是这些生物有效性是否在低浓度 VOCs 环境下是否适用，还有待验证[30, 31]。为得到环境中低浓度 VOCs 生物有效性，黄忠辉等采用质子转移反应飞行时间质谱仪在线检测了低浓度 VOCs 在人体中的生物有效性。发现随着环境空气中苯系物浓度降低，其在人体中生物有效性也会降低[32]。因此，减少苯系物浓度对减少人体的摄入量和经呼吸暴露风险具有双重效应。除了 VOCs 环境浓度、物质性质等因素能够影响人体吸入 VOCs 的生物有效性，个人呼吸方式、年龄和常规肺功能参数等也会对其产生影响，由于存在这些个体差异，在评估人体暴露风险时，采用生物有效性更为科学准确[33]。

5.1.2 VOCs 皮肤暴露途径

因以下三点原因，研究 VOCs 的皮肤暴露途径的文献不多：①经皮肤暴露 VOCs 对总暴露的贡献较小，因此忽略其对健康的影响[34]；②经皮肤暴露 VOCs 对总暴露有一定的贡献，但对暴露机制研究不足，其重要性长期被低估；③经皮肤暴露 VOCs 对总暴露有一定的贡献，但评估方法不完善，评价结果不确定性较大。但越来越多文献显示，经皮肤暴露 VOCs 可能是潜在重要的暴露途径。

皮肤是人体最大的一个器官，约占人体总体重的 15%[35]，从外到内分别为表皮层、真皮层和皮下组织。其中，在表皮层最外面的是角质层，其具有高度疏水性，可对皮肤起到一定的保护作用[35, 36]。环境中的物质可以通过两种方式通过角质层，也就是角质层渗透路径和孔渗透路径[37]。其中，角质层渗透路径又可分为渗透过角质层细胞膜和通过角质细胞之间的间隙渗透进入真皮，后者为药物最常见的皮肤吸收方式[37]。而孔渗透路径是物质穿过毛囊或汗腺等空隙较大的区域而被皮肤吸收，其渗透路径比角质层路径快。另外，扩散作用是皮肤吸收物质的主要机制，所以皮肤与物质的物理化学性质都是控制物质进入皮肤的重要因素[38]。如疏水性角质层能够阻止对中度亲脂性或亲水性物质的吸收；亲脂性物质可经角质之间的脂双层穿透，因此表皮的活细胞层是主要阻力[39]。人体经皮肤暴露 VOCs 如图 5-2 所示。

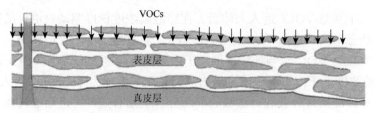

图 5-2　人体经皮肤暴露 VOCs

　　VOCs 因其亲脂特性，可以穿透皮肤屏障并被全身吸收，从而对人体健康产生危害。近年来，国内外学者分别通过体外和体内皮肤吸收实验对 VOCs 经皮肤暴露情况进行研究，结果显示，不同 VOCs 都会不同程度地被吸收[40, 41]。人们在日常生活中可通过皮肤接触多种含 VOCs 的产品，包括油漆、黏合剂、胶水、清洁剂等[42]。谭兵等对农药企业场地环境中 VOCs 经皮肤暴露途径进行研究，经皮肤暴露 VOCs 非致癌风险远远小于经呼吸暴露的非致癌风险，占总风险值的比例不足 0.01%[43]。李曙光研究发现经皮肤暴露甲醛之后，遗传性过敏体质者和对化学药品敏感者的过敏表现明显加重，甲醛浓度每增加 5 mg/m³，皮肤过敏反应危险性增加 3.102 倍[44]。Corley 等认为 30 min 的沐浴期间皮肤接触氯仿相当于经口摄入 0.49 L 自来水[45]。

　　目前研究人员提出了与 VOCs 物理化学性质相关的模拟皮肤方法来评估经皮肤暴露 VOCs 健康风险[46]。Creta 等开发了一种基于活性炭布（ACC）定量评估工人皮肤暴露于 181 种 VOCs 的皮肤暴露量的方法，研究结果表明，所有 VOCs 在活性炭布上具有较好储存稳定性，尤其是在–80℃条件下，可用于定量评估经皮肤暴露 VOCs 的吸收[40]。Fan 等通过测量在暴露时间内水中 VOCs 经人体皮肤吸收量计算其渗透系数，结果显示，在人体暴露 1 h 后，水中的氯仿、1, 1, 1-三氯乙烷、甲苯和甲基叔丁基醚的浓度分别降低 13.5%、14.9%、20.8%和 7.3%，经皮肤暴露的渗透系数超过模型估计的 6~57 倍[41]，揭示了模型估计渗透系数可能低估了实际皮肤吸收 VOCs 的能力。

　　综上所述，经皮肤暴露 VOCs 对人体健康的影响较大，特别是某些化合物，因此对经皮肤暴露途径开展进一步研究。

5.1.3　VOCs 膳食暴露途径

　　VOCs 在水和土壤中的广泛存在，并且可能在食物和饮用水中积累[47]。除了环境污染，包装材料的迁移和食品加工过程中的形成 VOCs 可能会导致额外的食品污染，如在食品热处理过程中会形成呋喃，在含有苯甲酸盐和抗坏血酸的食品中会产生苯[47-49]；热固性聚酯炊具和聚苯乙烯食品包装可以产生苯乙烯进入到膳食中[50, 51]；苯、甲苯、乙苯、邻二甲苯和氯仿等化合物均是食品中最常见的 VOCs[47]。

膳食中大多数 VOCs 的含量通常较低，但对于高浓度的 VOCs，特别是在高消费率的食品中，VOCs 的膳食摄入量可能接近吸入空气的摄入量，因此对人类整体暴露具有重要意义。

目前已对食品和饮用水中 VOCs 进行了广泛的研究。Chary 和 Fernandez-Alba 认为卤化挥发物、苯、甲苯、乙苯和二甲苯是环境水和饮用水中检测到最多的 VOCs[52]。Heikes 等分析了 234 种即食食品，发现 80%的样品中含有至少一种可量化的 VOCs，其中甲苯的检出率最高（39%），在 31%的食物样品中检出溴二氯甲烷和苯乙烯[53]。Vinci 等计算了比利时食品样品中氯仿、甲苯、乙苯、邻二甲苯和苯的最大膳食摄入量分别为 0.151 µg/（kg bw·d）、0.645 µg/（kg bw·d）、0.138 µg/（kg bw·d）、0.066 µg/（kg bw·d）和 0.118 µg/（kg bw·d），并且发现从膳食中暴露 VOCs 不会带来健康风险[54]。水体中有机物的氯化可以产生氯仿，同时 VOCs 也可以从多种途径进入地下水，如汽油或石油泄漏可以使其中的苯进入地下水，在地下水中也广泛检测到二氯甲烷（工业溶剂）和三氯乙烯（清洗剂）和四氯乙烯（干洗剂）。Kavcar 等认为饮用水中 VOCs 导致的非致癌风险可以忽略不计，而其中的二氯溴甲烷和二溴氯甲烷均具有致癌风险[55]。所以，膳食暴露 VOCs 对人体健康的影响不容忽视，有必要进一步研究 VOCs 经膳食暴露的风险。

5.2　VOCs 暴露人群

随着我国社会的进步和人民生活水平的提高，环境污染问题对人群的危害越来越成为一个不可忽视的问题，其中又以 VOCs 对人群的暴露影响最为主要，如图 5-3 所示，根据接触环境中 VOCs 时间的长短和个人对 VOCs 耐受程度的强弱差异，我们把暴露人群分为职业人群、易感人群和普通人群。通过对这三类人群在环境中 VOCs 暴露进行风险评估，我们可以更深入了解 VOCs 暴露对不同暴露人群健康的影响。

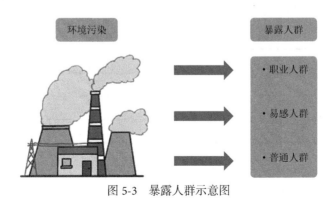

图 5-3　暴露人群示意图

5.2.1　职业人群暴露

印刷行业的工人、石油炼化企业的工人、垃圾填埋场作业人员、餐饮行业人员、制药行业工人、化工园区内和交通干道周围工作的人群，是 VOCs 暴露的高危人群，致癌等健康风险很高。我们根据室内作业与室外作业对不同行业进行分类，从而对相关从业人员的暴露进行评估。

在室内作业时，由于空气的不流通和 VOCs 的蓄积，往往对作业人员带来的健康危害更为严重，故评估室内 VOCs 暴露对从业人员的身体造成的影响具有重要意义。印刷行业是室内 VOCs 职业暴露需要重点关注的区域。唐文婷[56]对某印刷公司溶剂型油墨印刷车间的 VOCs 浓度进行了检测，发现印刷彩色机墨缸旁的非甲烷总碳氢化合物浓度为 1500~7000 mg/m³，严重威胁到了操作人员的安全健康。即使在挥发性较低的水溶性印刷车间，印刷彩机旁的非甲烷总烃浓度也为 50~1000 mg/m³。因为印刷公司一般都是连续生产工艺，虽然水性油墨挥发性不强，但还是有一定的挥发。随着时间的推移，单色器周围的废气浓度仍可能高于相关的暴露限度。无论是挥发性溶剂型印刷公司还是更环保的水性油墨印刷公司，在生产经营过程中，机器旁的非甲烷碳氢化合物总量均高于国家职业卫生有害物质暴露限值 50 mg/m³（以甲苯为单位）。严重损害了生产工人的身体健康。因此，企业需要在油墨罐旁边加一个外吸罩，收集废气。冯旸等[57]深入研究了广州市典型印刷企业各 VOCs 排放环节的组成特征及其对人体健康的风险，采用美国环境保护署（USEPA）的健康风险评估方法（表 5-1）。结果表明：广州市典型印刷企业 VOCs 的主要种类为酯类、芳香烃类和醇醚类，平均占比分别为 30.28%、30.24% 和 18.28%；他们分析了印刷前和印刷后环节的 VOCs 污染水平，发现印刷前、印刷和印刷后环节的 VOCs 浓度分别为 3.51~73.57 mg/m³、0.86~435.10 mg/m³、0.05~221.93 mg/m³。而金属印刷生产企业内外涂装、喷涂干燥工艺致癌风险值（HI）高达 87.31~105.26，二甲苯非致癌危害商值（HQ）很高，存在严重的非致癌风险，企业需要注意改善员工工作环境，确保员工健康。

表 5-1　USEPA 的健康风险评估方法[57]

致癌风险评价-风险值（HI）	$>1 \times 10^{-6}$	存在致癌风险
	$\leq 1 \times 10^{-6}$	风险很小或无风险
非致癌风险评价-危害商值（HQ）	>1	存在非致癌风险
	≤ 1	风险很小或无风险

涂装行业具有和印刷行业类似的高室内有机物挥发，是另一个具有室内 VOCs 高暴露风险的行业。Mo 等[58]采集了中国长三角地区集装箱涂装、海洋设备涂装、

家具涂装三大涂装行业 9 个车间的空气样本，以评估职业油漆工在正常工作条件下受到有毒 VOCs 的暴露情况。风险评估结果表明，集装箱涂料的癌症风险最高（$2.29 \times 10^{-6} \sim 5.53 \times 10^{-6}$），超过了安全限值 1.0×10^{-6}，而所有车间的非癌症风险均在可接受的 1 以下。在容器涂装时应优先清除乙苯和 1, 2-二氯丙烷，这两种化合物对油漆工健康的危害最大。王斌[59]通过对上海市某区 13 个具有室内暴露的 VOCs 排放行业进行调查（表 5-2），发现油墨行业排放的 VOCs 总量最大，占比超过 49%，包装装潢行业排放的 VOCs 占比次之，为 27.40%。风险评估结果表明，油墨行业的总非致癌风险值最高，为 2.95×10^{-1}；而包装装饰和其他印刷行业的总非致癌风险值为 6.90×10^{-2}，在 USEPA 的规定下是安全的。而甲苯是所有行业的总非致癌风险的最大贡献者。

表 5-2 各室内作业 VOCs 排放清单[59]

排放行业	VOCs 排放量（kg）	所占比例（%）
油墨及类似产品制造业	49830.00	49.18
包装装潢及其他印刷业	27761.90	27.40
香料制造业	7785.78	7.68
电子计算机外部设备制造业	5804.89	5.73
合成橡胶制造业	3688.05	3.60
涂料制造业	3105.68	3.05
塑料薄膜制造业	2378.88	2.35
其他行业	970.68	0.959
合计	101325.86	100

制药行业往往会在室内积蓄大量有机废气，这是由于涉及有机物的化工合成。周静博等[60]对石家庄制药行业排放的 VOCs 进行了检测和健康风险评估，监测区域内主要人群为公司内工作人员和普通职工，结果显示各检出 VOCs 的致癌与非致癌风险值均在安全限值之内，不会对员工的健康造成危害；但是正丁醇仍是其中需要重点关注的物质，它对危害指数贡献率达 48%。Cheng 等[61]对中国长三角地区化工合成制药行业 VOCs 的工艺污染特征进行了研究，并评估了化学合成制药行业各工艺单元吸入 VOCs 的潜在致癌风险，以及所有工艺单元的潜在致癌风险。发现致癌风险范围为 $5.19 \times 10^{-7} \sim 4.60 \times 10^{-5}$，大多数值约为 1.00×10^{-5}。在化学合成制药行业中，生产过程中排放的 VOCs 对人体的潜在致癌风险不容忽视。

部分室内暴露由于隐蔽性容易被大家所忽视，餐厅和商场室内 VOCs 的暴露值极高且容易对相关从业者造成伤害，这是由于烹饪油烟的影响和装饰材料的长期挥发。顾天毅[62]对兰州市城关区的餐馆用餐区和操作间环境中的 TVOCs 和甲醛污染进行了检测，发现操作间 TVOCs 和甲醛浓度分别为 2.21 mg/m³ 和 0.06 mg/m³，大于用餐区的 1.98 mg/m³ 和 0.04 mg/m³。而厨师在操作间中接触甲醛，有致癌和非致癌的风险。致癌风险为 3.83×10^{-5}，超过 USEPA 建议的可接受水平（10^{-6}），非致癌风险为 0.84，低于非致癌风险限值（1）。他们还对城关区大型商场室内工作人员的甲醛暴露进行了健康风险评价，发现男女的甲醛暴露致癌风险分别为 9.13×10^{-5} 和 7.98×10^{-5}，超过了 10^{-6} 的安全限值，1.63 的非致癌风险，也超过了安全限值。

室外作业虽然有较高的空气流动性，但是由于污染源的总量大和部分尾气的无组织排放，仍然具有较高的暴露风险。石化场所是 VOCs 室外高暴露的场所。石油化工场址附近空气中 VOCs 总暴露量大于远离石化场址的区域，因此会影响到场址附近工作人员的健康。李筱翠[63]对吉林石化及其周边环境空气进行了监测，发现化工园区室内外环境空气中苯系物和卤代烃的致癌风险均高于周边环境空气，且均高于 1×10^{-6}（存在致癌风险），其中苯和乙苯的总致癌风险为 5.93×10^{-5}；卤代烃的总致癌风险为 4.75×10^{-5}。He 等[64]在洛阳石化基地也发现了类似的情况，石化基地的总非致癌风险（1.597）几乎是城市（0.619）和郊区（0.504）的 3 倍，超过了 1 的安全阈值。同样，石化站点的总致癌症风险（2.2×10^{-6}）高于城市（7.9×10^{-7}）和郊区（6.4×10^{-7}），超过了 USEPA 规定的风险阈值（10^{-6}）。而 Tong 等[65]在海南某石化炼油厂生产区的评估结果却不尽相同，他们发现所有生产区的非致癌风险值不超过 1。但苯等物质的风险值仍超过致癌风险值 10^{-6}，表明这些物质对工人存在潜在致癌风险。

由于垃圾填埋场垃圾量大，物质种类多，产生的 VOCs 类型也比较多样。垃圾填埋气体的挥发使垃圾填埋场成为 VOCs 室外高暴露的场所。长期接触这些 VOCs 将影响垃圾填埋现场工作人员的健康。这些风险超过了 USEPA 和 WHO 规定的可接受风险水平。张海静等[66]对上海市某垃圾填埋场 VOCs 职业暴露风险进行了评价，发现 9 种常见的 VOCs（苯、乙苯、邻二甲苯、1,4-二氯苯、苯乙烯、氯甲烷、氯乙烷、1,2-二氯乙烷、正己烷）的总致癌风险之和为 $6.0 \times 10^{-6} \sim 3.0 \times 10^{-5}$，其中需要特别注意的是 1,2-二氯乙烷，其致癌风险大于 1.0×10^{-5}，可能对垃圾填埋场工作人员造成不利的健康影响。Lakhouit 等[67]调查了垃圾填埋场的排放以及这些排放对人类健康的影响，发现垃圾填埋场工作人员的苯系物（BTEX）摄入量介于 0.27~0.39 mg/(kg·d) 之间，而垃圾填埋场 VOCs 直接导致的癌症风险估计数介于 0.007~0.010 之间，远远大于 1×10^{-6}，显然处于不可接受的范围。

电子垃圾拆解区的无组织有毒气体排放对室外作业人员带来了高暴露风险。Chen 等[68]通过对电子垃圾拆解区空气进行采样，分析其对职业人群可能的致癌风险，发现园区内空气中的 1,2-二氯乙烷和 1,2-二氯乙烷为丙烷和 1,3-丁二烯的致癌风险均大于 USEPA 建议的 10^{-6} 可接受水平，说明电子垃圾拆解活动对健康的影响是相当大的。值得注意的是，致癌风险评估是基于每个区域 VOCs 的平均浓度，这可能会导致某些区域的风险被低估。长期从事户外园区内工作的人的健康风险可能更高。

油气的挥发是室外加油站工作人员暴露的风险源。Chaiklieng[69]对美国 47 个加油站的汽油工人进行了 BTEX 暴露的风险评估，结果显示环境空气监测的 BTEX 浓度范围分别为苯、甲苯、乙苯和二甲苯的 $0.1\sim136.9\ ppb$、$8.1\sim406.0\ ppb$、$0.8\sim24.1\ ppb$ 和 $0.4\sim105.5\ ppb$，超过了规定为 100 ppb 的 NIOSH（美国职业安全与卫生研究所）接触限值。风险评估表明，五个加油站的工人接触 BTEX 的风险达到了不可接受的程度（HI＞1），这与自动售油机的数量和每日销售的汽油量相关。建议企业家必须严格控制工人的安全操作，在分配器喷嘴上安装蒸汽回收系统以控制 BTEX 汽化。

5.2.2　易感人群暴露

本章中所指易感人群是指对暴露于 VOCs 时，缺乏足够抵抗力的人，由易感者构成的群体，称为易感人群。儿童是最脆弱和易受伤害的群体之一。毕璐瑶[70]研究发现，在儿童与成人人群中，随着年龄的减小，VOCs 的暴露量增大，小于 1 岁的婴儿暴露量最大。Czernych 等[71]参照已经获得的 VOCs 数据，根据不同年龄段对儿童分组进行了风险评估。发现各年龄段的致癌风险均低于 10^{-6}，且各 VOCs 的非致癌风险都不超过 1。Sofuoglu 等[72]对三所小学的教室、花园和操场空气中 VOCs 的测试发现，甲醛和苯的致癌风险指数超过了可接受的人群水平，对在校学生的身体健康构成潜在危害。胡冠九等[73]于南京某县布设空气采样点，发现苯、三氯乙烯和四氯乙烯等致癌性和非致癌性 VOCs 的风险值均远低于国际辐射委员会推荐的最大可接受值，但是同时也发现在空气吸入的暴露途径下，VOCs 对儿童健康危害的风险约是成人的 3 倍。

Rumchev 等[11]研究了儿童哮喘发病率与室内 VOCs 浓度的关系。对西澳大利亚珀斯 6 个月至 3 岁儿童进行病例对照研究，包括 88 例哮喘患者和 104 名对照者，同时也测定了夏季和冬季的室内 VOCs 浓度，发现病例组室内平均 VOCs 暴露浓度为 $54.9\ \mu g/m^3$，哮喘发生率（22%）远高于对照组（14%）。Venn 等[74]研究了英国诺丁汉市儿童哮喘发病与 VOCs 影响之间的关系，发现室内空气中的甲醛会加重儿童的病情，但是 VOCs 并不是儿童发生哮喘的主要因素，二者之间相关性并不强。Rolle-Kampczyk 等[15]研究发现，当儿童暴露于含有苯系物的空气中时，阻塞性支气管炎的发病率随着暴露浓度的增加而增加。Kuang 等[75]调查了二手烟对广州市儿童造成的 VOCs 暴露与儿童发生哮喘的关系，接触 VOCs，特别是 1, 3-丁二烯、氰化物和间/对二甲苯引起的氧化 DNA 损伤, 可能与儿童哮喘密切相关, 增加儿童哮喘的风险, 提示预防儿童接触 VOCs 的干预措施可以降低哮喘的风险。Zhang 等[76]进行了上海市室内 VOCs 暴露与儿童急性白血病风险的病例对照研究, 结果表明, 接触 VOCs 与儿童急性淋巴细胞白血病的风险增加有关, 强调应更多地关注室内空气污染作为儿童急性淋巴细胞白血病的风险因素。

对于大部分时间待在室内的老年人来说, 室内空气质量非常重要。通过调查台湾中部一个大型石化综合企业附近的居民区的环境 VOCs, Hsu 等[77]评估了儿童、成人和老年人所受到的健康风险, 发现在所有选定的癌症中, 老年人的风险最高, 其次是成人和儿童。这些结果是因为老年人的暴露持续时间很长, 因为在考虑的人群中, 大多数暴露参数(如体重、呼吸频率、年龄敏感因子和在家时间的分数)都是如此。Tunsaringkarn 等[78]评估了曼谷市区五个养老院的老人住宅中的 BTEX 及羰基化合物对老年人群体暴露的健康影响。老年住宅中苯、乙苯、甲醛和乙醛的平均终生癌症风险分别为 1.79×10^{-5}、0.33×10^{-5}、4.70×10^{-5} 和 1.02×10^{-5}, 高于可接受水平。此外, 危害指数对人体健康有害(危害指数>1)。VOCs 浓度与健康状况、感冒的特定症状、皮肤刺激以及头晕和头痛的非特定症状有关。总之, 城市老年人存在室内空气质量的健康风险, 这与他们的行为有关。通风良好, 促进健康, 值得推荐。

怀孕妇女是另一类易感人群, 由于大部分时间待在室内, 故而更容易受到室内装饰材料释放的 VOCs 暴露的影响。研究表明, 怀孕期间接触 VOCs 的职业妇女, 胎儿流产率增加四分之一; 低出生体重儿童的发生率是对照组的 5 倍之多[79]; 最为令人担忧的是, 职业妇女胎儿畸形发生率比未接触的对照组高 8~13 倍。

5.2.3　普通人群暴露

普通人群受到的 VOCs 暴露主要分为室内和室外暴露两种, 室内暴露主要为家具涂层, 厨房油烟, 交通工具内 VOCs 所引起, 室外暴露主要为交通干线附近的空气污染水平以及住宅区周围的化工场所所带来的 VOCs 排放问题所引起, 本章从国内到国外, 中国南方城市到北方城市, 分别阐述普通人群在室内与室外 VOCs 暴露条件下的影响。

室内环境所采用的装饰材料、家具涂层、油漆等挥发出的有机污染大大改变了环境中的空气成分。而人们大部分时间是在室内度过, 所以研究室内空气 VOCs 暴露对研究普通人群受其健康影响具有重要意义。家具产品中 VOCs 排放总量大, 种类多, 已经成为研究室内环境 VOCs 来源的重点对象。甲醛、二甲苯、苯乙烯等为家具产品中检出量较高且对普通人危害较大的物质, 这些物质对普通人群有刺激作用, 长期吸入会导致鼻咽癌、喉头癌等疾病。所以针对普通人群应推动完善相关行业标准，改善家具产品的质量来有效避免普通人群的 VOCs 暴露。

成竹[80]对重庆市居民住宅空气进行了随机抽样检测，发现所有污染物的 HQ 值均以卧室最高，厨房最低。这可能是因为卧室有较多的 VOCs 来源所致，如室内家具涂层、衣服染料和化妆品挥发等。且男女之间风险值 HQ 也不同，女性要高于男性。可能是因为二者活动区域和在各区域所待的时间不同所导致。男性主要在卧室，而女性集中在厨房客厅。各功能区 HQ 值均在安全限制之内。Dai 等[81]调查了上海市新建住宅中 101 种 VOCs 的浓度及其健康风险，发现 BTEX 的平均浓度分别为 2.32 μg/m³、200.13 μg/m³、39.56 μg/m³、32.59 μg/m³ 和 26.33 μg/m³，均高于已有研究报道的除苯外的老旧住宅的平均浓度；1, 2-二氯乙烷、1, 4-二氯苯、二氯甲烷和乙苯的平均致癌风险分别为 7.39×10^{-6}、1.95×10^{-6}、1.62×10^{-6} 和 1.04×10^{-6}。对接触到它的普通民众构成明显健康危害。

封闭的交通工具是另一个室内 VOCs 暴露来源，Gong 等[82]计算了上海市五个典型地铁线路内的 VOCs 的终身癌症风险，发现其值略高于 WHO 提议的可接受水平，在 $8.5 \times 10^{-6} \sim 4.8 \times 10^{-5}$ 范围内，地铁车厢内的 VOCs 少于街道上车辆的排放物，所以普通人出行可以通过乘坐地铁来减少受到的 VOCs 暴露。Kim[83]评估了韩国公共交通中空气污染物的浓度及对乘客健康的影响，就近期制造的车辆中的 VOCs 而言，无论何种类型的公共汽车，其数值都很高。夏季超标似乎与室内和室外温度和湿度有关。

Lu 等[84]研究了中国居民烹饪过程中 VOCs 对一般人群的暴露情况，中国居民烹饪呼吸区 VOCs 的慢性日摄入量随年龄的增长呈下降趋势，男性的值与女性接近。这些结果表明，个人慢性每日摄入量的变化与年龄有关，而与性别无关。且中国居民烹饪过程中 VOCs 的健康风险水平为辛醛＞1（可接受水平）＞二甲基甲酰胺＞庚醛＞壬醛＞癸醛。己醛和辛醛的高风险值大于 1，对这两种化合物的风险评估应予以重视。

关于普通人群在南方城市室外条件下的 VOCs 暴露情况，李雷等[85]使用在线监测方法观察 31 种 VOCs 在广州城市中心的环境空气污染状况，发现研究地区环境空气中 VOCs 的主要来源为机动车排气，而汽油蒸汽、液体石油挥发和溶剂挥发也是重要的来源，都是对普通人群的健康有害。VOCs 成分中的 1, 3-丁二烯和苯对暴露人群具有潜在的致癌风险。徐慧等[86]对厦门市不同功能区 VOCs 浓度进行检测，并进行了健康风险评价，各功能区 BTEX 的非致癌风险均表现为苯＞间/对二甲苯＞邻二甲苯＞乙苯＞甲苯，在 $9.73 \times 10^{-4} \sim 1.33 \times 10^{-1}$ 之间，不存在非致癌风险，而苯存在较大的致癌风险，它的风险值在 $1.23 \times 10^{-5} \sim 3.08 \times 10^{-5}$ 之间。黄烯茜等[87]对上海某城郊大气进行采样分析，并对普通人群 VOCs 暴露进行了风险评估，结果显示上海城郊大气 27 种风险 VOCs 的总致癌风险值为 3.02×10^{-4}，超过了安全限值，长期暴露可能有致癌风险。王伶瑞[88]对连云港市不同功能区空气中各 VOCs 进行了健康风险评估，发现大气中各 VOCs 物种在郊区、城区和工业区的非致癌风险分别为 $1.74 \times 10^{-5} \sim 4.21 \times 10^{-1}$、$2.04 \times 10^{-4} \sim 4.39 \times 10^{-1}$ 和 $3.34 \times 10^{-4} \sim 5.06 \times 10^{-1}$，且 2-丁酮在不同功能区的非致癌风险评价值都是最低，而乙醛是最高的。VOCs 的总危害指数分别为 6.21×10^{-1}、6.77×10^{-1} 和 7.66×10^{-1}，均小于 1，说明连云港市大气 VOCs 的非致癌风险可以忽略，但是各功能区的危害指数仍有高低之分，郊区＜城区＜工业区。所以普通人群日常出行活动尽量远离工业区。

关于北方城市的室内 VOCs 暴露情况，周辰[89]通过对西安和杭州两个典型城市的新装修家庭室内空气样本进行对比研究，发现杭州和西安的甲醛和二甲苯暴露风险较高，超过单位致癌风险（1×10^{-4}）和最小单位呼吸暴露风险（MER = 1），而西安市新装修家庭的总室内呼吸暴露风险（TER = 3.34）和杭州市家庭的总室内呼吸暴露风险（TER = 4.17）均超过最小单位呼吸暴露风险（MER = 1）。从杭州和西安男性的日暴露量来看，女性暴露风险略高于男性。

为了获取北方城市普通人群的室外 VOCs 暴露情况，周裕敏等[90]对北京城乡接合部空气中的 VOCs 进行了检测，发现苯的致癌指数已经超过了安全限值，对普通人群的身体健康造成了潜在危害。Ji 等[91]在中国北京典型城区检测到 23 种大气挥发性卤代烃（VHHs），其中 7 种致癌物的风险值在 $6.43 \times 10^{-8} \sim 8.04 \times 10^{-5}$ 之间，氯仿、1, 2-二氯乙烷、1, 4-二氯苯、四氯甲烷的风险值大于安全限值。1, 2-二氯乙烷的危险性最高，是安全限值的 80.4 倍，其次是氯仿，是安全限值的 18.6 倍，1, 4-二氯苯和四氯甲烷为 5~6 倍。因此，环境空气中的 1, 2-二氯乙烷、氯仿、四氯甲烷和 1, 4-二氯苯对研究区长期暴露人群具有较高的致癌风险。根据 USEPA 的规定，如果某一污染物的 HQ＜1，那么该污染物对人类没有明显的非致癌风险。11 种 VHHs 的 HQ 在 $1.54 \times 10^{-5} \sim 5.94 \times 10^{-1}$ 之间，HI 为 0.728。表明这些 VHHs 对研究区普通人群无明显的非致癌风险。王蕾[92]采集了石家庄市的环境空气样品，对大气中的 BTEX 进行了健康风险评价，其 HQ 值表现为邻二甲苯＜乙苯＜间/对二甲苯＜苯＜甲苯，范围为 $0 \sim 2.99 \times 10^{-4}$，监测期间 BTEX 浓度均在安全范围内。苯的风险值较高，在 $1.08 \times 10^{-5} \sim 3.49 \times 10^{-5}$ 之间，致癌风险更大，苯对人体健康的危害更大，应采取措施降低空气中苯的浓度。减少其排放，从而减少其对人体健康的危害。

汪芳琳[93]对兰州市大气环境中的 VOCs 浓度进行了检测，并对成年男性、成年女性和儿童的健康风险进行了评估，其 HI 值分别为 6.64×10^{-1}、6.33×10^{-1}、2.16×10^{-1}；其中成年男性、成年女性和儿童的 HQ 值分别为 $1.01 \times 10^{-4} \sim 6.11 \times 10^{-1}$、$9.65 \times 10^{-5} \sim 5.82 \times 10^{-1}$、$3.30 \times 10^{-5} \sim 1.99 \times 10^{-1}$，均小于 1，表明兰州大气环境的 VOCs 组分对人群不存在非致癌风险，但是对于不同人群，儿童＜成年女性＜成年男性。此外，VOCs 在重污染和沙尘天气对儿童具有潜在的非致癌风险。顾天毅[62]对兰州市不同年龄段人群进行甲醛暴露风险评估，发现甲醛暴露存在致癌风险和非致癌风险。致癌风险为 $2.4 \times 10^{-4} \sim 6.88 \times 10^{-4}$，超过了推荐的安全限值 1×10^{-6}，非致癌风险为 $2.64 \sim 3.36$，大于 1，且不同年龄段也不同，致癌风险为：45~59 岁<18~44 岁<60 岁及以上，非致癌风险为：45~59 岁<60 岁及以上<18~44 岁。

丁艳洲[94]对新疆石河子市的 VOCs 污染进行研究，发现该地区的 VOCs 污染主要与交通排放和燃煤有关，单一 VOCs 的 HQ 值在 0.00~0.61 之间，平均 HI 值为 1.48，表明石河子地区的 VOCs 可能具有潜在的非致癌风险。石河子地区大气环境中苯的平均风险值为 143.25，表明苯可能具有潜在的致癌风险，对一般人群的健康构成威胁。霍霄玮[95]对陕西西安市主干道环境空气中苯系物进行了检测和健康风险评价，发现大庆路和长安路苯系物 HI 值分别为 2.53×10^{-1} 和 2.21×10^{-1}。低于 USEPA 非致癌风险的标准，对研究区域的人群不会构成非致癌风险。然而，其研究区域的苯的风险值分别为 4.31×10^{-5} 和 4.06×10^{-5}，远高于 USEPA 设定的标准，表明苯会对人群构成严重的致癌风险。与其他城市相比，本研究的致癌风险值和风险商值处于较高水平。

Zhang 等[96]对垃圾填埋场周围空气进行采样分析，发现填埋气体中的二氯甲烷的致癌风险超过了 1.00×10^{-6}，区间为 $1.30 \times 10^{-6} \sim 1.1 \times 10^{-5}$，对填埋场附近居住的普通人群造成了显著的非致癌风险，必须更好地加以考虑。

5.3　VOCs 暴露参数

VOCs 污染与其健康风险问题备受人们关注。王春梅等[97]指出，暴露是指在一定时间内，人接触一定的某污染物过程。暴露的概念是指人体与外界的接触，不一定吸入或吸收；而暴露量是指在一定的时期内接触某一污染物的总量。

环境健康风险评估可以将环境污染和人体健康联系起来（图 5-4），是根据对污染物的剂量-反应关系以及危害特性，并结合环境监测结果以及人群暴露行为调查，运用合适的风险评估模型预测污染物在特定暴露状态下的健康风险[98]。段小丽等[98]认为，人暴露于环境污染物产生的健康风险由两方面决定，一方面是环境污染物的浓度和危害性，另一方面是人体暴露的特征与行为，而暴露参数就是用于描述人体污染物暴露的特征与行为的参数。暴露参数是用于健康风险评价的关键参数，若其值与目标评价人群的实际暴露状况越接近，那对应的暴露剂量评估和健康风险评估结果将更为科学、准确[98]。

可根据污染物从不同环境介质（水、食物、空气、灰层、土壤）进入人体的三种不同的暴露途径：呼吸吸入、皮肤接触和饮食摄入，对应的暴露参数为呼吸暴露参数、皮肤暴露参数和饮食暴露参数[98]。呼吸暴露参数有短期呼吸速率和长期呼吸速率等。经皮肤的暴露参数主要有土壤、灰层皮肤黏附系数，水的皮肤渗透系数，洗浴时间，游泳时间等。经消化道的暴露参数又可细分为饮食暴露参数

（各类食物的摄入率），饮水暴露参数（饮水摄入率，不同类型饮用水的饮用频率，游泳过程的吞水量，游泳频率等）和土壤暴露参数（土壤/灰层摄入率，手-口接触频率，室内外停留时间）。

图 5-4　环境污染与健康风险

又可根据暴露参数描述人暴露污染物的特征和行为的本质，将其分为身体特征参数、摄入量参数、时间-活动模式参数和其他参数[98]。身体特征参数如身高，体重、皮肤表面积等。摄入量参数包括饮食摄入量、饮水摄入量、呼吸摄入量、土壤/灰层摄入量等。时间-活动模式参数指人与环境介质接触的行为模式，包括时间、频次等，如室内外活动时间和活动频次，洗澡和游泳的时间和频次。其他暴露参数，如期望寿命、住宅相关参数、从事本职业的时间、职业流动性等，具体的暴露参数分类情况如表 5-3 所示。VOCs 因其易挥发的特性，主要通过呼吸和皮肤接触进入人体，只有少部分通过摄食途径。

表 5-3　暴露参数的分类

类别	身体特征参数	摄入量/摄入率	时间-活动模式参数	其他参数
饮食暴露参数	体重(kg)	水果和蔬菜摄入率[g/(kg·d)]	暴露频率(d/a)	
	寿命(a)	肉和蛋禽类[g/(kg·d)]	暴露持续时间(a)	
		家庭自产类[g/(kg·d)]		
		鱼和海鲜[g/(kg·d)]		
		谷物类[g/(kg·d)]		
		总食物摄入率[g/(kg·d)]		
饮水摄入参数	体重(kg)	饮水摄入率[mL/(kg·d)]	摄入不同类型饮用水的频率	
	寿命(a)	游泳过程的吞水量(mL/次或 mL/h)	游泳频率(min/月)	
土壤摄入参数	体重(kg)	土壤/灰层摄入率(mg/d)	手-口接触频率(次/h)	
	寿命(a)		室内外停留时间(min/h)	

续表

类别	身体特征参数	摄入量/摄入率	时间-活动模式参数	其他参数
呼吸暴露参数	体重(kg)	长期呼吸速率(m³/d)	室内外停留时间(min/d)	从事本职业的年限(a)
	寿命(a)	不同运动状态下的人短期呼吸速率(m³/min)	不同户外活动场所(沙堆、草地、土地等)的停留时间(min/d)	职业流动性(a)
			在室内不同房间的停留时间(min/d)	在现居住地的时间(a)
皮肤暴露参数	体重(kg)	土壤/灰层的皮肤黏附系数(mg/cm²)	洗浴(盆浴和淋浴)时间(min/d)	从事本职业的年限(a)
	寿命(a)	水的皮肤渗透系数(cm/h)	游泳时间(min/月)	职业流动性(a)
	全身及各部位皮肤表面积(m²)	化合物的皮肤渗透系数(cm/h)		
	皮肤暴露表面积(m²)			

5.3.1 成人暴露参数

众所周知，暴露参数是环境风险评价中的关键参数，其准确性、有效性、时效性、全面性与否将关系到环境风险评估的有效性与否，以及政府根据研究结果采取的风险管控举措或政策的科学性与否。因此，暴露参数的研究数据结果需要极高的科学性和严谨性，只能由权威机构筛选、审核和整理后才能发布，一般而言，是国家机构以暴露参数手册的形式发布。各国因人种、地域环境条件、经济发展程度、生产生活方式和生活习惯等不同，暴露参数的值有一定的差异性，因此各国或地区的暴露参数手册都具有其特别性，难以科学地相互适用。按照暴露的人群分，暴露参数可分为成人暴露参数和儿童暴露参数。我国的暴露手册编撰起步较晚，基于大量问卷调查和实际测量等方法，借助国家卫生部、国家体育总局、国家统计局的大规模调查的结果，以及国内如段小丽等[98-103]、王喆等[104]、白志鹏等[105]的研究调查，完善了我国的暴露参数研究工作，最终发布了中国暴露参数手册（成人卷）[106]，（儿童卷，6~17 岁）[107]，（儿童卷，0~5 岁）[108]。

成人和儿童，无论是身体特征、行为特征和模式，日常所处的室内环境都存在着巨大的差异，所以我们需要对成人和儿童的 VOCs 暴露参数进行针对性讨论。如身体特征上，身高、体重、呼吸速率和代谢能力存在差异；行为特征和模式上，儿童相比成人有更高的手-口接触频次，成人的烹饪行为导致成人烹饪过程中的 VOCs 暴露比儿童高；在室内外环境上，因职业原因导致成人和儿童日常所处的室内环境（家、学校）及暴露时间不同。因此，分别从成人和儿童角度讨论暴露参数是有必要的。

5.3.1.1　呼吸暴露参数

空气中的 VOCs 来源广泛，成分复杂。我们考虑 VOCs 的呼吸暴露途径时，常分为室外空气暴露和室内空气暴露两个方向进行讨论。人们对室外 VOCs 污染起源于 1940 年美国洛杉矶光化学烟雾事件，后 Hanggen-Smith 等对光化学烟雾形成理论进行研究，表明光化学烟雾是由 VOCs 和 NO_x 间一连串的化学反应产生[109]。随着国内外对不同大气中的 VOCs 污染进行来源和暴露风险研究的进行，McCarthy 等[110]通过 PMF 模型源解析，发现加拿大埃德蒙顿地区市中心的交通排放源，贡献了该地区一半以上的 VOCs 排放。同样地，Franco 等[111]的研究结果表明哥伦比亚哥波大市区的 VOCs 主要来自汽油车的交通排放。进一步地，李友平等[112]研究发现不同大气环境中的 BTEX 对人体的非致癌风险和危害指数均小于 1，对暴露人群无非致癌风险，但致癌物质苯对人体的致癌风险高于 10^{-6} 的安全值。除室外空气的 VOCs，室内空气 VOCs 也引发了人们的关注。其来源广泛，如燃料燃烧、吸烟、涂料、车内饰等，浓度相对室外高，并且现代人普遍长时间待在室内，暴露风险相对高，所以室内的 VOCs 呼吸暴露也是研究的热点[113, 114]。

对于呼吸暴露量的评估，USEPA 对平均体重和呼吸空气量做出了某些假设。建议对于成年人，男性平均体重为 70 kg，女性平均体重为 60 kg，假设每天吸入 20 m^3 的空气，即呼吸速率设为 20 m^3/h；对于儿童，平均体重为 10 kg，假设每天吸入 5 m^3 的空气，即呼吸速率设为 5 m^3/h。整个生命周期为 70 年，适用于所有个体群体。人体对 VOCs 的吸收系数假定为 90%。呼吸暴露总量是与暴露频率、持续时间和活动模式有关。表 5-4 和表 5-5 总结了不同人群的日常行程和时间[115]。

表 5-4　男性日常作息时间和工作时间

	时长（h）					
	上班族		厨师和餐饮服务人员		学生	
	非节假日	节假日	非节假日	节假日	非节假日	节假日
客厅/卧室	12.5	17.4	11.5	17.4	12.5	16
厨房	0.5	0.6	0.5	0.6	0.5	1
工作室/教室	8	0	10	0	8	0
地铁/公交	1	2	1	2	1	2
商场	1	1.5	0	1.5	1	4
餐厅	1	2.5	1	2.5	1	1

表 5-5　女性日常作息时间和工作时间

	时长（h）							
	上班族		厨师和餐饮服务人员		家庭主妇		学生	
	非节假日	节假日	非节假日	节假日	非节假日	节假日	非节假日	节假日
客厅/卧室	11	14.4	11	14.4	15	15	12.5	16
厨房	2	3.6	1	3.6	4	4	0.5	1
工作室/教室	8	0	10	0	0	0	8	0
地铁/公交	1	2	1	2	1	1	1	2
商场	1	2.5	0	1.5	2	2	1	4
餐厅	1	1.5	1	2.5	2	2	1	1

我国成人呼吸暴露相关参数均取自《中国暴露参数手册》（成人卷）[106]。主要参数有人体特征参数：体重（kg）、寿命（a）；呼吸参数：短期呼吸速率（m³/min）和长期呼吸速率（m³/d）；行为模式参数：户外活动场所停留时间（min/d）、室内外停留时间（min/d）以及室内不同房间停留时间（min/d）；其他参数：在现居住地的时间（a）、从事本职业的年限（a）、职业流动性（a）等。表 5-6 给出了成人暴露手册中部分呼吸速率推荐值。

表 5-6　手册中成人呼吸速率推荐值（平均值）[106]

类别	长期呼吸速率（m³/d）	短期呼吸速率（L/min）					
		休息	坐	轻微活动	中体力活动	重体力活动	极重体力活动
男	17.7	6.2	7.4	9.3	24.8	37.2	62.0
女	14.5	5.1	6.1	7.6	20.2	30.3	50.5

其他与呼吸暴露相关的时间-活动模式参数：室内外停留时间、交通出行时间等，主要通过 24 h 活动日志的方式获得。室外活动时间如逛公园，从事户外生产、室外工作等的时间；室内活动时间指在家、学校、公司、商场等密闭场所内的停留时间；交通出行时间指人采用步行、骑车、公交、小轿车、地铁等方式出行所用的时间。表 5-7 给出了暴露手册中我国成人时间活动模式参数推荐值。

表 5-7　手册中我国成人时间活动模式参数推荐值（平均值）[106]

类别	室内活动时间（min/d）	室外活动时间（min/d）	交通工具累计使用时间（min/d）						
			总时间	自行车	电动自行车	摩托车	小轿车	公交车	轨道交通
男	1152	267	68	45	45	49	81	45	43
女	1183	239	58	38	41	37	74	42	38

不同职业人群（如电子垃圾拆解区工人、餐饮人员、VOCs 污染场地挖掘人员等）通过呼吸方式暴露 VOCs，相关的活动参数要根据特定的环境和工作条件，在实验的情况下测定，从而得出特定的时间-活动模式参数，以进行更为精确的风险评估。研究显示，电子垃圾拆解车间工作的工人中的呼吸速率按照工作时长 9 h/d，分为其中的 2 h 工作时间以 2.05 m³/h 计算和 7 h 以 1.39 m³/h 计算[116]。而在另一项研究中，电子垃圾工人的呼吸速率设为 1.5 m³/h，暴露时间设为 8 h[117]。我们之前的研究中，假设电子垃圾拆解车间工人的暴露时间为他们的工作时间，即每天至少工作 10 小时，每周工作 6 天[118]。在我们评估电子垃圾拆解区域的 VOCs 呼吸暴露的研究中，假设个人每天的暴露时间为户外每天 3.7 小时，暴露持续时间设为 74.8 年；暴露频率为每年 365 天，平均寿命设为（74.8 年 × 365 天/年 × 24 小时/天）小时[68]。

5.3.1.2　皮肤暴露参数

VOCs 的皮肤暴露相对呼吸暴露的贡献会更小，但也是值得我们关注的。房增强等[119]研究了 VOCs 污染场地挖掘过程中工人 VOCs 暴露情况，发现在场地修复过程中暴露 VOCs 的非致癌风险中，呼吸暴露贡献比达 84.96%，而皮肤接触的贡献比仅 1.75%；但在致癌风险中，呼吸暴露的贡献比为 89.31%，皮肤暴露的贡献比为 10.49%。皮肤暴露较小的贡献结果可能与工人在工作中穿工作服，与 VOCs 的接触面积较小。Sjostrom 等[120]研究了瑞典消防工作者在灭火工作时的 VOCs 暴露，发现其皮肤表面黏附了与大气和颗粒相关的多环芳烃。尽管暴露量要低于相关的瑞典职业暴露限值，但重视消防人员的脖子和手腕部分的裸露皮肤保护是有必要的。

经皮肤的暴露 VOCs 可通过灰层（户外工作）、土壤（户外、工作娱乐）、水（洗澡）或溶剂（化学品接触）等介质的方式进入人体。涉及的皮肤暴露参数有：全身及各部位皮肤表面积（m²）、皮肤暴露表面积（m²）、水的皮肤渗透系数（cm/h）、化合物的皮肤渗透系数（cm/h）、洗浴（盆浴和淋浴）时间（min/d）、游泳时间（min/月）、土壤/灰层的皮肤黏附系数（mg/cm²）以及从事本职业的年限（a）和职业流动性（a）等。皮肤表面积（body surface area, SA）指皮肤总表面积，是皮肤暴露评价过程的关键参数。目前运用模型估算公式(5-1)[106]计算皮肤表面积 SA，我国暴露手册采用如下估算公式计算：

$$SA = 0.012 \times H^{0.6} \times W^{0.5} \tag{5-1}$$

式中，SA 为皮肤表面积，m²；W 为体重，kg；H 为身高，cm。表 5-8 给出了暴露手册中中国人群皮肤表面积推荐值[106]。

表 5-8　手册中中国人群皮肤表面积推荐值（平均值）[106]

类别	表面积(m²)						
	总皮肤	头部	躯干	手臂	手部	腿部	脚部
男	1.70	0.13	0.63	0.25	0.08	0.49	0.11
女	1.50	0.12	0.57	0.23	0.07	0.44	0.10

土壤/灰层的皮肤黏附系数（mg/cm²）也是皮肤暴露的重要参数，主要由直接测量法和间接计算法得出。我国尚无土壤、灰层黏附系数的研究，因此我国手册中推荐值主要参考美国暴露参数手册中的数据。户外活动、涉土活动修葺房屋的土壤/灰层在身体不同部位（包括脸部、手臂、手、腿和脚）的黏附系数推荐值分别为 0.0314~0.1336 mg/cm²，0.0189~0.1595 mg/cm² 和 0.0660~0.2763 mg/cm²[121]。

VOCs 的皮肤渗透系数我国手册中暂无具体数据，房增强等[119]等报道了部分 VOCs 的皮肤渗透系数，如下：1, 1, 1, 2-四氯乙烷、四氯乙烯、三氯乙烯、苯、四氯化碳和氯仿的皮肤渗透系数分别为 0.0099 cm/h、0.08 cm/h、0.0481 cm/h、0.0207 cm/h、0.0224 cm/h 和 0.0089 cm/h。

在我们对污染物的皮肤暴露评估的研究中，成人暴露的皮肤表面积通常假设为 1.75 m²；由于考虑到衣物覆盖的皮肤区域没有完全暴露，皮肤表面积的暴露分数通常设为 25%[122]。一项研究[123]的皮肤暴露评估中所应用到的参数如下：男性的皮肤表面积假定为 1.66 m²，平均寿命 64 岁，体重 60 kg；女性的皮肤表面积假定为 1.53 m²，平均寿命 67 岁，体重 55 kg；皮肤与水接触的比例为 90%，每天淋浴时间为 0.5 h/d；换算因子为 0.001 L/cm³，暴露时间为 24 年，暴露频率为 0.959；检测的目标 VOCs 的皮肤渗透系数如表 5-9 所示。

表 5-9　几种 VOCs 的皮肤渗透系数

化合物	皮肤渗透系数（cm/h）
1, 1-二氯乙烯	0.0117
1, 2, 3-三氯丙烷	0.00752
1, 2-二溴-3-氯丙烷	0.00685
1, 3-二氯丙烷	0.00776
苯	0.0149
氯仿	0.00683
一溴二氯甲烷	0.00402
1, 1, 2-三氯乙烷	0.00504
1, 1, 2, 2-四氯乙烷	0.00694
二氯甲烷	0.00402

续表

化合物	皮肤渗透系数（cm/h）
甲苯	0.0311
1，1-二氯乙烷	0.00675
反式-1，2-二氯乙烷	0.011
顺式-1，2-二氯乙烷	0.011
1，1，1-三氯乙烷	0.0126
苯乙烯	0.0372
氯苯	0.0282
萘	0.0446
二溴一氯甲烷	0.00289
1，1，1，2-四氯乙烷	0.0159

5.3.1.3　饮水和膳食摄入暴露参数

关于 VOCs 经饮水暴露的研究极少，但由于水中 VOCs 含量极低，人的暴露风险也极低[124]。张奇磊等研究发现常州市居民饮用自来水暴露的致癌风险和非致癌风险远低于 USEPA 的推荐限值[124]。同样地，Cao 等[123]在研究东江湖中的 VOCs 时也得出的相同的结论。因此，本节不重点关注 VOCs 的饮水暴露参数。有研究显示评估摄入途径的暴露量时经口摄入途径摄入速率一般男性设为 4 L/d，女性设为 3 L/d[123]。在韩国关于食物消耗量的统计调查中，每日总食物摄入量假设为 1.5 kg/人。消费因子（CF）描述的是每日饮食中预期接触特定包装材料的比例。CF 表示与特定包装材料接触的所有食品的质量与所有食品包装的质量之比。计算每种包装材料的食品类型分布因子（f_T），以反映含水、酸性、酒精和脂肪食品与每种材料的接触比例。根据包装类别和聚合物类型应选择适当的 f_T 值。来自食物接触材料的迁移浓度（M），是通过将适当的 f_T 值乘以代表四种食物类型的模拟物的迁移值（M_i）得到，pH 为 >5 的食物（不含脂肪和酒精的食物）f_T 设为 1，pH<5 的食物（不含脂肪和酒精的食物）设为 2，对于含酒精的食物设为 3，对于含脂肪的食物设为 4[125]。

5.3.2　儿童暴露参数

前面关于成人暴露参数部分讨论过，儿童和成人因其生理参数、行为模式、上学等有着巨大差异，因此在暴露污染物时的表征他们暴露行为的暴露参数之间差异也有着巨大差异。我国的暴露参数手册将儿童卷又细分为 0~5 岁卷和 6~17 岁卷[108]。下文将对儿童暴露 VOCs 的呼吸暴露参数和皮肤暴露参数进行说明。

5.3.2.1 呼吸暴露参数

对于我国 0~5 岁人群呼吸速率推荐值设为长期呼吸速率范围在 3.7~8.8 m^3/d，短期呼吸速率范围在 1.4~36.1 L/min。而对于我国 6~17 岁人群呼吸速率，长期呼吸速率的推荐值范围在 10.1~14.0 m^3/d，短期呼吸速率推荐值范围在 4.1~60.3 L/min。

我国 0~5 岁人群所有活动模式参数（包括室内活动、室外活动、交通工具使用和与烹饪相关的暴露）的时间推荐值为 2~1390 min/d。而我国 6~17 岁人群所有活动模式参数（包括室内活动、室外活动和交通工具使用）的时间推荐值为 37~1302 min/d[108]。

5.3.2.2 皮肤暴露参数

对于儿童 VOCs 的皮肤暴露参数，重点关注与土壤和水接触的参数：皮肤表面积、与洗澡和游泳相关的时间-活动暴露参数。表 5-10 和表 5-11 分别总结了手册中 0~5 岁人群[108]和 6~17 岁人群[107]皮肤暴露相关参数的推荐值。

表 5-10　我国 0~5 岁人群皮肤暴露相关参数推荐值[108]

类别	表面积 (m^2)							洗澡时间 (min/d)	游泳人数 比例 (%)	游泳时间 (min/月)
	总皮肤	头部	躯干	手臂	手部	腿部	脚部			
0~3 月	0.34	0.06	0.12	0.05	0.02	0.07	0.02	5	9.5	43
3~6 月	0.4	0.07	0.14	0.06	0.02	0.08	0.03	7	10.9	55
6~9 月	0.45	0.08	0.16	0.06	0.02	0.09	0.03	8	12.3	60
9 月~1 岁	0.47	0.09	0.17	0.06	0.03	0.1	0.03	8	11.0	45
1~2 岁	0.52	0.09	0.19	0.07	0.03	0.12	0.03	8	5.0	61
2~3 岁	0.61	0.09	0.23	0.07	0.03	0.14	0.04	9	46.6	63
3~4 岁	0.68	0.09	0.22	0.10	0.04	0.18	0.05	9	5.6	94
4~5 岁	0.74	0.10	0.23	0.10	0.04	0.21	0.05	9	5.4	80
5~6 岁	0.80	0.11	0.28	0.11	0.04	0.22	0.06	9	7.4	108

表 5-11　我国 6~17 岁人群皮肤暴露相关参数推荐值[107]

类别	表面积 (m^2)							洗澡时间 (min/d)	游泳人数 比例 (%)	游泳时间 (min/月)
	总皮肤	头部	躯干	手臂	手部	腿部	脚部			
6~9 岁	0.99	0.13	0.35	0.13	0.05	0.27	0.07	9	14.9	148
9~12 岁	1.23	0.13	0.42	0.16	0.07	0.36	0.09	10	21.7	217
12~15 岁	1.46	0.14	0.48	0.18	0.08	0.48	0.11	12	18.0	218
15~18 岁	1.61	0.13	0.52	0.24	0.09	0.53	0.11	10	12.2	230

5.3.3　国内外暴露参数对比

由于各个国家间人种、体质、饮食习惯、生活方式、劳动水平和生活环境等存在着差异，因此各国间暴露参数的值有所不同。另外，由于对暴露参数的研究状况不同，各国在暴露参数的类别和研究程度上也有些差异。美国是世界上第一个发布暴露手册的国家，其手册成为其他国家制定手册的参考依据。美国的暴露手册编写具有较为完整的体系，包括年龄分组法、暴露场景分析、空气交换率等，为其他国家的暴露手册的制定提供了良好的参考框架和标准。《日本暴露参数手册》[126]在参考美国暴露手册的基础上编制，于 2007 年发布，除了包含人体特征参数、呼吸暴露参数、经口暴露参数、时间-活动模式参数外，相比美国，增添了苯、甲苯等常见污染物的暴露浓度和母乳、头发等中二噁英、汞和镉的负荷。欧盟也于 2007 年建成了自己的 ExpoFacts 暴露参数数据库和工具包[127]，其中还包含了参考指南和参考文献库，供欧盟国家下载使用。《韩国暴露手册》也是在参考美国的基础上，根据韩国居民特点编写，于 2009 年发布除了常见的参数外，还包含人口流动、居住容积和住宅变更等参数[128-131]。加拿大也于 2013 年发布了自己的暴露参数手册[132]，涉及膳食暴露、职业暴露、住宅暴露方面的暴露参数[133]。和其他国家相比，美国的暴露参数工作做得细致且完善，除了各国都有的常规人体特征暴露参数、行为-活动模式暴露参数、摄入量参数外，美国还完善了化合物的皮肤渗透系数、异食癖行为者的暴露参数。相对其他国家的暴露参数工作，欧盟则进一步地做了人口社会学研究。

相比发达国家，我国的暴露参数研究较少，起步较晚，但成果显著，为我国的暴露风险工作的开展做出了巨大贡献，提供了科学且统一的数据参考依据。但也有些局限性，对于行为-活动模式的数据，我国多为采用大型调查研究的方法，而较少通过实验获得数据。如儿童卷（0~5 岁）中对于儿童行为模式主要采用问卷调查的方法，皮肤表面积计算时直接引用 USEPA 2008 版中的系数；儿童卷（6~17 岁）主要是通过问卷调查和现场测量的方式获得的数据。还有些参数，如成人卷中灰层/土壤皮肤黏附系数则直接引用的 USEPA 2011 版的推荐值，我国和美国人之间因人种差异，皮肤黏附系数会有一定差异，直接引用美国数据不能代表我国的真实暴露情况，后续研究应跟进。中美两国的地理环境、气候条件、人群生活习惯和方式、人种等的差异性，直接套用美国模型计算易导致数据偏差过大。对于 VOCs 暴露评价过程要用到的关键暴露参数，如体重、呼吸速率、室内外活动时间、皮肤表面积。我们将我国暴露参数和美国、加拿大、日本和韩国地区进行比较，并列在表 5-12 中（成人暴露参数）和表 5-13 中（0~17 岁儿童的暴露参数）。

表 5-12 我国暴露参数与美国、日本和韩国对比（成人）

类别	中国[106]	美国[121]	日本[126]	韩国[134]
体重(kg)	65.0（男） 56.8（女）	86.0（男） 73.0（女）	64.0（男） 52.7（女）	69.2（男） 56.4（女）
预期寿命(a)	72.4（男） 77.4（女）	75.4（男） 80.4（女）	77.7（男） 84.6（女）	75.1（男） 81.9（女）
长期呼吸速率(m³/d)	18.0（男） 14.5（女）	14.7（男） 14.7（女）	17.3（男） 17.3（女）	15.7（男） 12.8（女）
室内活动时间(min/d)	1200	1159	948	1284
室外活动时间(min/d)	221	281	78	71
皮肤表面积(m²)	1.7（男） 1.5（女）	2.07（男） 1.82（女）	1.69（男） 1.51（女）	1.83（男） 1.59（女）

从表 5-12 中可以发现，关于体重参数，我国成人体重数据和日韩成人相当，比美国要低许多，这与人种、膳食营养结构等因素有关。关于预期寿命，发达国家的人口预期寿命要比发展中国家要高，这与科技、医疗、经济、生活生产方式、气候等密切相关。我国人民的预期寿命要比美国、日本、韩国低 3~7 岁左右。

对于成人的长期呼吸速率，我国和日本的成人长期呼吸速率要高于美国和韩国，这与人民的生产生活方式、劳动强度密切相关，和韩国的相当。我国手册中成人的长期呼吸速率是基于能量代谢法得到，这对于暴露参数的本土化要求来说远远不够，后续应采取实验法获得更精确的数值。

对于室内活动时间参数，我国和美国、韩国间的数据差别不大，但都高于日本，这可能与居民的生活方式不同有关。而对于室外活动时间，我国的数据和美国相当，均为日韩国家的 3~4 倍左右，这很大程度上是与居民生活生产方式、生活习惯、国土面积等相关。

对于皮肤表面积参数，我国和日韩国家的差异不大，但 3 个国家的皮肤表面积均低于美国，可能是由于都是东亚人口，体重身高等差别不大，而都比美国低，导致中日韩国家成人皮肤总表面积差异不大，但均低于美国。

对于儿童 VOCs 暴露评价过程要用到的关键暴露参数，如体重、呼吸速率、室内外活动时间、皮肤表面积。我们将我国 0~17 岁人群暴露参数和美国、加拿大、日本和韩国地区进行比较，列在表 5-13 中。

表 5-13 我国暴露参数与美国、加拿大、日本和韩国对比（0~17 岁人群）

类别	年龄段	中国[107, 108]	美国[121, 135]	加拿大[132]	日本[126]	韩国[134]
体重(kg)	0~1 月	6.4	4.8	—	—	5.6
	1~3 月	6.4	5.9	—	—	5.6
	3~6 月	7.9	7.4	—	—	7.5

类别	年龄段	中国[107, 108]	美国[121, 135]	加拿大[132]	日本[126]	韩国[134]
	6~9 月	9.1	9.2	—	—	8.6
	9 月~1 岁	9.8	9.2	—	—	9.7
	1~2 岁	11.2	11.4	15.3	—	10.5
	2~3 岁	13.5	13.8	—	—	12.9
	3~4 岁	15.6	18.6	—	—	14.6
	4~5 岁	17.7	18.6	—	—	16.4
	5~6 岁	19.6	18.6	—	—	18.7
	6~7 岁	26.5	31.8	15.0	36.9	21.2
	7~8 岁	26.5	31.8	15.0	36.9	24.1
体重(kg)	8~9 岁	26.5	31.8	37.0	36.9	27.5
	9~10 岁	36.8	31.8	37.0	36.9	31.1
	10~11 岁	36.8	31.8	37.0	36.9	34.9
	11~12 岁	36.8	56.8	37.0	36.9	39.7
	12~13 岁	47.3	56.8	56.0	—	44.3
	13~14 岁	47.3	56.8	56.0	—	49.5
	14~15 岁	47.3	56.8	56.0	—	54.0
	15~16 岁	54.8	56.8	56.0	—	57.1
	16~17 岁	54.8	71.6	69.0	—	58.1
	17~18 岁	54.8	71.6	69.0	—	59.2
	0~3 月	3.7	3.6	2.7	—	—
	3~6 月	4.7	4.1	2.7	—	—
	6~9 月	5.4	5.4	2.7	—	—
	9 月~1 岁	5.9	5.4	2.7	—	—
	1~2 岁	5.7	8.0	7.9	—	—
	2~3 岁	6.3	9.5	7.9	—	—
	3~4 岁	8.0	10.9	7.9	—	—
长期呼吸速率	4~5 岁	8.4	10.9	14.2	—	—
(m³/d)	5~6 岁	8.8	10.9	14.2	—	—
	6~9 岁	10.1	12.4	14.2	—	—
	9~11 岁	13.2	12.4	14.2	—	—
	11~12 岁	13.2	15.1	14.2	—	—
	12~15 岁	13.5	15.1	15.6	—	—
	15~16 岁	14.0	15.1	15.6	—	—
	16~18 岁	14.0	16.5	15.6	—	—

类别	年龄段	中国[107, 108]	美国[121, 135]	加拿大[132]	日本[126]	韩国[134]
室内和室外活动时间（min/d）	0~1 月	1390（内）;50（外）	1440（内）;0（外）	—	—	—
	1~3 月	1390; 50	1432; 8	—	—	—
	3~6 月	1350; 90	1441; 26	—	—	—
	6~9 月	1321; 119	1441; 26	—	—	—
	9 月~1 岁	1303; 137	1301; 139	—	—	—
	1~2 岁	1285; 155	1353; 36	—	—	—
	2~3 岁	1279; 157	1316; 76	—	—	—
	3~4 岁	1275; 150	1278; 107	—	—	—
	4~5 岁	1284; 138	1278; 107	—	—	—
	5~6 岁	1286; 134	1278; 107	—	—	—
	6~9 岁	1297; 104	1244; 132	—	—	—
	9~11 岁	1298; 106	1244; 132	—	—	—
	11~12 岁	1298; 106	1260; 100	—	—	—
	12~15 岁	1300; 102	1260; 100	1389; 51	—	—
	15~16 岁	1302; 96	1260; 100	1389; 51	—	—
	16~18 岁	1302; 96	1248; 102	1389; 51	—	—
全身皮肤表面积(m²)	0~1 月	0.34	0.29	0.4064	—	—
	1~3 月	0.34	0.33	0.4064	—	—
	3~6 月	0.4	0.38	0.4064	—	—
	6~9 月	0.45	0.45	0.4064	—	—
	9 月~1 岁	0.47	0.45	0.4064	—	—
	1~2 岁	0.52	0.53	0.6557	—	—
	2~3 岁	0.61	0.61	0.6557	—	—
	3~4 岁	0.68	0.76	0.6557	—	—
	4~5 岁	0.74	0.76	—	—	—
	5~6 岁	0.80	0.76	—	—	—
	6~9 岁	0.99	1.08	1.1989	—	—
	9~11 岁	1.23	1.08	1.1989	—	—
	11~12 岁	1.23	1.29	1.1989	—	—
	12~15 岁	1.46	1.59	1.7594	—	—
	15~16 岁	1.61	1.59	1.7594	—	—
	16~18 岁	1.61	1.84	1.7594	—	—

　　从表 5-13 关于 0~17 岁人群 VOCs 暴露计算方面的重要暴露参数：体重、长期呼吸速率、室内和室外活动时间、皮肤总表面积的比较可以发现。对于体重数

据方面，相比其他国家，韩国的数据十分细致，0~18 岁的每个岁数都有对应的体重推荐数据。体重数据的具体数值上，我国 0~5 岁人群的体重数据和美国、韩国的数据差别不大。但对于 5~17 岁人群的而言，我国和韩国同为亚洲人口，体重差别不大，但和美国、加拿大人群数据差别较大。比如 16~17 岁人群体重，我国人群为 54.8 kg，韩国 58.1 kg，美国 71.6 kg，加拿大 69.0 kg，这可能与人种、饮食营养结构等有关，风险评估时如直接引用美国数据，将低估儿童暴露风险。

对于 0~17 岁人群的长期呼吸速率，我国、美国和加拿大手册中有较为全面的数据，而日韩缺乏相关数据。总体上看，我国人群和美国、加拿大的长期呼吸速率值差别不大。如对于 15~16 岁人群的长期呼吸速率，我国为 14.0 m^3/d，美国为 15.1 m^3/d，加拿大为 15.6 m^3/d。和美国数据相差不大，一定程度上是因为我国的长期呼吸速率同美国一样，采用的人体能量代谢法，基于体重、通气当量等数值为基础计算得出，且我们有些参数如通气当量直接引用 USEPA 2008 参考数值。

对于 0~17 岁人群的室内外活动时间，我国和美国具有各年龄段的具体数据，加拿大仅 12~17 岁人群的数据，而日韩手册中这方面数据有所欠缺。从表 5-13 中可以看出，总体而言，对于 0~6 岁人群，我国和美国室内活动时间相比美国人群更长，而如 5~6 岁人群，我国为 134 min/d，美国为 107 min/d；但室外活动时间上，两国无明显差异。对于 6~17 岁人群，我国人群室内活动时间除 6~11 岁比美国人群低外，其余都与美国相当；6~17 岁人群的室外活动时间上两国差别不大。

对于 0~17 岁人群的皮肤总表面积，我国、美国、加拿大都具有全面的数据，而日韩有所欠缺。总体而言，我国人群的皮肤总表面积要低于美国和加拿大人群，这主要是因为我国人群的体重和身高总体而言都比美国和加拿大人群低。

总体而言，我国与其他各国间的暴露参数有一定差异。我国暴露参数手册的制定有着积极重大的意义，为暴露风险评估的科学性提供了良好的保障，但也存在一些本土化程度不够，直接引用 USEPA 数据的问题，需要在日后的研究中积极探索，用更贴切我国人民实际状况的数据去更新数据库。

5.4　VOCs 暴露评估模型

健康风险评估是指通过某些方法具体量化有毒有害物质对生物体的影响，以风险度作为评价指标，定量描述环境污染物对人体的健康风险[136]。大气中一系列的光化学反应前驱物在有利条件下能形成有毒有害的气溶胶，而前驱物中除颗粒物其余大部分都是 VOCs，其成分和成因复杂，具有亨利常数较大、饱和蒸气压高、相对分子质量小、沸点较低、辛烷值较小等特征[88, 137]。VOCs 对人的皮肤、眼睛、黏膜等均有刺激性作用，人体长期暴露于高浓度 VOC 的环境会引起皮肤过敏、头晕目眩，甚至是中毒死亡[138]。大气与人类及生物的环境健康息息相关，近年来关于 VOCs 的健康评价方面的研究也越来越多。目前关于 VOCs 的评价方法，主要有 USEPA 风险评估指南（简称 USEPA 模型）、新加坡半定量风险评估法（简称新加坡模型）、罗马尼亚职业事故职业病风险评估方法（简称罗马尼亚模型）和国际采矿与金属委员会健康风险评估方法（简称 ICMM 模型）。通过对比以上四种健康风险评价模型，每种模型建立的技术原理有所区别，且各有自身优势和局限性[139]。目前大部分关于 VOCs 的健康评价模型主要是采用 20 世纪 90 年代提出的 USEPA 健康风险评估模型，主要技术路线由风险识别、关键科学问题、暴露评价和风险表征 4 个模块组成，如图 5-5 所示。

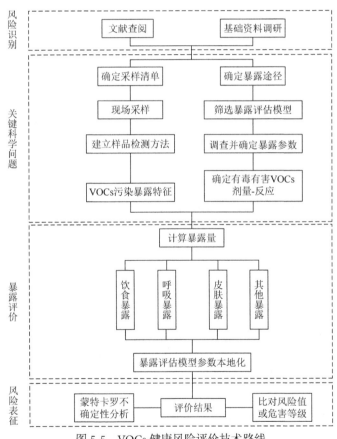

图 5-5　VOCs 健康风险评价技术路线

5.4.1　暴露评估模型简介

　　健康风险评价由三个阶段发展而来，初期是进行简单的毒物鉴定的定性分析；后来引入一个安全系数来估算毒物具体的量；最后就是形成一个系统的评价过程[138]。而我国相对较晚的时间才出现环境风险评价,方法无非是对现有技术和理论进行阐述,或者是应用现有技术和模型,并没有形成自有的评价方法[139]。早期主要是对一些环境危害性较大的化学物质进行环境健康讨论[140],也有部分学者简单介绍了其理论和方法,并将其中一部分参数本地化,对结果进行了不确定性分析[141, 142]。

目前国家环境保护部也在开展"环境与健康调查和风险评价技术与方法"研究,但未建立完整的污染物毒性数据库,所以当前国内开展的大部分健康风险研究的相关参数主要来源于 USEPA 和世界卫生组织(WHO)网站。因此健康评价模式也主要以 USEPA 提出的"四步法"为主要步骤,而欧盟或其他国家提出的评估方法与之大同小异[138]。

5.4.1.1 USEPA 模型

该方法广泛应用于空气、水和土壤等环境介质对人体引起的健康风险评价[139],具体步骤如下:

(1)危害鉴定:首先可以通过流行病学、结构毒理学、动物实验,也可参照现有相似研究成果对化学物质进行危害鉴定,以此来判断有毒有害物质对人的健康效应[143]。有阈值化学物质可通过强度效应来判断健康效应,无阈值化学物质需要根据 USEPA 综合风险信息系统(IRIS)化学物质致癌分类和国际癌症研究中心(IARC)化学物质致癌性分类对致癌物质进行危害鉴定[144]。由于我国未建立完善的污染物数据库为此提供参考依据,因此在 2008 年发布的《环境影响评价技术导则人体健康(征求意见稿)》中也将 IRIS 数据库推荐为主要的参考资料[138]。

(2)剂量-反应评价:一般通过人类流行病学资料和动物毒理实验数据来定量定性计算人体健康效应的概率。对于致癌化合物,主要讨论暴露剂量与肿瘤之间的发生率;对于致癌污染物,可根据终身日均暴露剂量(LADD)得出致癌风险 ILCR(终生增量致癌风险)[145]。其中大多数实验数据来源于动物实验,而动物到人之间的数据转换采用 Probit、Weibull 和 Logit 等模型来实现从动物实验的高剂量到人体接触的低剂量的外推[146-148]。对于非致癌物,主要研究其剂量-效应关系,其中单一污染物非致癌风险是以 HQ 作为非致癌风险评估的衡量指标[149]。

(3)暴露评价:指通过一定方法来确定或估算暴露过程中暴露量大小、频率、持续时间和途径的这一过程[138]。这一阶段起决定性作用的是污染物在环境中的浓度、暴露时间、频率和途径,这些参数一部分通过现场调查或调查问卷获得,另外一部分则通过对实验对象的监测或通过相关模型获得,其中一些数据可通过引入本地参数而消除误差。

(4)风险表征:指在总结归纳前面结论的同时,对已获取的资料或数据进行定性定量分析。对化学物质进行致癌与非致癌数据分析时,有害因子又可分为对个体暴露和人群暴露造成的影响。除此之外，由于经济、技术、社会等因素的差异使不同机构乃至国际上的可接受暴露限值有所不同因此在表征危害程度的过程中，可能由于主观或客观的原因导致评估结果的不确定性。近些年的相关研究引入了一些数学方法，其中基于随机数学方法的蒙特卡罗模拟法被国内外学者广泛运用到健康风险评价的不确定性研究中[150]。

根据 USEPA 的健康风险评价方法，以上"四步法"每个阶段中相关的计算具体过程如下：

1）VOCs 的暴露量计算

根据暴露途径确定暴露量，空气中的 VOCs 主要通过呼吸途径暴露于人体，某 VOC_i 日均暴露质量浓度按下列公式计算[119]：

$$ADD_{呼吸暴露} = \frac{c \times IR \times ET \times EF \times ED}{BW \times AT} \tag{5-2}$$

式中，$ADD_{呼吸暴露}$ 为呼吸暴露 VOC 的日均暴露剂量，mg/(kg·d)；IR 为呼吸速率（m³/d），取 20 m³/d；c 为环境空气中 VOC 的质量浓度（mg/m³）；ET 为每次事件暴露时间（h/次），取 5 h/d；EF 为暴露频率（d/a）；ED 为暴露持续时间（a）；BW 为人体质量（kg）；AT 为平均暴露时间（d）；EF =（年暴露月数×月工作日数−法定节假日数）× 日工作小时数 × 暴露概率 ÷ 24 h（法定节假日取 10 d，工作年限按 35 a 计）。

而在研究中一般会忽视空气中降尘所携带的 VOCs 对于人体伤害，房增强等[119] 在污染土壤挖掘现场的 VOCs 研究中，对呼吸污染性颗粒物的暴露（Intake）进行了量化，计算方式如下：

$$Intake = \frac{CP \times FP \times IR \times ET \times EF \times ED}{BW \times AT} \tag{5-3}$$

式中，CP 为空气中可吸入颗粒物的含量（mg/m³）；FP 为颗粒物中污染物的含量（mg/kg）。

相比于呼吸暴露，皮肤吸收也是一个重要的暴露途径，皮肤接触的污染物平均日暴露量 $ADD_{呼吸暴露}$[151]，计算式如下：

$$ADD_{皮肤暴露} = \frac{c_s \times K \times SA_1 \times EF \times ED}{BW \times AT} \tag{5-4}$$

式中，c_s 为空气中污染物的浓度，ng/m³；K 为污染物的皮肤渗透系数，m/d；SA_1 为暴露于空气的皮肤表面积。

除以上暴露途径外，张奇磊[124]、王若师[152]、姜林[153]、孙树青[154]和苏伟[155] 等还调查并检测了饮用水源地中重金属，并对不同暴露途径开展了健康风险评价，其中张奇磊等[124]计算了饮用水中通过直接饮用的污染物摄取量，计算式如下：

$$CDI_{直接饮用} = \frac{\rho \times U \times EF \times ED}{BW \times AT} \tag{5-5}$$

式中，ρ 为水中化合物的质量浓度（mg/L）；U 为日饮用水量（L/d）。

2）致癌风险和非致癌风险

非致癌风险危害指数（hazard index，HI），指的是将呼吸途径所暴露摄入量与参考剂量进行对比，而参考剂量所代表的是人群在长期处于该暴露条件下无明显非致癌风险的暴露浓度值[88]。

暴露浓度（exposures concentration，EC）的计算如下[80]：

$$EC = \frac{CA \times ET \times EF \times ED}{AT} \tag{5-6}$$

式中，EC 为暴露浓度（μg/m³）；CA 为环境浓度（μg/m³）。

得出暴露浓度，即可知道非致癌风险伤害商值（hazard quotients，HQ）：

$$HQ_i = \frac{EC}{Rfc \times 1000} \tag{5-7}$$

式中，Rfc（reference concentration）为污染物的参考剂量浓度（mg/m³），若 HQ<1，认为污染物的相应暴露不会对人体造成健康危害；若 HQ>1，认为污染物的相应暴露可能对人体产生一定的健康危害。

在真实环境中 VOCs 往往是多种同时存在，所以需要危害指数（HI）这一参数，来综合评价健康危害的总和[80]，如下式计算：

$$HI = \Sigma_i HQ_i \tag{5-8}$$

HI 是多种同类型不同污染物对健康危害的总和，若 HI<1，认为此类污染物的相应暴露不会对人体造成健康危害；若 HI>1，认为此类污染物的相应暴露可能会对人体产生一定的健康危害。

对于致癌污染物，根据污染物日均暴露剂量 EC 致癌（exposure concentration）和单位吸入风险值 IUR（inhalation unit risk），可得到其终身致癌风险值，以 LCR（lifetime cancer risk）表示[156]。如下式计算：

$$LCR = EC \times IUR \tag{5-9}$$

式中，LCR 为终身致癌风险，表示暴露人群癌症发生的概率，通常以单位数量人口出现癌症患者的比例表示，即风险值（risk）；IUR（inhalation unit risk）是单位吸入风险值(μg/m³)⁻¹，表示人体通过呼吸途径暴露于一定剂量的某种污染物下产生致癌效应的最大概率。若 LCR 在 $1 \times 10^{-6} \sim 1 \times 10^{-4}$（即每 1 万人到 100 万人增加 1 个癌症患者），则认为该物质具有致癌风险。

5.4.1.2　新加坡模型

新加坡针对化学毒物建立了《化学毒物职业暴露半定量风险评估方法》

这一评估办法[139, 157]，此方法的风险水平根据危害等级 HR 和暴露等级 ER 进行计算[158]。

1）危害等级 HR

美国政府工业卫生学家协会（ACGIH）和国际癌症研究机构（IARC）分别根据化学物的毒性和致癌作用对其进行危害分级。而化学物的危害等级由毒性、暴露途径及其他影响因素决定[144]。

2）暴露等级 ER

将暴露浓度（E）与容许接触限值（PEL）相比确定暴露等级，见表 5-14。

表 5-14　暴露等级[157]

E/PEL	暴露等级（ER）
<0.1	1
0.1~0.5	2
0.5~1.0	3
1.0~2.0	4
≥2.0	5

3）风险水平

根据危害等级和暴露等级进行计算，公式如下：

$$R = \sqrt{HR \times ER} \tag{5-10}$$

式中，HR 为危害等级；ER 为暴露等级。

根据上表判定化学物的风险并对进行分级，见表 5-15，上式计算得到的风险分级为非整数时，四舍五入，风险等级划分见表 5-15。

表 5-15　风险等级[157]

风险等级	等级
1	可忽略风险
2	低风险
3	中等风险
4	高风险
5	极高风险

该评估法，以现场调查和检测数据为依据半定量评估化学毒物，客观反映工

作场所的风险水平；具有相似健康效应的化学物可评估联合暴露的风险水平；但是，风险水平按 5 个等级划分，评价结果偏保守[159]。

5.4.1.3　罗马尼亚模型

该方法包括任命评估组成员、确定评估体系、识别体系内的风险因子、工作相关事故和疾病风险评估、形成风险等级，确定预防的优先次序和提出预防措施 6 个步骤[160]。该模型在评价暴露水平时，一般基于评估人员的专业知识和工作经验，主观性较强[161]。后果发生的可能性分为 6 个等级，后果严重性分为 7 个等级，以发生可能性/严重性的组合形式，表示受检体系内每个风险因子的风险水平，受检体系总体风险水平（ N_r ）是由每个风险因子加权平均计算得到[162]。

总体风险水平计算公式如下：

$$N_r = \frac{\sum_{i=1}^{n} r_i \times R_i}{\sum_{i=1}^{n} r_i} \qquad (5\text{-}11)$$

式中，N_r 为工作场所总体风险水平；r_i 为风险因子"i"的等级，与风险等级值相同；R_i 为风险因子"i"的风险等级；n 为工作场所识别的风险因子的数量。

5.4.1.4　ICMM 模型

该模型建立之初是国际采矿与金属委员会为采矿与金属行业的作业工人制定的职业健康风险评估方法，主要通过危害识别、潜在健康影响调查、接触测量和风险表征 4 个步骤对有害因素进行评估的模型，适用于物理、化学因素和粉尘的风险评估[159]。并且能综合考虑可能发生的健康后果、接触概率和接触时间等因素，最后通过赋值定量法或矩阵法确定风险水平[163]。

定量法公式如下：

$$RR = C \times PrE \times PeE \times U \qquad (5\text{-}12)$$

式中，RR 为风险等级；C 为后果；PrE 为暴露概率；PeE 为暴露时间；U 为不确定性。

5.4.2　呼吸暴露途径评估模型应用

据报道，VOCs 大多数从建筑材料、溶剂及化妆品等生活用品和烹饪、吸烟等人为活动中释放到空气中，因此相比于饮食暴露与皮肤暴露，呼吸暴露是最主要的暴露途径[70]。有研究表明，人们在室内生活工作的时间超过一天 80%的时间[164,165]，所以室内是人最直接和最经常接触的环境。而我国每年由于室内空气污染引起的死亡数可达 11.1 万人，门诊数 22 万人次，急诊数 430 万人次[80]。

　　室内 VOCs 种类繁多，成分复杂，含量甚微，难以检测。目前还没有任何关于室内空气 VOCs 浓度的统一质量标准，WHO 于 2000 年才首次选择性地公布了三种 VOCs（甲醛、二甲苯和 p-二氯苯）长期暴露后的毒性指导限值[166]。我国民用建筑工程的室内环境污染控制规范规定在住宅、医院、教室等一类的民用建筑中，由建筑和装修材料产生的 TVOCs 浓度应小于等于 0.5 mg/m³[167]。成竹[80]针对重庆主城区的住宅室内的 VOCs 进行浓度检测，通过 USEPA 时间加权风险暴露模型，发现大部分人都处于安全暴露的水平，但该地区成年男性和女性呼吸暴露风险增量均超过了 1.0×10^{-6}，因此，若长期暴露于该环境中，患癌的风险会大大增加。植深晓等[168]对某制鞋工业区周围环境空气中的 VOCs 浓度进行监测，并采用 USEPA 的健康风险评价模型评估其对周边人群的影响，发现该区总 VOCs 的累积非致癌风险指数为 6.72×10^{-8}（<1），因此不会对人体产生明显的非致癌健康危害；而累积致癌风险指数为 3.88×10^{-6}，是可接受致癌风险值（1.0×10^{-6}）的 4 倍。顾天毅[62]根据商场室内空气甲醛的测定结果，发现商场男性和女性工作人员的甲醛终生致癌风险值均超过 USEPA 推荐的健康风险水平值，表明商场内公共场所的致癌风险超出可接受水平；除此之外，男女非致癌暴露浓度值也大于美国 ATSDR 推荐的甲醛最小风险水平值（9.83×10^{-3} mg/m³），表明存在慢性非致癌风险。毕璐瑶[70]对有儿童的家庭住宅中的苯、乙苯、苯乙烯、1,4-二氯苯、三氯乙烯和四氯乙烯进行致癌风险评价后发现，致癌风险最大的是苯，随后依次是 1,4-二氯苯、乙苯、苯乙烯、四氯乙烯和三氯乙烯，且致癌风险随年龄的减小而升高。

　　而对某些特殊生产的厂区、污染场所等室外场所中的 VOCs，对人体也存在一定的健康风险。陈丹[139]使用一部分参数本地化的 USEPA 健康风险评价模型，对炼油厂典型装置区 VOCs 呼吸暴露途径进行非致癌风险评价，发现各装置中的 VOCs 非致癌风险指数均超过了 USEPA 规定的非致癌风险值 1。房增强等[119]在 VOCs 污染场地修复过程中，通过研究发现对健康风险贡献最大的暴露途径是呼吸暴露，占总贡献率的 80%以上，多污染物质的同一暴露途径危害指数最高的也是呼吸暴露途径（达 1.01×10^{2}）。非致癌综合危害指数为 1.19×10^{2}，是以"1"作为非致癌风险警戒值的 119 倍，存在严重非致癌风险。

　　除此之外，佟瑞鹏等[169]发现 VOCs 在不同的交通工具中对人体的致癌风险存在差异，其中空调公交车和家庭轿车的致癌风险较大。杨婷等[170]在城区观测期间，发现 6 种苯系物（BTEX 和苯乙烯）的危害指数在 $8.19 \times 10^{-3} \sim 5.01 \times 10^{-2}$ 之间，并且在一年中对暴露人群尚不存在非致癌性风险；而 I 类致癌物质苯的风险值处于 $7.13 \times 10^{-8} \sim 8.13 \times 10^{-6}$ 之间，在夏、秋和冬季对研究区暴露人群的人体健康均存在潜在的致癌性风险。

5.4.3 其他暴露途径评估模型应用

由上文可知，过往大多数 VOCs 的研究都是以呼吸暴露为主，但尽管如此，皮肤和饮食暴露同呼吸暴露同样重要。陈丹等[136]对某大型炼油厂装置区排放的 BTEX 进行研究，发现经皮肤暴露的非致癌风险数量级为 1.0×10^{-9}~1.0×10^{-7}。房增强等[119]在 VOCs 污染场地修复过程中发现，通过皮肤接触暴露单途径的多物质危害指数为 2.08。谌宏伟等[171]对污染场地进行健康风险评价时，发现厂区下游居民饮用受污染的地下水，其多污染物非致癌总危害指数为 1.55×10^{-5}。杜红花[172]对场地主要 VOCs 进行健康风险评估，并针对 J&E 模型及修正后的模型，发现经口摄入暴露途径的致癌风险贡献率由原来的 47.8%增加到 85%。

5.5　本　章　小　结

VOCs 暴露健康是一个多元性和复杂性的环境健康问题，涉及 VOCs 暴露途径、暴露人群、暴露参数以及暴露评估模型多个方面的评估方法。本章节总结了国内外 VOCs 暴露途径、暴露人群、暴露参数和暴露评估模型的研究进展。其中 VOCs 暴露途径是识别环境 VOCs 进入人体行为过程的研究，是 VOCs 暴露健康评估的前提和起点。目前主要关注单一暴露途径健康效应的研究，难以反映 VOCs 复合暴露途径的实际行为，未来应重点建立 VOCs 复合暴露途径的健康效应研究，突破传统单一暴露途径评估的瓶颈。暴露人群、暴露参数以及暴露评估模型存在内在关联性，不同暴露人群涉及 VOCs 暴露组成与剂量、暴露持续时间和频率的不同将导致其对应暴露参数和暴露评估模型存在明显差异性。可见，发展不同暴露人群具体化的暴露参数和暴露评估模型有助于针对性完善 VOCs 不同暴露人群健康效应的评估方法。另一方面，由于我国 VOCs 污染特征、地理、气候和人种与国外存在显著性差异，先前国外的研究经验、参数和模型无法直接应用于我国 VOCs 暴露人群健康效应的研究，建立我国 VOCs 暴露评估方法以期能够更加准确评估我国 VOCs 暴露的健康效应。

（林钦浩　余应新　安太成）

参 考 文 献

[1] Klein F, Pieber S M, Ni H, et al. Characterization of gas-phase organics using proton transfer reaction time-of-flight mass spectrometry: Residential coal combustion. Environmental Science & Technology, 2018, 52(5): 2612-2617.

[2] Kilic D, Brem B T, Klein F, et al. Characterization of gas-phase organics using proton transfer reaction

time-of-flight mass spectrometry: Aircraft turbine engines. Environmental Science & Technology, 2017, 51(7): 3621-3629.

[3] 杨异. 典型挥发性有机污染物人体呼吸暴露沉积率及健康风险研究. 硕士, 广东工业大学, 2020.

[4] Amor-Carro Ó, White K M, Fraga-Iriso R, et al. Airway hyperresponsiveness, inflammation, and pulmonary emphysema in rodent models designed to mimic exposure to Fuel oil-derived volatile organic compounds encountered during an experimental oil spill. Environmental Health Perspectives, 2020, 128(2): 27003.

[5] Wang C, Li M, Jiang H, et al. Comparative analysis of VOCs in exhaled breath of amyotrophic lateral sclerosis and cervical spondylotic myelopathy patients. Scientific Reports, 2016, 6: 26120.

[6] Gross S A, Paustenbach D J. Shanghai Health Study (2001—2009): What was learned about benzene health effects? Critical Reviews in Toxicology, 2018, 48(3): 217-251.

[7] Ran J, Kioumourtzoglou M-A, Sun S, et al. Source-specific volatile organic compounds and emergency hospital admissions for cardiorespiratory diseases. International Journal of Environmental Research and Public Health, 2020, 17(17): 6210.

[8] Elliott L, Longnecker M P, Kissling G E, et al. Volatile organic compounds and pulmonary function in the Third National Health and Nutrition Examination Survey, 1988-1994. Environmental health perspectives, 2006, 114(8): 1210-1214. From NLM.

[9] Krzyzanowski M, Quackenboss J J, Lebowitz M D. Chronic respiratory effects of indoor formaldehyde exposure. Environmental Research, 1990, 52(2): 117-125.

[10] Rumchev K B, Spickett J T, Bulsara M K, et al. Domestic exposure to formaldehyde significantly increases the risk of asthma in young children. The European Respiratory Journal, 2002, 20(2): 403-408. From NLM.

[11] Rumchev K, Spickett J, Bulsara M, et al. Association of domestic exposure to volatile organic compounds with asthma in young children. Thorax, 2004, 59(9): 746-751. From NLM.

[12] McGwin G, Jr., Lienert J, Kennedy J I, Jr. Formaldehyde exposure and asthma in children: a systematic review. Ciencia & Saude Coletiva, 2011, 16(9): 3845-3852. From NLM.

[13] Wong O, Whorton M D, Foliart D E, et al. An industry-wide epidemiologic study of vinyl chloride workers, 1942-1982. American Journal of Industrial Medicine, 1991, 20(3): 317-334.

[14] Ruder A M, Meyers A R, Bertke S J. Mortality among styrene-exposed workers in the reinforced plastic boatbuilding industry. Occupational and Environmental Medicine, 2016, 73(2): 97-102. From NLM.

[15] Rolle-Kampczyk U E, Rehwagen M, Diez U, et al. Passive smoking, excretion of metabolites, and health effects: results of the Leipzig's Allergy Risk Study (LARS). Archives of Environmental Health, 2002, 57(4): 326-331.

[16] 李曙光, 刘亚平, 林丽鹤, 等. 家庭装修室内空气污染对居民健康影响. 中国公共卫生, 2007, 23(4): 400-401.

[17] 方家龙, 刘玉瑛. 乙醛及其毒性. 国外医学(卫生学分册), 1996, 23(2): 101-105.

[18] 刘畅, 郑云昊, 刘兆荣, 等. 人体呼出气中内源性挥发性有机物筛选研究. 中国环境科学, 2016, 36(10): 3112-3117.

[19] Pleil J D, Stiegel M A, Risby T H. Clinical breath analysis: Discriminating between human endogenous compounds and exogenous (environmental) chemical confounders. Journal of Breath Research, 2013, 7(1): 017107.

[20] Haick H, Broza Y Y, Mochalski P, et al. Assessment, origin, and implementation of breath volatile cancer markers. Chemical Society Reviews, 2014, 43(5): 1423-1449.

[21] Miekisch W, Schubert J K, Noeldge-Schomburg G F E. Diagnostic potential of breath analysis—Focus on volatile organic compounds. Clinica Chimica Acta, 2004, 347(1): 25-39.

[22] Qureshi S M, Mustafa R. Measurement of respiratory function: Gas exchange and its clinical applications. Anaesthesia & Intensive Care Medicine, 2018, 19(2): 65-71.

[23]　Wei W, Bonvallot N, Gustafsson Å, et al. Bioaccessibility and bioavailability of environmental semi-volatile organic compounds *via* inhalation: A review of methods and models. Environ Int, 2018, 113: 202-213. PubMed.

[24]　Vereb H, Dietrich A M, Alfeeli B, et al. The possibilities will take your breath away: Breath analysis for assessing environmental exposure. Environmental Science & Technology, 2011, 45 (19): 8167-8175.

[25]　He J, Sun X, Yang X. Human respiratory system as sink for volatile organic compounds: Evidence from field measurements. Indoor Air, 2019, 29 (6): 968-978.

[26]　Chandra B P, Sinha V. Contribution of post-harvest agricultural paddy residue fires in the N.W. Indo-Gangetic Plain to ambient carcinogenic benzenoids, toxic isocyanic acid and carbon monoxide. Environ Int, 2016, 88: 187-197.

[27]　Du Z, Mo J, Zhang Y. Risk assessment of population inhalation exposure to volatile organic compounds and carbonyls in urban China. Environ Int, 2014, 73: 33-45.

[28]　Lerner J E C, Sanchez E, Sambeth J, et al. Characterization and health risk assessment of VOCs in occupational environments in Buenos Aires, Argentina. Atmos Environ, 2012, 55: 440-447.

[29]　Huang Y, Ho S S, Ho K F, et al. Characteristics and health impacts of VOCs and carbonyls associated with residential cooking activities in Hong Kong. Journal of Hazardous Materials, 2011, 186 (1): 344-351. From NLM.

[30]　Lim S K, Shin H S, Yoon K S, et al. Risk assessment of volatile organic compounds benzene, toluene, ethylbenzene, and xylene (BTEX) in consumer products. Journal of Toxicology and Environmental Health Part A, 2014, 77 (22-24): 1502-1521.

[31]　Du Z, Mo J, Zhang Y, et al. Benzene, toluene and xylenes in newly renovated homes and associated health risk in Guangzhou, China. Build Environ, 2014, 72: 75-81.

[32]　Huang Z-H, Zhang Y-L, Yan Q, et al. Decreased human respiratory absorption factors of aromatic hydrocarbons at lower exposure levels: The dual effect in reducing ambient air toxics. Environmental Science & Technology Letters, 2017, 4 (11): 463-469.

[33]　Yang Y, Luo H, Liu R, et al. The exposure risk of typical VOCs to the human beings *via* inhalation based on the respiratory deposition rates by proton transfer reaction-time of flight-mass spectrometer. Ecotox Environ Safe, 2020, 197: 110615.

[34]　Weschler C J, Nazaroff W W. Dermal uptake of organic vapors commonly found in indoor air. Environmental Science & Technology, 2014, 48 (2): 1230-1237.

[35]　Rauma M, Boman A, Johanson G. Predicting the absorption of chemical vapours. Advanced Drug Delivery Reviews, 2013, 65 (2): 306-314. From NLM.

[36]　Semple S. Dermal exposure to chemicals in the workplace: Just how important is skin absorption? Occupational and Environmental Medicine, 2004, 61 (4): 376-382. PubMed.

[37]　Trommer H, Neubert R H. Overcoming the stratum corneum: The modulation of skin penetration. A review. Skin Pharmacology and Physiology, 2006, 19 (2): 106-121.

[38]　Weschler C J, Bekö G, Koch H M, et al. Transdermal uptake of diethyl phthalate and di (*n*-butyl) phthalate directly from air: Experimental verification. Environmental Health Perspectives, 2015, 123 (10): 928-934. PubMed.

[39]　Bunge A L, Cleek R L. A new method for estimating dermal absorption from chemical exposure: 2. Effect of molecular weight and octanol-water partitioning. Pharmaceutical Research, 1995, 12 (1): 88-95.

[40]　Creta M, Poels K, Thoelen L, et al. A method to quantitatively assess dermal exposure to volatile organic compounds. Annals of Work Exposures and Health, 2017, 61 (8): 975-985.

[41]　Fan V S, Savage R E, Buckley T J. Methods and measurements for estimating human dermal uptake of volatile organic compounds and for deriving dermal permeability coefficients. Toxicology Mechanisms and Methods, 2007, 17 (5): 295-304.

[42] McKee R H, Adenuga M D, Carrillo J-C. Characterization of the toxicological hazards of hydrocarbon solvents. Critical reviews in Toxicology, 2015, 45(4): 273-365.

[43] 谭冰, 王铁宇, 庞博, 等. 农药企业场地空气中挥发性有机物污染特征及健康风险. 环境科学, 2013, 34(12): 4577-4584.

[44] 李曙光. 家庭装修室内空气污染对健康影响的调查研究. 吉林大学, 2005.

[45] Corley R A, Gordon S M, Wallace L A. Physiologically based pharmacokinetic modeling of the temperature-dependent dermal absorption of chloroform by humans following bath water exposures. Toxicological sciences: an official journal of the Society of Toxicology, 2000, 53(1): 13-23.

[46] Fenske R. Dermal exposure assessment techniques. The Annals of Occupational Hygiene, 1993, 37(6): 687-706.

[47] Carrillo-Carrión C, Lucena R, Cárdenas S, et al. Liquid-liquid extraction/headspace/gas chromatographic/mass spectrometric determination of benzene, toluene, ethylbenzene, (o-, m- and p-)xylene and styrene in olive oil using surfactant-coated carbon nanotubes as extractant. Journal of Chromatography A, 2007, 1171(1): 1-7.

[48] Lachenmeier D W, Kuballa T, Reusch H, et al. Benzene in infant carrot juice: Further insight into formation mechanism and risk assessment including consumption data from the DONALD study. Food Chemical Toxicology, 2010, 48(1): 291-297.

[49] Becalski A, Seaman S. Furan precursors in food: A model study and development of a simple headspace method for determination of furan. Journal of AOAC International, 2005, 88(1): 102-106.

[50] Gramshaw J, Vandenburg H J F A. Compositional analysis of samples of thermoset polyester and migration of ethylbenzene and styrene from thermoset polyester into pork during cooking. Food Additives & Contaminants, 1995, 12(2): 223-234.

[51] Tawfik M S, Huyghebaert A. Polystyrene cups and containers: Styrene migration. Food Additives & Contaminants, 1998, 15(5): 592-599.

[52] Chary N S, Fernandez-Alba A R. Determination of volatile organic compounds in drinking and environmental waters. TrAC Trends in Analytical Chemistry, 2012, 32: 60-75.

[53] Heikes D L, Jensen S R, Fleming-Jones M E. Purge and trap extraction with GC-MS determination of volatile organic compounds in table-ready foods. Journal of Agricultural and Food Chemistry, 1995, 43(11): 2869-2875.

[54] Vinci R M, Jacxsens L, De Meulenaer B, et al. Occurrence of volatile organic compounds in foods from the Belgian market and dietary exposure assessment. Food Control, 2015, 52: 1-8.

[55] Kavcar P, Odabasi M, Kitis M, et al. Occurrence, oral exposure and risk assessment of volatile organic compounds in drinking water for İzmir. Water Research, 2006, 40(17): 3219-3230.

[56] 唐文婷. 典型印刷企业挥发性有机物污染管控研究. 硕士, 华东理工大学, 2019.

[57] 冯旸, 刘锐源, 刘雷璐, 等. 广州典型印刷企业 VOCs 排放特征及环境影响和健康风险评价. 中国环境科学, 2020, 40(9): 3791-3800.

[58] Mo Z, Lu S, Shao M. Volatile organic compound (VOC) emissions and health risk assessment in paint and coatings industry in the Yangtze River Delta, China. Environmental Pollution, 2021, 269: 115740.

[59] 王斌. 上海某区 VOCs 排放特征及健康风险分析. 广州化工, 2019, 47(5): 123-126 + 133.

[60] 周静博, 李亚卿, 洪纲, 等. 石家庄市制药行业 VOCs 排放特征分析及健康风险评价. 生态毒理学报, 2015, 10(4): 177-186.

[61] Cheng N, Jing D, Zhang C, et al. Process-based VOCs source profiles and contributions to ozone formation and carcinogenic risk in a typical chemical synthesis pharmaceutical industry in China. Science of the Total Environment, 2021, 752: 141899.

[62] 顾天毅. 兰州市室内典型挥发性有机物污染特征及其健康风险评价. 硕士, 兰州大学, 2018.

[63] 李筱翠. 吉林省某化工园区空气挥发性有机物污染对人群健康影响及肝毒性作用研究. 博士, 吉林

大学, 2020.

[64] He K, Shen Z, Sun J, et al. Spatial distribution, source apportionment, ozone formation potential, and health risks of volatile organic compounds over a typical central plain city in China. Atmosphere, 2020, 11(12): 1365.

[65] Tong R, Yang Y, Shao G, et al. Emission sources and probabilistic health risk of volatile organic compounds emitted from production areas in a petrochemical refinery in Hainan, China. Human and Ecological Risk Assessment, 2020, 26(5): 1407-1427.

[66] 张海静, 陈浩泉, 恽晓雪, 等. 上海某垃圾填埋场作业区挥发性有机物变化特征及除臭影响. 环境工程技术学报, 2019, 9(6): 623-630.

[67] Lakhouit A, Alsulami B T. Evaluation of risk assessment of landfill emissions and their impacts on human health. Arabian Journal of Geosciences, 2020, 13(22): 1185.

[68] Chen D, Liu R, Lin Q, et al. Volatile organic compounds in an e-waste dismantling region: From spatial-seasonal variation to human health impact. Chemosphere, 2021, 275: 130022.

[69] Chaiklieng S. Risk assessment of workers' exposure to BTEX and hazardous area classification at gasoline stations. Plos One, 2021, 16(4): e0249913.

[70] 毕璐瑶. 包头市家庭住宅空气中 VOCs 暴露评价与风险评估. 硕士, 内蒙古科技大学, 2019.

[71] Czernych R, Badyda A J, Galezowska G, et al. Indoor exposure to volatile organic compounds in children: Health risk assessment in the context of physiological development. Advances in Experimental Medicine and Biology, 2017, 1021: 43-53.

[72] Sofuoglu S C, Aslan G, Inal F, et al. An assessment of indoor air concentrations and health risks of volatile organic compounds in three primary schools. International Journal of Hygiene and Environmental Health, 2011, 214(1): 38-46.

[73] 胡冠九, 穆肃, 张祥志, 等. 空气中挥发性有机物污染状况及健康风险评价. 环境监控与预警, 2010, 2(01): 5-7 + 43. From Cnki.

[74] Venn A J, Cooper M, Antoniak M, et al. Effects of volatile organic compounds, damp, and other environmental exposures in the home on wheezing illness in children. Thorax, 2003, 58(11): 955-960.

[75] Kuang H, Li Z, Lv X, et al. Exposure to volatile organic compounds may be associated with oxidative DNA damage-mediated childhood asthma. Ecotoxicology and Environmental Safety, 2021, 210: 111864.

[76] Zhang Y, Chen D, Shi R, et al. Indoor volatile organic compounds exposures and risk of childhood acute leukemia: a case-control study in shanghai. Journal of Environmental Science and Health Part a-Toxic/Hazardous Substances & Environmental Engineering, 2020, 56(2): 190-198.

[77] Hsu C Y, Chiang H-C, Shie R-H, et al. Ambient VOCs in residential areas near a large-scale petrochemical complex: Spatiotemporal variation, source apportionment and health risk. Environmental Pollution, 2018, 240: 95-104.

[78] Tunsaringkarn T, Prueksasit T, Morknoy D, et al. Indoor air assessment, health risks, and their relationship among elderly residents in urban warrens of Bangkok, Thailand. Air Quality Atmosphere and Health, 2015, 8(6): 603-615.

[79] Matheson R R, Jr. 20th- to 21st-century technological challenges in soft coatings. Science, 2002, 297(5583): 976-979. From NLM.

[80] 成竹. 住宅挥发性有机物暴露评价及散发率预测与环境区域控制研究. 博士, 重庆大学, 2019.

[81] Dai H, Jing S, Wang H, et al. VOC characteristics and inhalation health risks in newly renovated residences in Shanghai, China. Science of the Total Environment, 2017, 577: 73-83.

[82] Gong Y, Wei Y, Cheng J, et al. Health risk assessment and personal exposure to volatile organic compounds(VOCs) in metro carriages—A case study in Shanghai, China. Science of the Total Environment, 2017, 574: 1432-1438.

[83] Kim H-H. Characteristics of exposure and health risk air pollutants in public buses in Korea. Environmental

Science and Pollution Research, 2020, 27（29）: 37087-37098.

[84] Lu F, Shen B, Li S, et al. Exposure characteristics and risk assessment of VOCs from Chinese residential cooking. Journal of Environmental Management, 2021, 289: 112535.

[85] 李雷, 李红, 王学中, 等. 广州市中心城区环境空气中挥发性有机物的污染特征与健康风险评价. 环境科学, 2013, 34（12）: 4558-4564.

[86] 徐慧, 邓君俊, 邢振雨, 等. 厦门不同功能区 VOCs 的污染特征及健康风险评价. 环境科学学报, 2015, 35（09）: 2701-2709.

[87] 黄烯茜, 廖浩祥, 周勇, 等. 上海城郊大气挥发性有机物污染特征、活性组分及风险评估. 环境污染与防治, 2020, 42（02）: 194-198 + 203.

[88] 王伶瑞. 长三角北部沿海城市大气 VOCs 分布特征及其健康风险评价. 硕士, 南京信息工程大学, 2020.

[89] 周辰. 室内空气中 VOCs 的污染特征、温湿效应及暴露风险. 硕士, 浙江大学, 2017.

[90] 周裕敏, 郝郑平, 王海林. 北京城乡结合地空气中挥发性有机物健康风险评价. 环境科学, 2011, 32（12）: 3566-3570.

[91] Ji Y, Xu L, Li H, et al. Pollution characteristics and health risk assessment of summertime atmospheric volatile halogenated hydrocarbons in a typical urban area of Beijing, China. Atmosphere, 2020, 11（10）: 1021.

[92] 王蕾. 石家庄市 VOCs 污染特征及来源解析研究. 硕士, 河北科技大学, 2019.

[93] 汪芳琳. 兰州市大气环境中 VOCs 的污染特征及其健康风险评价. 硕士, 兰州大学, 2019.

[94] 丁艳洲. 石河子地区大气环境中 VOCs 的分布特征及健康风险评价. 硕士, 石河子大学, 2020.

[95] 霍霄玮. 西安市交通主干道环境空气中苯系物的污染特征与健康风险评价. 硕士, 西北大学, 2017.

[96] Zhang Y, Ning X, Li Y, et al. Impact assessment of odor nuisance, health risk and variation originating from the landfill surface. Waste management（New York, N.Y.）, 2021, 126: 771-780.

[97] 王春梅, 魏建荣, 马彦. 室内 PM2.5 暴露评价研究进展. 环境卫生学杂志, 2014, 4（01）: 85-92. From Cnki.

[98] 段小丽, 黄楠, 王贝贝, 等. 国内外环境健康风险评价中的暴露参数比较. 环境与健康杂志, 2012, 29（02）: 99-104. From Cnki.

[99] 段小丽, 聂静, 王宗爽, 等. 健康风险评价中人体暴露参数的国内外研究概况. 环境与健康杂志, 2009, 26（004）: 370-373.

[100] 段小丽, 王宗爽, 王贝贝, 等. 我国北方某地区居民饮水暴露参数研究. 环境科学研究, 2010, 23（009）: 1216-1220.

[101] 段小丽, 张文杰, 王宗爽, 等. 我国北方某地区居民涉水活动的皮肤暴露参数. 环境科学研究, 2010, （01）: 57-63.

[102] 王贝贝, 段小丽, 蒋秋静, 等. 我国北方典型地区居民呼吸暴露参数研究. 环境科学研究, 2010, 23（011）: 1421-1427.

[103] 王宗爽, 武婷, 段小丽, 等. 环境健康风险评价中我国居民呼吸速率暴露参数研究. 环境科学研究, 2009, （10）: 61-65.

[104] 王喆, 刘少卿, 陈晓民, 等. 健康风险评价中中国人皮肤暴露面积的估算. 安全与环境学报, 2008, 8（4）: 152-156.

[105] 白志鹏, 贾纯荣, 王宗爽, 等. 人体对室内外空气污染物的暴露量与潜在剂量的关系. 环境与健康杂志, 2002, （06）: 425-428.

[106] 环境保护部. 中国人群暴露参数手册（成人卷）. 北京: 中国环境出版社, 2013.

[107] 环境保护部. 中国人群暴露参数手册（儿童卷）（6-17 岁）. 北京: 中国环境出版社, 2016.

[108] 环境保护部. 中国人群暴露参数手册（儿童卷）（0-5 岁）. 北京: 中国环境出版社, 2016.

[109] 赵美萍, 邵敏. 环境化学. 北京: 北京大学出版社, 2005.

[110] McCarthy M C, Aklilu Y A, Brown S G, et al. Source apportionment of volatile organic compounds

measured in Edmonton, Alberta. Atmos Environ, 2013, 81: 504-516, Article.

[111] Franco J F, Pacheco J, Belalcazar L C. Characterization and source identification of VOC species in Bogota, Colombia. Atmosfera, 2015, 28(1): 1-11.

[112] 李友平, 唐娅, 范忠雨, 等. 成都市大气环境 VOCs 污染特征及其健康风险评价. 环境科学, 2018, 39(02): 576-584.

[113] Chen X K, Zhang G Q, Zhang Q A, et al. Mass concentrations of BTEX inside air environment of buses in Changsha, China. Build Environ, 2011, 46(2): 421-427.

[114] Lunderberg D M, Misztal P K, Liu Y, et al. High-resolution exposure assessment for volatile organic compounds in two California residences. Environ Sci Technol, 2021, 55(10): 6740-6751.

[115] Guo H, Lee S, Chan L, et al. Risk assessment of exposure to volatile organic compounds in different indoor environments. Environmental Research, 2004, 94(1): 57-66.

[116] Wang Y, Hu J, Lin W, et al. Health risk assessment of migrant workers' exposure to polychlorinated biphenyls in air and dust in an e-waste recycling area in China: Indication for a new wealth gap in environmental rights. Environ Int, 2016, 87: 33-41.

[117] Chen Z, Luo X, Zeng Y, et al. Polybrominated diphenyl ethers in indoor air from two typical E-waste recycling workshops in Southern China: Emission, size-distribution, gas-particle partitioning, and exposure assessment. Journal of Hazardous Materials, 2021, 402: 123667.

[118] An T, Huang Y, Li G, et al. Pollution profiles and health risk assessment of VOCs emitted during e-waste dismantling processes associated with different dismantling methods. Environ Int, 2014, 73: 186-194.

[119] 房增强, 甘平, 杨乐, 等. VOCs 污染场地挖掘过程的环境健康风险评价. 环境科学, 2013, 34(12): 4612-4618.

[120] Sjostrom M, Julander A, Strandberg B, et al. Airborne and dermal exposure to polycyclic aromatic hydrocarbons, volatile organic compounds, and particles among firefighters and police investigators. Annals of Work Exposures and Health, 2019, 63(5): 533-545.

[121] USEPA. Exposure Factors Handbook: 2011 Edition; 2011.

[122] Liu R, Ma S, Yu Y, et al. Field study of PAHs with their derivatives emitted from e-waste dismantling processes and their comprehensive human exposure implications. Environment International, 2020, 144: 106059.

[123] Cao F, Qin P, Lu S, et al. Measurement of volatile organic compounds and associated risk assessments through ingestion and dermal routes in Dongjiang Lake, China. Ecotoxicol Environ Saf, 2018, 165: 645-653.

[124] 张奇磊, 李燕萍, 李春玉. 常州饮用水源地挥发性有机物预警监控和健康风险评价研究. 环境科学与管理, 2016, 41(01): 86-89.

[125] Hwang J B, Lee S, Yeum J, et al. HS-GC/MS method development and exposure assessment of volatile organic compounds from food packaging into food simulants. Food Additives & Contaminants: Part A, 2019, 36(10): 1574-1583.

[126] CRM A R C f. Japanese Exposure Factors Handbook. 2007.

[127] Vuori V, Zaleski R T, Jantunen M J. ExpoFacts—An overview of European exposure factors data. Risk Anal, 2006, 26(3): 831-843.

[128] Jang J Y, Jo S N, Kim S Y, et al. Activity factors of the Korean exposure factors handbook. Journal Preventive Medicine Public Health, 2014, 47(1): 27-35.

[129] Jang J Y, Jo S N, Kim S J, et al. Food ingestion factors of the Korean exposure factors handbook. Journal of Preventive Medicine and Public Health, 2014, 47(1): 18-26.

[130] Jang J Y, Jo S N, Kim S Y, et al. Overview of the development of the Korean exposure factors handbook. Journal of Preventive Medicine and Public Health, 2014, 47(1): 1-6.

[131] Jang J Y, Kim S Y, Kim S J, et al. General factors of the Korean exposure factors handbook. Journal of Preventive Medicine and Public Health, 2014, 47(1): 7-17.

[132] Ltd G R a S C. Canadian Exposure Factors Handbook; 2013.

[133] Agency. C P M R. General exposure factor inputs for dietary, occupational, and residential exposure assessments; 2014.

[134] Jang J Y, Jo S N, Kim S Y. Korean exposure factors hanbook; Seoul, Korea: Ministry of Enviroment, 2007.

[135] USEPA. Child-specific Exposure Factors Handbook; 2008.

[136] 陈丹, 张志娟, 高飞龙, 等. 珠江三角洲某炼油厂苯系物的健康风险评价. 中国环境科学, 2017, 37(05): 1961-1970. From Cnki.

[137] Hoek G, Beelen R, de Hoogh K, et al. A review of land-use regression models to assess spatial variation of outdoor air pollution. Atmos Environ, 2008, 42(33): 7561-7578.

[138] 杨彦, 陆晓松, 李定龙. 我国环境健康风险评价研究进展. 环境与健康杂志, 2014, 31(04): 357-363. From Cnki.

[139] 陈丹. 珠三角某炼油厂装置区 VOCs 健康风险评价及不确定性研究. 硕士, 暨南大学, 2017.

[140] 潘自强. 中国国民剂量初步评价. 辐射防护, 1997, (02): 3-24.

[141] 曾光明, 钟政林, 曾北危. 环境风险评价中的不确定性问题. 中国环境科学, 1998, (03): 61-64.

[142] 孟宪林, 周定, 黄君礼. 环境风险评价的实践与发展. 四川环境, 2001, (03): 1-4. From Cnki.

[143] 化勇鹏. 污染场地健康风险评价及确定修复目标的方法研究. 博士, 中国地质大学, 2012.

[144] 谢红卫, 张美辨, 周莉芳, 等. 两种风险评估模型在印刷行业中的应用研究. 环境与职业医学, 2016, 33(1): 29-33.

[145] 鲁燕妮, 曾德斌, 吴明明. 海口市售卷烟烟丝中金属元素污染特征及健康风险评价. 中国热带医学, 2018, 18(7): 696-711.

[146] Edler L, Kopp-Schneider A. Statistical models for low dose exposure. Mutation Research-Fundamental and Molecular Mechanisms of Mutagenesis, 1998, 405(2): 227-236.

[147] van Leeuwen I M M, Zonneveld C. From exposure to effect: A comparison of modeling approaches to chemical carcinogenesis. Mutation Research-Reviews in Mutation Research, 2002, 511(1): 87.

[148] Zeise L, Wilson R, Crouch E A. Dose-response relationships for carcinogens: A review. Environmental Health Perspectives, 1987, 73: 259-306.

[149] 郭佳灵, 李友平, 梁时军, 等. 南充交警大气 $PM_{2.5}$ 个体暴露水平及健康风险评价. 四川环境, 2019, 38(3): 114-119.

[150] 李静, 刘旭峰, 刘茂. 有毒化学物质职业暴露健康风险研究综述//第二十届海峡两岸及香港、澳门地区职业安全健康学术研讨会暨中国职业安全健康协会 2012 学术年会, 中国四川成都, 2012: 13.

[151] 张子豪, 王琰. 半挥发性有机污染物的人体暴露评估方法. 科技导报, 2021, 39(22): 65-74.

[152] 王若师, 许秋瑾, 张娴, 等. 东江流域典型乡镇饮用水源地重金属污染健康风险评价. 环境科学, 2012, 33(09): 3083-3088.

[153] 姜林, 钟茂生, 贾晓洋, 等. 基于地下水暴露途径的健康风险评价及修复案例研究. 环境科学, 2012, 33(10): 3329-3335. From Cnki.

[154] 孙树青, 胡国华, 王勇泽, 等. 湘江干流水环境健康风险评价. 安全与环境学报, 2006, (2): 12-15. From Cnki.

[155] 苏伟, 刘景双, 王洋. 第二松花江干流水环境健康风险评价. 自然资源学报, 2007, (1): 79-85. From Cnki.

[156] 董婷, 李天昕, 赵秀阁, 等. 某焦化厂周边大气 PM_{10} 重金属来源及健康风险评价. 环境科学, 2014, 35(4): 1238-1244.

[157] 刘弢, 张鹏, 李辉, 等. 小型家具制造企业风险评估中化学物质半定量风险评估法的应用. 中华劳动卫生职业病杂志, 2018, 36(10): 784-788.

[158] 张令硕, 王磊, 张普, 等. 三种风险评估模型在油田修井作业职业健康风险评估中的应用. 中国工业医学杂志, 2020, 33(1): 67-70.

[159] 高玥, 于政民, 刘啸文, 等. 国外 3 种职业健康风险评估方法在某燃煤火力发电企业中的适用性研究.

上海预防医学, 2020, 32(11): 888-894.

[160] 李明, 王莎莎, 蒋国钦, 等. 罗马尼亚职业事故和职业病风险评估方法在某荧光灯制造企业的应用. 预防医学, 2017, 29(2): 146-149 + 154.

[161] 徐秋凉, 张美辨, 邹华, 等. 六种常用职业健康风险评估模型在小型印刷企业中的定量比较. 环境与职业医学, 2020, 37(2): 131-137.

[162] 俞爱青, 杨勇, 胡春容, 等. 罗马尼亚风险评估方法在某汽车维修企业的应用. 中国卫生检验杂志, 2019, 29(12): 1510-1514 + 1518. From Cnki.

[163] 徐秋凉, 曹艺耀, 王鹏, 等. 五种职业健康风险评估模型评估小型露天石料矿场硅尘危害比较. 预防医学, 2021, 33(9): 873-876 + 883.

[164] Klepeis N E, Nelson W C, Ott W R, et al. The National Human Activity Pattern Survey (NHAPS): A resource for assessing exposure to environmental pollutants. Journal of Exposure Analysis and Environmental Epidemiology, 2001, 11(3): 231-252.

[165] Levy J I, Lee K, Spengler J D, et al. Impact of residential nitrogen dioxide exposure on personal exposure: An international study. J Air Waste Manag Assoc, 1998, 48(6): 553-560.

[166] WHO. Committee on Sick House Syndrome Indoor Air Pollution Progress Report NO 1(1). 2000.

[167] 中华人民共和国住房城乡建设部. 民用建筑工程室内环境污染控制规范. 2020.

[168] 植深晓, 陈弘丽, 潘锦. 制鞋工业区环境空气中VOCs污染状况及健康风险评价. 福建分析测试, 2018, 27(04): 39-42.

[169] 佟瑞鹏, 张磊. 不同通勤模式暴露于VOCs的健康风险评价. 环境科学, 2018, 39(02): 663-671.

[170] 杨婷, 李丹丹, 单玄龙, 等. 北京市典型城区环境空气中苯系物的污染特征、来源分析与健康风险评价. 生态毒理学报, 2017, 12(05): 79-97.

[171] 谌宏伟, 陈鸿汉, 刘菲, 等. 污染场地健康风险评价的实例研究. 地学前缘, 2006, (1): 230-235.

[172] 杜红花. 基于居住用地规划室内蒸汽入侵模型修正的污染场地健康风险评估研究. 硕士, 湘潭大学, 2019.

第6章 挥发性有机物的健康效应

为了国家和民族的发展、经济和社会的进步，保持环境和人体健康是各国政府关注的优先重点事项之一。人体的健康状况受多方面的影响，包括遗传、饮食、运动和环境等，其中除了遗传因素外，环境因素对人体健康起到非常重要的作用。如近期 Zhou 等在世界顶级医学期刊 *The Lancet* 上系统分析了 1990~2017 年中国各省份死亡率、发病率和危险因素，发现空气污染是导致健康风险的重要因素之一（图 6-1）[1]。人类时时刻刻都离不开空气，空气中同时存在的种类繁多的污染物，如化学物质、颗粒物、微生物等，都对人体的健康乃至生命安全造成极大的威胁[2-6]。如复旦大学阚海东教授团队在国际顶级医学期刊 *The New England Journal of Medicine* 上，分析了全球 24 个国家 652 个城市近 6000 万死亡病例与大气

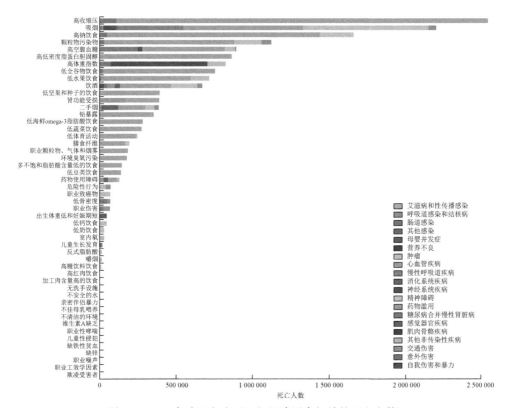

图 6-1　2017 年中国与主要三级风险因素相关的死亡人数[1]

颗粒物污染的关系，发现短期内 $PM_{2.5}$ 浓度和 PM_{10} 浓度的增加，与总死亡率、呼吸道疾病死亡、心血管死亡之间显著相关[7]。据美国健康影响研究所报道，2017 年，空气污染在全球所有死亡风险因素中排名第五，导致全球平均寿命缩短 20 个月，近 500 万人过早死亡[8]。而 2019 年的报告发现，空气污染是 2019 年全球早逝的第四大风险因素，仅次于高血压、吸烟和不良饮食，导致全球 667 万人死亡；同时该报告也首次纳入了空气污染对新生儿期婴儿的影响，数据显示 2019 年的空气污染导致全球近 50 万婴儿在出生后的第一个月内夭折[9]。呼吸道疾病是世界范围内死亡率和发病率极高的重要疾病，在炎症性气道疾病患者中，死亡前几天暴露于环境污染物的环境中可导致哮喘相关死亡率增加 7%~11%[10]。空气污染也可以造成高达 40% 的慢性阻塞性肺疾病（COPD）死亡，30% 的下呼吸道感染[9]（图 6-2）。在空气污染中，挥发性有机物（VOCs）广泛存在于室内和室外的大气环境中。虽然 VOCs 对人体的暴露主要分为呼吸暴露、皮肤接触暴露以及膳食暴露等三种途径，但由于其主要以气态形式分布在大气环境中，因此他们主要通过呼吸暴露途径威胁人体健康，约占所有暴露途径的 50%~70%。因此本章将主要关注在 VOCs 对呼吸系统的暴露健康效应。

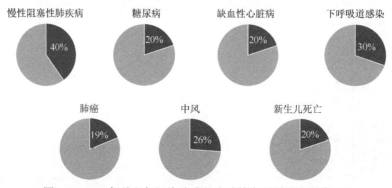

图 6-2　2019 年总空气污染造成的全球特定原因死亡百分比[9]

6.1　健康效应评估的研究进展

健康效应评估方法主要包括体外（*In vitro*）实验和体内（*In vivo*）实验。

6.1.1　健康效应的体外评估研究

采用体外技术来评估许多化合物甚至 VOCs 的毒性是一种有效评估其对人体健康影响的方法之一。体外实验是指在体外使用从其通常的生物学环境中分离的生物体组分，如分离的器官、细胞或细胞器进行相应的研究，例如可以在人工培养基中采用细胞来研究典型污染物对活生物体的毒性等。与体内实验相对比，体外实验是一种较为简单、快捷方便、经济的评估分析手段，这是由于该技术不需要利用活体生物体来开展研究。此外，体外研究的另一个重要优势是可以利用人类细胞，这为解决人类毒性评估时的物种差异提供了一种有效的方法。在过去十余年中，使用细胞培养实验的方法，已经发展了包括体外培养肺源细胞（如 NHBE，MCR5，16HBE，BEAS-2B 等），目前已经被广泛用于评估室内空气中化学物质对气道的急性影响。这种方法具有非侵入性的优势。在时至今日，已经在许多细胞株系上开展了体外试验。该方法的主要流程为细胞培养→气体混合物的发生→暴露实验→细胞活性分析。

目前，大多研究采用两种暴露方式进行实验，一种是浸没式培养（submerged culture）方式，另一种是气液界面暴露培养（air-liquid-interface（ALI）culture）方式（图 6-3）[11]。浸没式培养方法相对来说是一种较为成熟和传统的研究污染物细胞毒理学的方法。其过程是将污染物配置成相应的溶液，再以一定的浓度在细胞培养液内对细胞进行染毒刺激，在特定时间后，测定细胞及细胞分泌物的活性。其主要特点是细胞与污染物溶液是相互接触的。但是对于 VOCs 的研究，这种方法只适用于水溶性的污染物，而且不能保证污染物与培养基之间是否发生化学作用，挥发性的污染物也并不是以实际的气态的方式接触细胞，所以说这一方法在一定程度上难以模拟细胞暴露在挥发性气态污染物下的情况。另一种方法是近年来最新发展起来的气液界面暴露方法，这种暴露方式的主要特点是培养基只接触到细胞的底层，并没有浸没细胞，并用特定的装置以气态的方式对细胞表面进行污染物暴露。这个方法造价成本比较昂贵，但是它排除了污染物和培养基之间的相互作用，并且适用于大部分气态污染物的染毒暴露研究。此外，它最大限度地模拟了人体呼吸道不同部位的细胞暴露于气态污染物的情景，对于研究 VOCs 对细胞的损伤意义重大。对于气液界面暴露的方法，目前市场上也有比较成熟的开发商制造和售卖的细胞气液界面暴露装置，包括例如 CULTEX®，Borgwaldt®，Burghart® 或 Vitrocell®等。早在 2003 年，Doyle 等就已经采用此类装置进行了 1, 3-丁二烯和异戊二烯对于人肺上皮细胞的毒理学研究[12]。Wijte 等则采用 CULTEX®来研究光气对人类肺泡基底上皮细胞株系 A549 及分化的人支气管上皮细胞的毒理学作用[13]。

近几十年来，在环境污染物体外细胞水平的毒性风险评估中，常用的细胞培养方式是在二维（2D）培养条件下完成的，由于其具有成本低、简单、较高的实际应用价值等优点而被广泛应用。但 2D 细胞在体外培养条件下会逐渐丧失其体内原有的形态和功能。且由于人体的器官和系统结构非常复杂，采用常规的 2D 细胞模型基本无法模拟实际生物体或生物体的系统和器官组织的某些特定的生理学功能。所以，由于缺乏灵敏性和准确性，目前对广泛采用的 2D 细胞模型来研究环境污染物和药物等的毒性和健康效应反面的工作提出疑问。鉴于此，为了更准

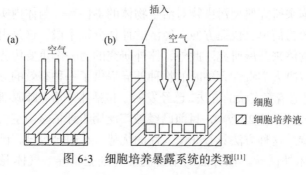

图 6-3 细胞培养暴露系统的类型[11]

(a)浸没式培养; (b)气液界面培养

确、快速地评估污染物的毒性，近年来研究发展了更接近人体的细胞模型和培养方法，即三维（3D）细胞培养技术。相比起 2D 细胞模型，3D 细胞培养方法既能更好的模拟体内细胞生长的微环境，又能更好地保留天然细胞微环境的物质结构基础，克服了 2D 细胞模型的缺陷[14]。从 2D 到 3D，维数的增加可显著影响细胞的存活率、细胞的增殖和分化[15]。如 3D 肝细胞体外模型适于长期体外培养，且具有类似于人体体内肝脏的表型和代谢能力，为细胞水平的毒性研究提供了一种更可靠、更安全、更简单的方法[16]。典型的 3D 细胞模型包括人源细胞系共培养模型、3D 生物打印细胞模型和类器官模型等，3D 细胞模型的构建及其在污染物的健康效应的体外评估研究中的应用前景广阔[17]。

6.1.2 健康效应评估的活体动物研究

相比之下，利用生物机体进行的健康效应评估的研究被称为体内实验（*In vivo*）。动物体内活体研究也是评估化学品对人类健康造成风险的基本和有效方法之一。为了评估毒害污染物的毒性作用，前人已经对各种体内模型进行了许多研究。体内研究使用整个动物进行毒理学实验，并能在严格可控的暴露条件下反映多种类型的毒性效应（例如，急性毒性、亚急性毒性和慢性毒性等）。在 VOCs 毒性评估的体内研究中，大鼠、小鼠和家兔等是使用最广泛的模型，因为这些动物模型显示出与人类在解剖学、病理学和遗传方面的高度相似性。一般来说，大鼠和小鼠通过口鼻暴露来开展呼吸暴露健康风险评估；通过食物、饮用水或灌胃暴露来开展膳食暴露健康风险评估；通过脱毛后的动物斑贴法或其他皮肤暴露的方法开展皮肤接触暴露健康风险评估。暴露于 VOCs 后通常测量或记录活体实验动物的行为活动变化、体重、体长、器官重量和特定毒性症状。根据毒性研究的不同目标可进行血清生化分析和组织病理学检查进一步确定各种毒性指标。

活体动物评估研究发展的最终目的是要通过借助对动物本身生命现象的研

究，进而推用到人类，探索污染物对人类健康造成风险的机理，最终达到控制人类的疾病，延长人类的寿命的目的。与体外研究相比，动物试验要求较高，技术复杂，价格昂贵，且动物和人体仍然有一定的差异等缺点。

6.1.3　人体健康效应评估研究

由于采用体外评估技术和活体动物体内研究均与人类暴露健康风险有一定的差距，因此对于 VOCs 对人体的健康风险也采用其他方法进行评估。如根据检测得到的单个 VOCs 的浓度及风险系数，参照美国国家环保局的健康风险评估方法（表 5-1）评估 VOCs 暴露对人体造成的致癌和非致癌风险等[18, 19]。这种方法只考虑单一 VOCs 的暴露风险，而没有考虑每个单一毒害污染物之间的联合作用。当然也有采用流行病学调查的方法对污染物暴露的重点人群开展调查研究，这也是一种研究 VOCs 对人类健康影响的研究方法，为了进一步明确 VOCs 暴露对人体造成的危害，同时对比开展高暴露人群、低暴露人群、对照人群的人体样本（血液、尿液、诱导痰液、鼻拭子、咽拭子、头发、指甲、唾液、粪便及其人体呼出气等）的采集和分析（VOCs 及其代谢物、DNA 氧化应激损伤的分子标志物、炎症因子等），进一步通过流行病学疾病指标的确认，从而阐明 VOCs 暴露对人体不同系统的损伤机制及其潜在的危害。

6.2　挥发性有机物的呼吸暴露健康风险研究进展

呼吸暴露途径是 VOCs 通过人和动物的呼吸作用而进入体内的一种方式，在这个过程中，VOCs 有可能黏附在呼吸道的不同部位，特别是可能会沉积在肺泡中，进一步会导致呼吸系统的某些功能下降，如使得气管、支气管的黏膜对细菌、病毒的杀灭能力降低，对于和污染物进入肺组织的抵抗能力减弱等，而最终可以诱发众多的呼吸道疾病的发生和发展，包括空气污染导致过敏性鼻炎、慢性鼻窦炎、哮喘和 COPD 等炎症性气道疾病[10, 20]。有研究发现长期的 VOCs 暴露能够损伤人体的呼吸系统，是引起某些呼吸系统疾病的重要原因之一，甚至可能引发肺癌等严重的肺部疾病[21]，除呼吸道疾病外，会进一步引发人体肾脏、肝脏、心血管系统和中枢神经系统等一系列的疾病[22]。

大气中毒害污染物对呼吸道的损伤机制关键是诱导并激活所暴露接触细胞的一系列效应，包括氧化应激、免疫失调、炎症反应等，从而介导及促进一系列相关呼吸道疾病的发生和发展[23, 24]。通常，活性氧物种（reactive oxygen species，ROSs）介导的细胞损伤和氧化应激是暴露的污染物导致细胞毒性效应的主要机制。当药物、有害污染物等外源的因素暴露于细胞或机体后，在胞内会产生过量的 ROSs，这将破坏细胞内原有的氧化还原平衡，从而氧化损伤人体或动物体内的生物大分子如脂类、蛋白质、DNA 等，进一步将引发细胞的程序性死亡、坏死以及细胞或机体的代谢紊乱，最终将导致机体炎症和病变甚至是导致癌症的发生发展[25, 26]。如有研究采用支气管上皮细胞模型，开展了环境水平的溴代阻燃剂多溴联苯醚（PBDE）对呼吸系统损伤的体外研究，发现 PBDE 暴露时能够促进细胞的氧化应激、细胞增殖和凋亡失调[27]。Mögel 等将肺癌人类肺泡基底上皮细胞株系 A549 暴露于芳香类 VOCs（苯、甲苯和苯乙烯）中，分析发现这些 VOCs 最初能够引起细胞的氧化应激，进一步通过 p38 MAPK 诱导的环氧化酶-2 活化介导了前列腺素 E2（PGE2）和 F2（PGF2α）的释放[28]。

在污染物暴露于细胞或机体时，细胞或机体也会产生应激响应，称为炎症反应。炎症是机体的一种抗病反应，是对机体有利的。一般而言，细胞通过释放炎症相关的细胞因子或者趋化因子来反馈和体现外源物质对细胞或机体的损伤，而这些受损的细胞或机体产生的细胞因子或者趋化因子通常也能够反过来刺激炎症细胞和诱导级联效应，也就是说这些炎症细胞释放的物质也具有反馈调节作用[29]。如 Seagrave 等将芥子气（二氯二乙硫醚，$C_4H_8Cl_2S$）暴露于气液界面培养的分化的人气管/支气管上皮细胞，以评价芥子气对气道细胞的影响，发现在非细胞毒性暴露水平下，这些培养物中白细胞介素-8（IL-8）和基质金属蛋白酶-13 显著增加，但对细胞血红素氧合酶 1（一种氧化应激指标）没有显著影响。表明分化的气道上皮细胞暴露于亚细胞毒性水平的芥子气诱导的炎症和降解反应，可能导致不良的健康影响[30]。Zhang 等开展了环境和人体中经常检测到的十溴二苯醚（BDE209）对 Beas-2B 细胞系的毒性，发现随着 BDE209 浓度和暴露时间的增加，细胞存活率明显下降。同时发现白细胞介素-6（IL-6）、IL-8 和肿瘤坏死因子（TNF-α）转录物的表达显著增加[31]。

6.2.1　挥发性有机物的呼吸暴露健康风险研究

由于 VOCs 广泛存在于室内工作环境中，预计会对工人或居民的健康造成重大危害。因此，根据多个国家和国际机构制定的室内空气质量（IAQ）标准和指南，共有 13 种 VOCs 被指定为室内空气污染物，分为非氯化芳香族化合物、氯化芳香族化合物、氯化脂肪族化合物和醛四类。其中非氯化芳香族化合物包括苯、甲苯、乙苯、二甲苯和苯乙烯；氯化芳香族化合物包括 1, 2-二氯苯和 1, 4-二氯苯；氯化脂肪族化合物包括四氯化碳、氯仿、二氯甲烷、四氯乙烯和三氯乙烯；醛类为甲醛。根据美国政府工业卫生学家会议（ACGIH），表 6-1 总结了室内指定 VOCs 的阈值限值（TLV）和 TLV 基准（代表了 TLV 所依据的不良健康影响）。当人们在建筑物内通过吸入途径长时间接触这些 VOCs 时，可能会更多地在人体组织，包括肾脏、肝脏、白血病、鼻腔、鼻窦、肝脏和胆管等器官中参与癌症或肿瘤的发展[32]。

表 6-1 室内规定挥发性有机化合物的阈值限值（TLV）及 TLV 基准[32]

指定室内 VOCs		阈值限值(ppm)	TLV 基准
非氯化芳香族化合物	苯	0.5	白血病
	甲苯	20	视力损害；女性生殖；流产
	乙苯	20	上呼吸道刺激；肾损害；耳蜗损伤
	二甲苯	100	上呼吸道和眼睛刺激；中枢神经系统损害
	苯乙烯	20	中枢神经系统损害；上呼吸道刺激；周围神经病
氯化芳香族化合物	1,2-二氯苯	25	上呼吸道和眼睛刺激；肝损伤
	1,4-二氯苯	10	眼睛刺激性；肾损害
氯化脂肪族化合物	四氯化碳	5	肝损伤
	氯仿	10	肝和胚胎/胎儿损害；中枢神经系统损害
	二氯甲烷	50	高血压；中枢神经系统损害
	四氯乙烯	25	中枢神经系统损害
	三氯乙烯	10	中枢神经系统损害；认知减量；肾毒性
醛类	甲醛	0.1	上呼吸道和眼睛刺激；上呼吸癌

　　室内具有木质的家具，因此室内家具木材在使用的过程中会释放众多 VOCs，对人体健康造成危害。木材因其品种不同所释放的 VOCs 不同，但大量释放的 VOCs 包括醛类、萜类等。在过去的十年中，室内空气科学家对普遍存在的甲醛的呼吸暴露健康风险非常关注，主要是由于国际癌症研究机构（IARC）在 2006 年将甲醛归类为人类致癌物；臭氧（O_3）、羟基自由基（·OH）和硝酸根自由基（$NO_3^·$）等氧化剂和单萜烯之间的大气反应（例如从室内材料、家用产品和个人护理产品中排放）会产生甲醛、丙酮、羧酸、酯类、环氧化物等[33]；一些流行病学研究推测甲醛暴露可能会对人造成肺部损伤，也可能加剧呼吸道疾病如哮喘的症状。

　　甲醛可作为外源性物质到达生物体内或在细胞内产生。在未暴露的人体中，甲醛是血液的正常成分，是所有细胞中的重要中间体。人类、猴子和大鼠对甲醛的广泛吸入暴露研究表明即使暴露 2.5 mg/m³ 的浓度，也不会导致甲醛血液浓度的显著增加，因为其在接触部位能够被快速吸收、反应和代谢。另外由于甲醛的高溶解度和反应性，90%~95%的甲醛滞留在上呼吸道区域。甲醛作为一种高活性化合物，被认为可以参与诱导细胞凋亡，从而参与动脉粥样硬化和神经退行性变的发病机制。甲醛的生物学作用是剂量依赖性的。对肿瘤细胞和内皮细胞培养的体外研究表明，浓度为 10.0 mmol/L 的甲醛可以导致坏死细胞死亡，浓度为 1.0 mmol/L 的甲醛可以导致细胞凋亡增强和有丝分裂活性降低，而浓度为 0.5 mmol/L 和 0.1 mmol/L 的甲醛则能够促进细胞增殖和凋亡活性降低[34]。同时，甲醛还和其他健康风险有关，如与鼻咽癌和白血病的高风险相关。另外也有研究表明成年雄性 Sprague-Dawley（SD）大鼠长期甲醛呼吸暴露可以诱导 SPO11 基因表达下调，SPO11 是一个减数分裂相关基因，其缺失可导致精子发生停滞，该结果暗示甲醛暴露可以导致男性生殖损伤[35]。

　　另外，木材释放的 α, β-不饱和醛，丙烯醛，是一种已知的肺毒性物质，在肺癌的发生、发展过程中与其他致癌物协同作用，并与儿童哮喘的恶化也有关[36]。虽然有研究表明木材释放的萜类不太可能在非工业环境中引起感官刺激等，且发现暴露于主要由萜烯组成的 VOCs 有益于人体的心理和生理，如 α-蒎烯的嗅觉刺激通过增加副交感神经活动和降低心率诱导生理性放松[37]。吸入柠檬烯和蒎烯等森林相关 VOCs 可对呼吸道产生有益的抗氧化和抗炎作用，通过吸入吸收的某些萜烯的药理活性也可能有助于减少精神疲劳、诱导放松、促进大脑功能，提高认知能力和情绪[38]。但是，有研究表明，在办公室、公共和商业区，由于许多木质材料、各种除臭剂和消毒剂等消费品以及柑橘类水果和花卉会释放出高浓度的萜烯基 VOCs[39, 40]，且由于空气交换率可能低，导致萜烯与臭氧的均相和非均相反应形成了大量不同的含氧气相产物和超细颗粒物。其中甲醛是柠檬烯臭氧分解的关键氧化产物之一。因此，工作人员和住户不仅暴露于直接释放的 VOCs，而且暴露于化学反应产物的复杂混合物中。有研究对 100 座公共和商业办公楼进行研究，发现下午晚些时候的室外臭氧与上呼吸道症状之间存在显著关联，眼睛刺激也有这种趋势，所有推测臭氧引发的反应可能与观察到的症状有关。因此臭氧引发的萜烯反应产物在富含臭氧和萜烯的环境中可能值得关注，因为反应物和产物的联合暴露可能会对人体的健康造成更大的影响。

　　烹饪也会释放大量的 VOCs，对中式烹饪风格蒸、炸、烤的厨师的健康风险评估发现，苯在蒸煮和炒炸厨房中的风险很高，而在烧烤厨房中苯的致癌风险仅具有一定的风险。厨房中苯的致癌风险应引起重视，尤其是烧烤厨房。萘在所有厨房都具有严重的非致癌风险（HQ = 59.66~83.01＞1）。进一步的研究发现萘与 8-OHdG（$p < 0.5$）具有显著的正相关，表明萘对这些厨师的氧化应激的影响可能是由 DNA 损害而不是脂质过氧化引起的。考虑到苯和甲苯尿代谢物对应的厨房排放污染物质浓度后，甲苯对氧化应激水平的影响更强，而萘的影响则与以前相同。此外他们也发现上述物质的内外暴露水平之间具有良好的相关性。由此可见厨房产生的污染物浓度可以通过影响厨师体内的暴露水平来影响其氧化应激水平[41]。

　　为了去除异味和产生令人愉悦的气味，世界范围内空气清新剂的消费和使用量正在迅速增加，他们所排放的 VOCs 虽然大多数是无毒的，但少数有可能造成不良健康影响。空气清新剂产生的污染物主要包括芳樟醇、苯酚、多种萜烯（D-柠檬烯和 α-蒎烯）、二甲苯和苯乙烯等[42]。有研究在仅鼻腔暴露的烟雾箱开展空气清新剂呼吸暴露 C57B/L6 小鼠模型，发现空气清新剂暴露不仅可能导致小鼠的肝损伤，还可能加剧非酒精性脂肪酸肝病，导致非酒精性脂肪性肝炎样症状。根据已证实的证据，非酒精性脂肪酸肝病最终可能发展为进一步的健康并发症，如肝衰竭、心血管疾病、肝硬化或肝癌[42]。Vethanayagam 等研究发现，中度哮喘患者暴露于芳香 VOCs 后鼻塞的发生率高于非哮喘患者。将健康非哮喘患者、轻度哮喘患者和中度哮喘患者分别暴露于含九种芳香 VOCs 的烟雾箱中 15 min 或 30 min，发现中度哮喘患者的鼻部症状在 165 min 内仍然严重，且下呼吸道中观察到无显著的炎症趋势，因此，哮喘的严重程度可能会影响对散发芳香 VOCs 的敏感性[43]。与健康非哮喘患者相比，暴露于香水棒后，21%的哮喘患者出现胸闷和喘息。与轻度哮喘患者相比，重度哮喘患者的肺功能（FEV1）显著下降。另外通过在烟雾箱呼吸暴露实验，发现高浓度的芳香 VOCs 呼吸暴露会使一些患者发生明显的血源性接触性皮炎[44]。另外，也有研究评估了普通家用喷雾产品释放的 VOCs 的暴露水平和潜在的风险，发现驱虫剂、药物贴片、除臭剂、发胶和保湿剂等均可以释放出大量的 VOCs，包括苯、甲苯、苯乙烯、甲乙酮和乙酸丁酯等最常见的室内污染物已在大多数喷雾产品中频繁检测到，浓度范围为 5.3~125 mg/L，如果假设释放到空气中的喷雾产品量在 5 m³ 的给定空间内达到 0.3 mL 的水平，则风险系数预计将超过苯的致癌风险水平（10^{-5}）[45]。Norgaard 等在 50 ppb 臭氧存在的情况下，在步入式气候室内对两种常见消费品（一种厨房清洁剂和一种插入式空气清新剂）进行了近乎真实的排放测试，发现产品可以释放出萜烯，尤其是柠檬烯、二氢月桂醇、香叶醇、芳樟醇和乙二醇醚，而这些化合物和臭氧发生反应可以生产甲醛、乙醛、丙酮、4-乙酰基-1-甲基环己烯、6-甲基-5-庚烯-2-酮、3-异丙烯基-6-氧代庚醛和 4-氧代戊醛等含氧和多氧反应产物。进一步对生产的产物开展了急性气道影响阈值和临界暴露限值的风险评估，发现在高臭氧浓度下，插入式空气清新剂会导致甲醛和 4-氧戊烯醛的浓度升高，可以导致急性呼吸道健康风险[46]。

　　有研究也考虑了交通源导致的 BTEX（苯、甲苯、乙苯和二甲苯）对大气的污染。1987 年，IARC 将苯列为第一类致癌物，2000 年，乙苯被列为人类可能致癌物（2B 组）。所有这四种成分都对中枢神经系统和免疫功能均有明显的影响，如头晕、过敏、湿疹和哮喘。采用气液界面暴露系统，Mascelloni 等开展了空气中的苯对人类肺泡基底上皮细胞株系 A549 细胞系暴露的短期影响，研究发现 DNA 断裂和 ROSs 产生都是浓度依赖性增加，虽然苯在体内的代谢更为复杂，涉及不同的组织，但 A549 细胞产生的反应与在体内这些化合物的靶器官中发现的反应相当[47]。Wichmann 等通过对石化污染区开展问卷调查、肺功能测试、污染物污染特征和水平的分析，发现在该工业区苯、甲苯、己烷、环己烷的浓度非常高，且与该地区儿童呼吸系统的发病率增加有关。特别是导致哮喘、哮喘恶化、胸闷、呼吸困难、夜间咳嗽和鼻炎等症状的加剧[48]。

　　进入体内的部分 VOCs 可以在组织中积累，包括在肝脏组织和大脑中脂质含量高的部分，引起身体一系列的其他症状和危害。如甲苯可以在体内迅速分布，可引起头痛、疲劳、恶心和运动障碍等[49]。甲苯的暴露也会影响某些基因的表达，随着暴露时间的增加，发生相关疾病的可能性更大，如甲苯在脂质中积累可以导致血脑屏障，以及甲苯引起的遗传变异[50]。Hong 等采用高通量微阵列分析技术，研究甲苯暴露时间对基因表达的影响，发现 26 个基因上调和低甲基化，32 个基因下调和高甲基化，而这些基因的途径被证实与细胞存活和免疫系统有关[51]。最近的一项研究也发现，环境总非甲烷碳氢化合物（NMHC）与呼吸系统疾病（哮喘和 COPD 等）导致住院率之间存在一定关联[52]。进一步将 C_2~C_{11} 的 54 种 VOCs 在台北的浓度与台北市因心肺疾病入院数据进行相关性分析，发现所研究的所有 VOCs 与 COPD 住院率有一定相关性；此外还发现 C_5~C_6 烷烃、C_2~C_3 烯烃、甲苯和二甲苯与哮喘住院率有相关性，而芳烃与心力衰竭住院率有相关性等[21]。其中一项研究调查了美国亚特兰大 46 种 VOCs 的浓度，并探讨了其与急性心肺效应的关系。观察到烯烃和炔烃与心血管疾病急诊相关，而酮类和哮喘具有相关性[53]。Ran 等收集了香港市环保厅 2011 年 4 月至 2014 年 12 月的日常 VOCs 浓度，从香港医院管理局获得心脏衰竭（HF）急诊科入院数据，通过模型分析空气中的 VOCs 的短期暴露效应，发现 VOCs 特别是炔烃和苯与香港人群心衰风险增加有关[54]；而 BTEX 与香港人群的血液循环系统死亡率升高有关[55]；环境中苯和甲苯的污染可能是导致香港人群 COPD 急性加重期的环境刺激因素[56]。

6.2.2　恶臭挥发性有机物的呼吸暴露健康风险研究

　　VOCs 来源广泛，种类多样，除了常见的 VOCs 外，还有部分 VOCs 是具有恶臭气味的 VOCs。这些恶臭 VOCs 通常具有一些特征的发臭基团，如含氧化合物的醛基、羟基、羧基和羰基；含硫化合物的硫氰基、巯基和硫基等。恶臭污染物的种类、主要来源及臭味性质见表 1-1。由于嗅阈值含氮 VOCs 和含硫 VOCs 的嗅阈值低（臭味的最低嗅觉浓度），极低的浓度就可使人产生不愉快的感觉，因此本节主要讨论含氮 VOCs 和含硫 VOCs 的健康风险。

　　其中，含氮 VOCs 是一类重要的恶臭环境大气污染物，包括胺类、吲哚类和硝基化合物类等。由于具有排放强度大、反应活性高等特点，含氮 VOCs 在大气化学反应中具有非常重要的作用。其中有机胺类是一类重要的含氮 VOCs，他们可以与酸性气溶胶发生中和反应，同时他们与其他 VOCs 相似，还可以经历着由 ·OH 引发的一系列的大气化学反应，容易生产硝胺、亚硝胺等具有形成致癌作用的中间产物[57]。大气中存在的硫酸根或硝酸根能够和含氮 VOCs 发生反应促进形成二次有机气溶胶颗粒[58, 59]，对人类健康具有一定的威胁。另外，由于该类物质会释放出不同的恶臭，不仅会对恶臭产生点附近居住及工作人群的感官和心理造成不良影响，使人产生烦躁不安、不愉悦等情绪，从而降低人们的生活质量及其工作效率。而且恶臭 VOCs 的暴露也会对人类的身体健康造成严重损害，导致多种疾病的发生。如对人体的呼吸系统、消化系统、心血管系统、内分泌系统及神经精神系统都会造成影响。高浓度的恶臭还会使接触者产生肺水肿甚至会造成窒息死亡。

其中一甲胺（也简称甲胺，MA）是典型的甲胺类恶臭气体，具有刺激性鱼腥臭味，MA 可以经过呼吸道吸入进入人体，这可能是呼吸短促和喉咙痛的原因。吸入高剂量的 MA 会对呼吸系统造成一定的损伤，甚至会导致呼吸道窘迫综合征、肺水肿等，严重者会恶化导致急性呼吸窘迫综合征而进一步致死。以人体支气管上皮细胞 16HBE 为研究受体研究 MA 的细胞毒性发现，MA 暴露会导致细胞的存活率下降，细胞膜破损，细胞毒性呈现剂量依赖性。同时 MA 能够在细胞质和线粒体中产生 ROSs，从而激活 NF-κB 信号通路，分泌细胞炎症因子 IL-6、IL-8、TNF-α，而过量释放的这些炎症因子又可进一步诱导产生胞内 ROSs，并破坏细胞内原有的氧化还原平衡，对细胞造成一定的损伤。进一步研究发现，与细胞增殖及凋亡相关的基因表达异常，促使形成了肿瘤微环境（图 6-4）[60]。另外，一甲胺是氨基脲敏感型胺氧化酶（SSAO）的生理底物之一，分布在血液和组织中的一甲胺经 SSAO 催化脱氨生成甲醛、H_2O_2 和氨[61]。甲醛性质非常活泼，可对人体造成多种危害[34]，具体的暴露健康风险和毒理学机制请见 6.2.1 节。

二甲胺（DMA）不属于致突变或致癌物质，但可能对肝脏有毒也可以导致肺部病变，也可以对呼吸上皮的刺激作用引起反射性呼吸抑制。三甲胺（TMA）是一种腐蚀性物质，具有强烈、令人不快的鱼腥味，是最简单的叔胺。据美国环境保护局（USEPA）[62]和美国工业卫生协会（AIHA）[63]的报道，在一定的暴露剂量下，TMA 可能会刺激眼部和呼吸系统，损害肾脏和脾脏。而在《急性暴露指南水平》上显示，TMA 在 0.1~8 ppm 的浓度范围内对职业暴露人员暴露 8 h 显示无毒性作用，而大于 20 ppm 的浓度会引起上呼吸道刺激[63]。经鼻吸入 TMA 的大鼠试验发现，暴露于 750 ppm 的 TMA 会降低大鼠的体重增加率，可导致轻度、可逆的多尿症；并发现暴露后立即出现轻度肺气肿肺泡[64]。在一项 SD 大鼠吸入 TMA 的研究中，10 只雄性大鼠每周 5 天每天暴露在浓度为 0 mL/m³、74 mL/m³、240 mL/m³ 或 760 mL/m³ 的纯 TMA（99.76%）下 6 小时以上。在鼻子中观察到刺激作用（充血、轻微上皮变性、鳞状上皮化生），且发现这些变化是不可逆的。在有的大鼠身上也观察到轻微的可逆性气管炎症和坏死。在高剂量暴露时也发现动物出现脱水迹象，肺部变化（例如轻微肺气肿），心脏和肺绝对重量增加，脾脏和胸腺重量减少，血液参数改变（血红蛋白浓度增加，血小板计数增加，中性粒细

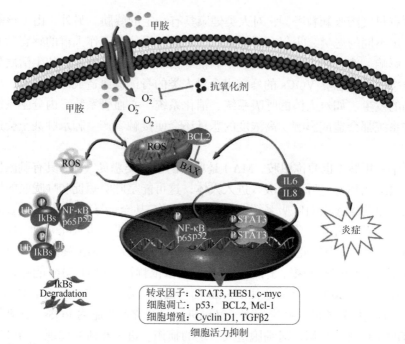

图 6-4　在甲胺诱导的 16HBE 细胞炎症和细胞死亡中，ROS（活性氧物种）介导的 NF-κB 活化可能涉及的某些机制[60]

胞数量增加，血氮浓度增加，血清蛋白和血清肌酐增加等）[65]。另外 TMA 进入人体后，它们可以通过称为内源性亚硝化作用的过程转化为致癌亚硝胺，如 N-亚硝二甲胺。另外根据人类代谢组数据库，TMA 在健康个体（0.42 μmol/L ± 0.12 μmol/L）和患病个体（1.38 μmol/L ± 0.48 μmol/L）的血液中的浓度存在差异。人体内 TMA 产生过多和 TMA 代谢减少均能够引发三甲基胺尿症，该疾病可以使人具有鱼腥恶臭味[66]。同时发现，血液、尿液和汗液中 TMA 的水平异常也和有些疾病如肾病、肥胖症、糖尿病、心血管疾病、癌症等有关[67-70]。另外，TMA 也是 TMAO（氧化三甲胺）的重要的前体物质，而有研究发现动脉粥样硬化血栓形成与 TMAO 有一定的相关性[71, 72]。所以，TMA 的人体暴露不仅会损伤呼吸道，如鼻腔、支气管和肺等均由于 TMA 的刺激而诱发肺炎和肺癌等疾病的发生和发展[22, 73, 74]，同时也对人体内的其他组织或器官具有不同程度的毒害作用。但对人体造成的损伤不仅仅是 TMA 本身的作用，而是三甲胺及其代谢产物如二甲胺、甲胺/N, N-二甲基甲酰胺（DMF）等的协同效应[75]。

　　动物饲养和有机废物管理对牲畜和工人以及附近居民的健康构成严重问题。Nowak 等分析了家禽养殖区产生的恶臭废气，发现主要包括吲哚、苯酚、丁酸、MA、DMA、TMA 等；他们进一步开展了这些污染物的细胞毒性，发现二甲胺对小鸡肝癌细胞 LMH 细胞表现出最强的细胞毒性作用，氨和三甲胺都具有相似的细胞毒性，而吲哚的细胞毒性最低。此外，被测气味在 LMH 细胞中引起的形态学变化导致细胞单层破坏、细胞质空泡化、染色质浓缩以及细胞核和细胞形状的改变等[76]。他们进一步研究的目的是确定家禽粪便中常见气味化合物的毒性机制，包括氨、二甲胺、三甲胺、丁酸、苯酚和吲哚。他们分别通过彗星试验和乳酸脱氢酶试验，在体外测定了这些恶臭污染物在小鸡肝癌细胞 LMH 中的遗传毒性和细胞毒性活性。发现氨、二甲胺、三甲胺、丁酸以剂量依赖性方式增加 DNA 损伤（$p < 0.05$），遗传毒性高达 73.2% ± 1.9%。而苯酚和吲哚也可以引起严重的 DNA 损伤，但无剂量依赖性。同时也发现这些化合物还可以引起核形态变化，如染色质凝聚、收缩、核碎裂（凋亡小体）和染色质裂解，表明这些恶臭污染物对鸡 LMH 细胞系的损伤作用[77]。Gagnaire 等选择了 20 种脂肪胺来研究它们的小鼠的鼻刺激，发现二烯丙基胺和烯丙胺的 RD_{50}（小鼠呼吸频率下降 50% 的空气中胺浓度）分别为 4 ppm 和 9 ppm；选取其中 8 种脂肪胺开展肺毒性，发现二异丙胺和二正丁胺诱导的呼吸毒性主要与肺毒性有关[78]。以上的研究显示，不同的挥发性脂肪胺均能够对呼吸道造成不同水平的损伤毒性。

除了一甲胺、二甲胺、三甲胺等挥发性脂肪胺外，挥发性芳香胺也是一类重要的含氮恶臭 VOCs。由于芳香胺广泛用于医疗、染料、添加剂、农用化学品等方面，其容易导致职业暴露健康风险，其中联苯胺、2-萘胺、4-氨基联苯等已被确认可以导致膀胱癌[79]。苯胺是最简单的一级芳香胺，主要引起高铁血红蛋白血症、溶血性贫血和肝、肾、脾脏损害，同时也具有潜在的"三致"作用[80]。通过呼吸暴露（苯胺浓度大于 $8.5 \, \text{mL/m}^3$）两周后，大鼠出现髓外造血和含铁血黄素沉着症的初始边缘体征。在苯胺浓度为 $30 \, \text{mL/m}^3$ 后的两周研究中，在脾脏中观察到最初的组织病理学效应。在苯胺浓度大于 $71.4 \, \text{mL/m}^3$ 时，除了脾脏，还发现骨髓和肝脏也受到影响[81]。将狗的头部暴露于苯胺蒸气后，发现其体内甲氧血红蛋白水平增加，且口腔黏膜出现紫绀现象，随着浓度的增加紫绀症状加剧，体内甲氧血红蛋白水平增加更显著。苯胺浓度增加后，红细胞中 α-生育酚浓度增加，这是红细胞内氧化应激的证据[82]。

含硫 VOCs 是另外一类大气环境中常见的恶臭 VOCs，常见的主要包括硫醇类（甲硫醇、乙硫醇等）、硫醚类（二甲基硫醚、二甲基二硫醚等）、二硫化碳等[83, 84]。大量研究表明，吸入甲硫醇会导致一系列潜在的健康风险，包括头晕，头痛呕吐，皮肤、眼睛和心脏刺激，严重呼吸麻痹，甚至死亡[85-87]。其中甲硫醇是一种无色有毒气体，存在于各种职业环境中，包括石油、造纸、塑料和农药行业等，有职业接触的可能，高浓度吸入可导致呼吸困难、通气不足、癫痫发作和死亡[88]。最近，雷锦婷采用浸没式和气液界面两种暴露方式，对比研究了甲硫醇暴露于人体支气管上皮细胞 16HBE 的毒性效应与机制，发现甲硫醇暴露会引起 16HBE 细胞活力下降及细胞膜破裂，可以诱导细胞产生 ROSs，并进一步激活 TNF 信号通路，激活 RIPK1 和 RIPK3 坏死小体，线粒体膜电位下降，最后导致细胞凋亡。与浸没式暴露模式相比，气液界面暴露下低浓度甲硫醇对细胞的影响稍弱，高浓度甲硫醇则能更加导致细胞活力降低及细胞凋亡[89]。由于其高毒性，国土安全部认为甲硫醇是一种高威胁的化学制剂，可能会用作大规模杀伤性武器被恐怖分子使用[88,90]。如 Hendry-Hofer 等进行了一项 6 头约克郡猪（Yorkshire swine (Sus scrofa), 30~40 kg）急性吸入大剂量甲硫醇（3000 ppm）气体的随机试验，发现除一只动物外，所有动物都有间歇性喘息，从未恢复正常呼吸模式。同时发现动物血浆乳酸浓度逐渐升高，直至死亡，其中六只动物中只有一只存活[90]。一项呼吸暴露研究显示，成年 SD 大鼠接触甲硫醇 24 小时后，LC$_{50}$ 值为 675 ppm[91]。另外，Fang 等评估了低剂量甲硫醇对 SD 大鼠的呼吸毒性，他们采用动态暴露方式，将 0.5 ppm 的甲硫醇暴露 6 小时/天，持续 7 天，发现，与对照组相比，暴露组雌雄大鼠的食物消耗和体重增加均有所减少；暴露雄性大鼠的血尿素氮（尿素）水平和超氧化物歧化酶（SOD）值显著降低。暴露组雌雄大鼠的肺组织中的丙二醛（MDA）均显著增加。在肺组织病理学检查中观察到终末细支气管收缩、肺泡充血和红细胞渗出，表明吸入甲硫醇后，肺可能是靶器官，接触该浓度的工人可能会引起一些肺刺激和损伤[86]。采用同样的动态暴露方式，他们进一步将 SD 大鼠暴露持续 30 天，发现雄性大鼠的体重增加减少，而雌性大鼠的体重增长没有显著减少；肺组织病理结果证实肺是主要靶器官，并观察到明显的肺细胞凋亡效应[87]。

6.3 挥发性有机物的皮肤接触暴露 和膳食暴露健康风险研究

除了 VOCs 呼吸暴露这个主要暴露途径外，VOCs 的皮肤接触暴露和膳食暴露等途径也在不少研究中涉及。

芳香类 VOCs 的数量约为 3000 种，最常见的四种是 α-蒎烯、柠檬烯、芳樟醇和丁香酚。虽然大多数是无毒的，但少数有可能造成不良健康影响，尤其是皮肤致敏引起的过敏性接触性皮炎。欧盟根据 2003/15/EC、2009/48/EC 和 648/2004/EC 指令，有 26 种常见的芳香类 VOCs 归类为皮肤过敏原（皮肤敏化剂）。虽然一些芳香类 VOCs 是弱皮肤敏化剂，但其氧化产物如过氧化氢是有效的敏化剂。皮肤接触某些芳香类 VOCs 可能导致皮肤过敏（过敏性接触性皮炎），其特征是皮肤反应延迟。由芳香类 VOCs 暴露引起的过敏性接触性皮炎比较常见，但也有报道芳香类 VOCs 特别是柠檬烯暴露可以导致酒渣鼻的职业性皮炎发作的案例，这种症状也常见于理发师[92]。加拿大的一项问卷调查发现，在过去 3 个月内使用至少一种个人护理产品对肺功能（FEV1、FVC 和 FEV1/FVC）有轻微的不良影响。最常见的产品是香水和有香味的身体产品[93]。

　　VOCs 的暴露不仅刺激呼吸系统和皮肤，还刺激到眼睛。尽管很多大型公共场所采用了新的通风策略和低排放的建筑材料，但在现代办公环境中，眼睛发炎、刺痛、疲劳和干燥仍然是最常见的急性症状。虽然导致这些急性症状的因素很多，但空气中的污染物被室内空气科学界认为是重要的致病因素之一。甲醛是室内空气中一种众所周知的感官刺激物，可通过三叉神经刺激引起刺激性眼部症状[94]。通过在 20% 相对湿度下将人结膜上皮细胞系暴露于 100 μg/m³ 气态甲醛中，观察到细胞毒性和促炎效应[95]。化学不耐受患者在低浓度暴露于丙烯醛的情况下表现为比正常受试者更强烈的眼睛刺激症状[96]。

　　甲醛和甲醛释放剂通常用作化妆品和其他药品中的防腐剂来防止微生物污染的化妆品，虽然目前化妆品中很少使用甲醛，尽管产品中使用甲醛释放剂需要申明，但也很容易在这类产品中检测到甲醛，对甲醛过敏的患者在不同程度上也面临一定的暴露风险。甲醛被认为是一种可能的人类致癌物，同时它也可以刺激人体眼睛和皮肤，如过敏性接触性皮炎、酒渣鼻等[97]。除了在化妆品中外，其他很多产品如皮革、背包等中也含有甲醛（释放剂），同样也会引起皮炎[98,99]。如聚丙烯外科口罩中也含有甲醛释放剂，导致职业性过敏性接触性皮炎的发生（图 6-5）[100]。但是在相同的暴露条件下，谁会发生接触性过敏症状，谁不会，这方面的机制目前仍还不清楚，还需要进一步的暴露研究。目前已知的可能因素包括物质本身的致敏效力、暴露条件（暴露剂量、面积、累积暴露）、个体易感因素（表皮屏障受损、普遍存在的皮肤炎症）等。可能的机制包括两个阶段，首先是低分子量过敏原或半抗原的"致敏"，这是由皮肤树突状细胞（DC）转化为近端引流淋巴结中的 T 细胞。参与半抗原识别和发病机制的树突状细胞被认为是朗格汉斯细胞，或产生 IL-1β 的髓样树突状细胞。致敏阶段导致效应 T 细胞的产生，在第二阶段即激发阶段，效应 T 细胞产生炎症，在再次暴露于过敏原约 72 小时后发生皮炎[101]。

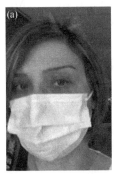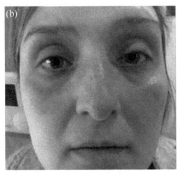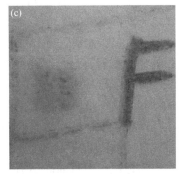

图 6-5　（a）一名副护士，戴着聚丙烯外科口罩；（b）因口罩中的甲醛和溴诺泊酚而患上酒渣鼻样过敏性接触性皮炎；（c）第 4 天甲醛斑贴试验阳性 2%aq[100]

有关 VOCs 的膳食暴露健康风险方面的研究非常少，膳食暴露的 VOCs 主要是来自于食物和饮品种含有的 VOCs 或在食品中添加的香料添加剂。如广泛存在于天然的植物精油中柠檬烯被广泛作为香料添加剂使用。茶、橘子皮、花椒等中的主要风味化合物是芳樟醇和柠檬烯。在红酒中也含有大量的己酸乙酯、辛酸乙酯、琥珀酸二乙酯、苯甲醇、1-己醇和乙酸异戊酯等，发酵所用的酵母不同，红酒中所含的 VOCs 的种类和量依据品牌不同有很大的不同[102]。因此在膳食阶段就会有部分 VOCs 通过饮食暴露途径进入体内，而另外一部分 VOCs 被释放到大气环境中，如研究发现膳食和饮料中会大量释放柠檬烯和乙酸乙酯[103]。已有研究发现羰基化合物和柠檬烯与膳食服务具有显著相关性[104]，比如柠檬烯和其他少量芳香族和醇类等在飞机上餐服务后浓度都很高（图 6-6）[39]。

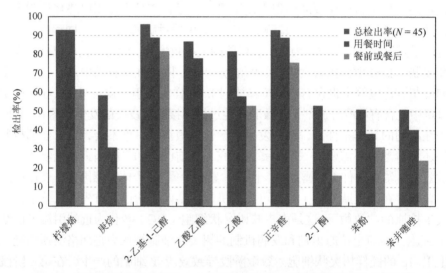

图 6-6　与餐前/餐后服务相比，在餐后服务中检测到的主要挥发性有机物[39]

含氮 VOCs 暴露后对体表皮肤以及眼睛等有很大的刺激和毒害作用[105]。MA 暴露于面部皮肤时，可能会烧伤而导致面部皮肤变褐，前额和眼睑部分出现水疱，双眼轻度结膜水肿，并导致咽部轻度充血。如果眼内溅入 MA，可能会引起畏光、眼灼痛、流泪、眼睑红肿、结膜充血、角膜水肿等。如一甲胺溶液态可经皮肤吸收，可以严重刺激眼、上呼吸道、皮肤等。高浓度的 MA 进入体内后能够作用于视觉和大脑中枢，从而导致球后视神经炎和皮质性损害。在二甲胺的产品说明书，生产商警告说，二甲胺是高腐蚀性物质，甚至是稀释溶液也可能会导致"化学灼伤"。除了很容易穿透皮肤外，还能够改变皮肤结构，使其对通常无法吸收的物质具有渗透性，但目前尚不清楚气态二甲胺是否以及在多大程度上能穿透皮肤。据报道，胺生产工人患有视力模糊（青光眼），短暂或长时间接触二甲胺蒸气或偶尔接触气溶胶的人眼睛损伤具有一系列症状：结膜刺激、眼睑红肿、角膜肿胀和随后混浊、角膜炎。损伤可以持续数天或数月，这取决于其严重程度，不仅与明显的视力损害有关，而且还与严重疼痛有关。工人长期接触低浓度二甲胺蒸气不仅会导致结膜炎，还会导致皮炎[106]。环境中高浓度的 TMA 通过皮肤暴露的途径可以进入体内，从而导致其在体内的水平升高[107]。高浓度液态 TMA 也可以剧烈地烧灼皮肤，洗去 TMA 后皮肤上仍能够发现残留点状出血症状。当三甲胺溶液接触到眼睛时会具有强烈刺激性，导致结膜出血、角膜水肿和混浊等。

同时有研究也发现三甲胺也可以从饮食中吸收暴露，特别是通过食用鱼和海鲜[108, 109]。在人胃液中也检测到了一甲胺、二甲胺和三甲胺的存在。在根据经济合作与发展组织（OECD）试验指南 422 进行的生殖毒性和重复给药后毒性的联合筛选试验中，发现 13 只雄性和 13 只雌性 SD 大鼠被灌胃给药 30.8%三甲胺水溶液，每天剂量为 0 mg/kg、8 mg/kg、40 mg/kg 或 200 mg/kg 体重。雄性大鼠暴露 42 天，雌性大鼠从交配前 14 天暴露到哺乳第 4 天。给药 200 mg/kg 体重后，两只雄性大鼠和一只雌性大鼠死亡。该剂量组的大鼠出现喘息、暂时性流涎、总蛋白和白蛋白浓度降低，胃肠道出现炎症、溃疡、鳞状上皮增生和黏膜下水肿。每天给予 40 mg/kg 体重的大鼠的全身毒性无观察到的不良反应水平。另有研究发现在给大鼠喂食三甲胺的 84 天内，每天剂量为约 0 mg/kg、250 mg/kg、480 mg/kg 或 1000 mg/kg 体重，每天剂量为 480 mg/kg 体重及以上后，大鼠体重增加减少，在每天剂量为 1000 mg/kg 体重的情况下，观察到了精囊和前列腺的组织学变化[65]。

皮肤暴露于苯胺时，也会引起皮肤损害。苯胺对大鼠和兔子的急性皮肤毒性症状为多动、过敏和流涎。另外皮肤大量暴露于苯胺时短期会引发高铁血红蛋白血症，即出现紫绀、唇、舌、指（趾）甲、耳廓、面颊呈蓝褐色，症状严重时黏膜和皮肤为铅灰色，同时会出现其他症状，如头痛、头晕、心悸、胸闷、乏力、食欲不振、呕吐、恶心等。口服中毒出现上述症状外，胃肠道刺激症状也较明显。接触眼睛可出现结膜角膜炎等。同时发现，相同苯胺浓度下，不同部位的皮肤暴露对动物的影响不同，对全身接触和头部接触苯胺的狗进行的比较吸入研究，发现全身接触苯胺诱导的狗血液中 35%的甲基血红蛋白水平是纯头部接触后的 3.5 倍，且持续时间更长[81]。

6.4 挥发性有机物的生物代谢研究

6.4.1 挥发性有机物在呼吸道的代谢转化研究

呼吸暴露是 VOCs 暴露于人体的主要途径，其中呼吸系统是环境 VOCs 进入人体的重要入口，同时也是环境 VOCs 攻击的主要靶器官。同时，呼吸系统也具有丰富的外源性代谢酶系，也就是说呼吸系统也能够代谢外源 VOCs。在代谢的过程中，存在的酶系可能会激活外源 VOCs，产生的毒性更强的中间产物从而能够更严重地对机体产生损害；酶系也可能将外源 VOCs 转化为低毒性的中间产物，从而达到解毒的作用。前者可能会引发种类繁多的呼吸道疾病，包括肺水肿、COPD，甚至是肺癌等；而后者则不会影响呼吸系统乃至人体的正常生理状态。呼吸道的许多细胞都具有代谢外源物质的能力，如 Clara 细胞、支气管上皮细胞、Ⅱ型肺泡细胞等[110]。具有代谢外源物质的能力主要缘由是由于其含有一系列的酶，如 Clouter 等的研究发现小鼠的肺气道细胞灌洗液和新鲜分离的小鼠细支气管 Clara 细胞中均含有高活性的谷胱甘肽-S-转移酶和细胞色素 c 还原酶[111]，暗示这些呼吸道细胞中可以发生外源物质的Ⅰ相和Ⅱ相代谢反应。

CYP 酶（也称细胞色素氧化酶 P450）是在哺乳动物肝脏及其他组织中发现的一类末端氧化酶，主要分布在细胞的胞浆、线粒体和内质网等[112]。虽然 CYP 酶表达水平最高的器官是肝脏，但是在呼吸道和胃肠道等外源物质的入口处也同样具有 CYP 酶，特别是 CYP1、CYP2、CYP3 基因家族中的酶，它们能够催化代谢外源物质[113]。在人支气管及肺中也发现了许多微粒体 CYP 酶，虽然大多数微粒体 CYP 酶在肝脏中的表达水平远远高于肺组织中的表达水平，但是有几种酶在肺中优先表达，包括 CYP2F1、CYP2A13、CYP4B1 和 CYP3A5[113, 114]。

一般而言，CYP 酶催化产生的代谢物的毒性往往低于母体化合物，从而达到解毒的作用。如 Potente 等在 CYP2J2 转基因小鼠模型中，CYP2J2 在小鼠中的表达显著降低了脂多糖（LPS）诱导的 IL-6、单核细胞趋化蛋白-1 等的生成，同时也显著降低了肺组织中炎性细胞的 NF-κB 激活和侵袭[115]。Yang 等研究发现转基因 CYP2J2 可减少血管紧张素Ⅱ诱导的小鼠心脏纤维化和炎症[116]。另外，有的外源污染物有可能在代谢的过程被激活[117]。如 Dowsley 等研究发现研究了人肺和肝微粒体对 1, 1-二氯乙烯（DCE）的细胞色素 P-450 依赖性代谢，发现 DCE 环氧化物是由人微粒体形成的主要代谢物，并由 CYP2E1 在肝脏和某些个体的肺中介导[118]。Kelly 等研究发现在人肺 CYP3A4 的作用下，黄曲霉毒素 B1（AFB1）可能被代谢激活，这也可能是吸入受 AFB1 污染粉尘的职业环境中，AFB1 被原位激活，从而导致致癌风险的重要原因[119]。

CYP 酶在外源性以及内源性代谢中均能够发挥重要作用。由于酶促循环中的解偶联反应，CYPA 酶会产生种类繁多的 ROSs。抗氧化剂对 ROSs 的解毒以及 ROSs 的释放之间的平衡被外源污染物的暴露打破后会蓄积 ROSs，进一步会导致细胞或机体内产生氧化应激。而氧化应激能够引发炎症，最终会导致疾病的发生和发展[120]。所以，CYP 酶介导的外源污染物的激活可能会导致释放 ROSs 且诱导细胞或机体内炎症或氧化应激的发生，并引发病理生理学效应，而 CYP 酶介导生成的中间产物的毒性和生物活性各异[112]。如三甲胺暴露于呼吸道上皮细胞 16HBE 时，

Qiu 等检测到 DMA 是主要的代谢中间产物，MA 也被确认为进一步的代谢物，这个过程主要是通过脱甲基作用而发生的。另外，他们还推断 TMA 的代谢也可能有 CYP 酶的参与，即 TMA 通过羟基化氧化或 N-甲酰化生成 N, N'-双（2-羟乙基）-1, 2-乙二胺或 N, N-二甲基甲酰胺而这些中间产物具有比 TMA 更高的毒性，特别是 DMA 是公认的致癌物[75]。

虽然大多数外源污染物的代谢反应是由 CYP 酶介导的，但其他酶系也具有非常重要的作用[121]，如胺氧化酶、单加氧酶、钼羟化酶等。胺氧化酶可以对单胺、二胺、多胺、氨基脲等氧化；单加氧酶可以氧化种类繁多的污染物，包括含硫、含氮、含磷的污染物，据报道单加氧酶在许多物种的肺中存在[122]；而钼羟化酶包括黄嘌呤氧化酶和醛氧化酶等。同时，研究也证实了谷胱甘肽-S-转移酶、葡萄糖醛酸转移酶等 II 相代谢酶，对肝外的外源污染物解毒也发挥着关键作用[123, 124]。

除了对含氮 VOCs 的呼吸道的代谢转化研究外，也有一些研究开展了含硫 VOCs 的呼吸系统的代谢转化。如雷锦婷开展了甲硫醇在人体支气管上皮细胞 16HBE 的代谢，认为在 16HBE 细胞内，在硫醇甲基转移酶的催化作用下，甲硫醇被甲基化进一步生成甲硫醚，并发现甲硫醇和甲硫醚对 16HBE 细胞具有一定协同致毒效应[89]。

6.4.2　挥发性有机物在肝脏、肠道、胃等体内的代谢转化

VOCs 进入人体内后也会发生代谢转化。由于 CYP 酶能够参与外源性物质的解毒，而它们主要存在于肝脏、肠道中，另外肠道中也含有丰富的微生物可以参与外源物质的代谢，因此本节主要关注 VOCs 在肝脏和肠道内的代谢转化。

三甲胺是最简单的叔胺，在人体肝脏、肠道中的代谢方面的研究比较丰富。在人类肠道中存在着丰富的微生物，肠道微生物群相关的炎症可以促进分泌细胞因子以及炎性浸润物，并进一步诱导一系列抗氧化酶的表达，这些酶包括尼克酰胺腺嘌呤二核苷酸磷酸氧化酶 1（NOX1）、一氧化氮合酶（NOS）、超氧化物歧化酶（SOD）等，它们能够将 TMA 氧化成 TMAO[125, 126]。此外，肠道微生物群能够将膳食前体物如甜菜碱、胆碱等转化为 TMA，在人肝酶 FMO_3 或三甲胺单加氧酶等肠道微生物酶的作用下，TMA 被进一步氧化为 TMAO[73, 127]。同时，TMA 也可以被三甲胺脱氢酶转化为甲醛和 DMA[128, 129]。而甲醛和 DMA 的毒性均非常高。同时 Zeisel 等研究发现，人、大鼠、狗和雪貂的胃液以及人的唾液、血液和尿液中有 MA、DMA 和 TMA 存在，当这些物质和亚硝酸钠共存时会代谢生成亚硝二甲胺（NDMA）[130]。而 NDMA 也是一种强致癌物，也能够引起肝损伤、肝纤维化等[131, 132]。在肝 CYP 酶的作用下，NDMA 能够转化生成甲基重氮离子，并进一

步生成 O_6-甲基鸟嘌呤等致癌 DNA 加合物[133]。也就是说,内源性 TMA 能够被代谢为更毒的物质,从而引发癌症的发生和发展。而在自然环境中,微生物对 TMA 的代谢机制方面的研究较多,主要包括三种代谢途径[134-138]。整体而言,自然环境中微生物对 TMA 的代谢与体内微生物对 TMA 的代谢较为相似。

除了对这些脂肪胺类的代谢研究之外,对芳香胺类的代谢研究也有一些。苯丙胺是一种典型的芳香胺,在肝脏中的代谢主要有两种:①苯丙胺可以通过羟基化过程生成 4-羟基苯丙胺,进一步其与葡萄糖醛酸或硫酸盐共轭[139, 140];②苯丙胺首先脱氨基,再进一步氧化成苯甲酸衍生物,最后与甘氨酸结合形成马尿酸[141-144]。

目前也有一些杂环芳香胺的代谢研究,杂环芳香胺是危害性极大的一种挥发性有机胺,已被证实对非人类灵长类动物和啮齿动物致癌。其中对其代谢最活跃的器官是肝脏,对杂环芳香胺在肝脏内的活化主要是由 CYP1A2 完成的,即通过 CYP1A2 介导的环外胺基团的 N-氧化而产生的 N-羟基杂环芳香胺[145]。随后,分别通过肝外组织或肝脏中的磺基转移酶或乙酰基转移酶,发生 N-羟基杂环芳香胺的硫酸化或乙酰化而生成高度不稳定的酯,它们能够与 DNA 反应生成 dG-C_8-杂环芳香胺加合物,从而引发化学致癌过程[146, 147]。而对杂环芳香胺在肝脏内的脱毒主要是由 CYP1A2 对其甲基和杂环的氧化而发生的。

除此之外,也有一些研究开展了含硫 VOCs 的体内代谢转化。如早在 1953 年,Canellakis 等通过对大鼠腹腔注射 CH_3-$S^{35}H$ 同位素标记法开展了甲硫醇在大鼠体内的代谢,发现甲硫醇中的 C 最终会变成 CO_2 并排出体外,而 S 元素会被氧化成硫酸盐,通过尿液排出体外[148]。在早期 Lake 等研究了 2-甲基-3-呋喃硫醇和糠基硫醇在大鼠肝脏和血液中的代谢。他们认为,具有巯基结构的物质首先在巯基位置被甲基化,然后进一步氧化成亚砜和砜[149]。另外也有研究发现,甲硫醇在全血及盲肠黏膜中可以被甲硫醇氧化酶氧化成 H_2S、亚硫酸盐及硫代硫酸盐化合物[150]。

6.5　本　章　小　结

本章节从 VOCs 暴露健康效应的评估方法,VOCs 的呼吸暴露健康风险,皮肤接触暴露及其膳食暴露健康风险,以及 VOCs 的体内代谢转化等方面,重点介绍了近年来环境大气中 VOCs 的健康效应研究方向的创新性成果与进展。这些成果为了解大气中 VOCs 通过不同的暴露途径,特别是通过呼吸暴露途径对人体产生的危害毒性效应及其在体内的代谢转化机制具有非常重要的意义。但目前仍存在以下问题亟待解决:

(1)目前有关大气 VOCs 暴露与健康效应关系及其相关疾病发生发展的相关

性研究及其分子作用机制的研究数据还比较有限。同时也缺乏 VOCs 暴露引起相关疾病的流行病学方面的证据。

（2）目前还没有提出/制定出基于人体健康的环境空气人体健康 VOCs 的暴露基准。

（3）缺乏 VOCs 暴露后进入体在身体各器官中对不同污染物的积累和代谢能力及代谢途径和机制的相关研究成果，目前还难以明晰 VOCs 暴露毒性的主要靶标器官。

（4）有关 VOCs 暴露导致的细胞内的代谢组差异及代谢机制方面的研究也亟待加强，如何正确理解典型 VOCs 暴露在细胞内正常生化过程和代谢机制的相关信息也是非常重要。进而明晰 VOCs 暴露诱导的胞内代谢组扰动与其所引起的健康效应及疾病发生发展的细胞机制的相关性也是非常必要的。

（李桂英　安太成）

参 考 文 献

[1] Zhou M, Wang H, Zeng X, et al. Mortality, morbidity, and risk factors in China and its provinces, 1990-2017: A systematic analysis for the Global Burden of Disease Study 2017. Lancet, 2019, 394(10204): 1145-1158.

[2] Kim D, Chen Z, Zhou LF, et al. Air pollutants and early origins of respiratory diseases. Chronic Dis. Transl. Med., 2018, 4(2): 75-94.

[3] Mack SM, Madl AK, Pinkerton KE. Respiratory health effects of exposure to ambient particulate matter and bioaerosols. Compr. Physiol., 2020, 10(1): 1-20.

[4] Majewski S, Piotrowski WJ. Air Pollution-An Overlooked Risk Factor for Idiopathic Pulmonary Fibrosis. J. Clin. Med., 2021, 10(1): 77.

[5] Cao Y, Shao L, Jones T, et al. Multiple relationships between aerosol and COVID-19: A framework for global studies. Gondwana Res., 2021, 93: 243-251.

[6] Lai CC, Shih TP, Ko WC, et al. Severe acute respiratory syndrome coronavirus 2(SARS-CoV-2) and coronavirus disease-2019(COVID-19): The epidemic and the challenges. Int. J. Antimicrob. Agents, 2020, 55(3): 105924.

[7] Liu C, Chen R, Sera F, et al. Ambient particulate air pollution and daily mortality in 652 cities. N. Engl. J. Med., 2019, 381(8): 705-715.

[8] Institute HE *State of Global Air 2019*; Health Effects Institute: Boston, MA, 2019.

[9] Institute HE *State of Global Air 2020*; Health Effects Institute: Boston, MA, 2020.

[10] Rouadi PW, Idriss SA, Naclerio RM, et al. Immunopathological features of air pollution and its impact on inflammatory airway diseases(IAD). World Allergy Organ. J., 2020, 13(10): 100467.

[11] Gałęzowska G, Chraniuk M, Wolska L. In vitro assays as a tool for determination of VOCs toxic effect on respiratory system: A critical review. TrAC Trends Anal. Chem., 2016, 77: 14-22.

[12] Doyle M, Sexton KG, Jeffries H, et al. Effects of 1, 3-butadiene, isoprene, and their photochemical degradation products on human lung cells. Environ. Health Perspect., 2004, 112(15): 1488-1495.

[13] Wijte D, Alblas MJ, Noort D, et al. Toxic effects following phosgene exposure of human epithelial lung cells

in vitro using a CULTEX(R) system. Toxicol. Vitro, 2011, 25(8): 2080-2087.

[14] 赵典典, 侯玲玲, 张婧思, 等. 三维细胞培养技术的发展及其在干细胞和肿瘤细胞中的应用. 中国细胞生物学学报, 2015, 37(8): 1140-1150.

[15] Bonnier F, Keating ME, Wrobel TP, et al. Cell viability assessment using the Alamar blue assay: A comparison of 2D and 3D cell culture models. Toxicol. Vitro, 2015, 29(1): 124-131.

[16] 张弛, 金虹, 彭双清, 等. 三维肝细胞模型及其在化学性肝损伤评价中的应用. 生物技术通讯, 2020, 31(3): 352-358.

[17] 王紫微, 张睿, 陈雯. 3D 细胞模型在化学物质毒性测试中的应用研究进展. 中华预防医学杂志, 2022, 56(01): 20-24.

[18] Li G, Zhang Z, Sun H, et al. Pollution profiles, health risk of VOCs and biohazards emitted from municipal solid waste transfer station and elimination by an integrated biological-photocatalytic flow system: A pilot-scale investigation. J. Hazard. Mater., 2013, 250-251(0): 147-154.

[19] An T, Huang Y, Li G, et al. Pollution profiles and health risk assessment of VOCs emitted during e-waste dismantling processes associated with different dismantling methods. Environ. Int., 2014, 73(0): 186-194.

[20] Kurt OK, Zhang JJ, Pinkerton KE. Pulmonary health effects of air pollution. Curr. Opin. Pulm. Med., 2016, 22(2): 138-143.

[21] Qiu H, Bai CH, Chuang KJ, et al. Association of cardiorespiratory hospital admissions with ambient volatile organic compounds: Evidence from a time-series study in Taipei, Taiwan. Chemosphere, 2021, 276: 130172.

[22] Sarkhosh M, Shamsipour A, Yaghmaeian K, et al. Dispersion modeling and health risk assessment of VOCs emissions from municipal solid waste transfer station in Tehran, Iran. J. Environ. Health Sci. Eng., 2017, 15(1): 4.

[23] Bucchieri F, Puddicombe SM, Lordan JL, et al. Asthmatic bronchial epithelium is more susceptible to oxidant-induced apoptosis. Am. J. Respir. Cell Mol. Biol., 2002, 27(2): 179-185.

[24] Crystal RG, Randell SH, Engelhardt JF, et al. Airway epithelial cells: current concepts and challenges. Proc. Am. Thoracic Soc., 2008, 5(7): 772-777.

[25] Bae YS, Oh H, Rhee SG, et al. Regulation of reactive oxygen species generation in cell signaling. Mol. Cells, 2011, 32(6): 491-509.

[26] Kardeh S, Ashkani-Esfahani S, Alizadeh AM. Paradoxical action of reactive oxygen species in creation and therapy of cancer. Eur. J. Pharmacol., 2014, 735: 150-168.

[27] Montalbano AM, Albano GD, Anzalone G, et al. Cytotoxic and genotoxic effects of the flame retardants (PBDE-47, PBDE-99 and PBDE-209) in human bronchial epithelial cells. Chemosphere, 2020, 245: 125600.

[28] Mögel I, Baumann S, Böhme A, et al. The aromatic volatile organic compounds toluene, benzene and styrene induce COX-2 and prostaglandins in human lung epithelial cells via oxidative stress and p38 MAPK activation. Toxicology, 2011, 289(1): 28-37.

[29] Fein AM, Calalang-Colucci MG. Acute lung injury and acute respiratory distress syndrome in sepsis and septic shock. Critical Care Clinics, 2000, 16(2): 289-317.

[30] Seagrave J, Weber WM, Grotendorst GR. Sulfur mustard vapor effects on differentiated human lung cells. Inhal. Toxicol., 2010, 22(11): 896-902.

[31] Zhang Y, Mao P, Li G, et al. Delineation of 3D dose-time-toxicity in human pulmonary epithelial Beas-2B cells induced by decabromodiphenyl ether (BDE209). Environ. Pollut., 2018, 243: 661-669.

[32] Tsai WT. An overview of health hazards of volatile organic compounds regulated as indoor air pollutants. Rev. Environ. Health, 2019, 34(1): 81-89.

[33] Wells JR, Schoemaecker C, Carslaw N, et al. Reactive indoor air chemistry and health-A workshop summary. Int. J. Hyg. Environ. Health, 2017, 220(8): 1222-1229.

[34] Szende B, Tyihak E. Effect of formaldehyde on cell proliferation and death. Cell Biol. Int., 2010, 34(12):

1273-1282.

[35]　Ge P, Zhang X, Yang YQ, et al. Long-term exposure to formaldehyde induced down-regulation of SPO11 in rats. Inhal. Toxicol., 2021, 33（1）: 8-17.

[36]　Seaman VY, Bennett DH, Cahill TM. Origin, occurrence, and source emission rate of acrolein in residential indoor air. Environ. Sci. Technol., 2007, 41（20）: 6940-6946.

[37]　Ikei H, Song C, Miyazaki Y. Effects of olfactory stimulation by α-pinene on autonomic nervous activity. J. Wood Sci., 2016, 62（6）: 568-572.

[38]　Antonelli M, Donelli D, Barbieri G, et al. Forest Volatile Organic Compounds and Their Effects on Human Health: A State-of-the-Art Review. Int. J. Environ. Res. Public Health, 2020, 17（18）: 6506.

[39]　Guan J, Gao K, Wang C, et al. Measurements of volatile organic compounds in aircraft cabins. Part I: Methodology and detected VOC species in 107 commercial flights. Build. Environ., 2014, 72: 154-161.

[40]　Wolkoff P. Indoor air chemistry: Terpene reaction products and airway effects. Int. J. Hyg. Environ. Health., 2020, 225: 8.

[41]　Huang L, Cheng H, Ma S, et al. The exposures and health effects of benzene, toluene and naphthalene for Chinese chefs in multiple cooking styles of kitchens. Environ. Int., 2021, 156: 106721.

[42]　Kim S, Lee AY, Cho MH. Inhaled exposure to air fresheners aggravated liver injury in a murine model of nonalcoholic fatty acid liver disease. Heliyon, 2021, 7（3）: e06452.

[43]　Vethanayagam D, Vliagoftis H, Mah D, et al. Fragrance materials in asthma: a pilot study using a surrogate aerosol product. J. Asthma, 2013, 50（9）: 975-982.

[44]　Schnuch A, Oppel E, Oppel T, et al. Experimental inhalation of fragrance allergens in predisposed subjects: effects on skin and airways. Br. J. Dermatol., 2010, 162（3）: 598-606.

[45]　Rahman MM, Kim K-H. Potential hazard of volatile organic compounds contained in household spray products. Atmos. Environ., 2014, 85: 266-274.

[46]　Norgaard AW, Kudal JD, Kofoed-Sorensen V, et al. Ozone-initiated VOC and particle emissions from a cleaning agent and an air freshener: Risk assessment of acute airway effects. Environ. Int., 2014, 68: 209-218.

[47]　Mascelloni M, Delgado-Saborit JM, Hodges NJ, et al. Study of gaseous benzene effects upon A549 lung epithelial cells using a novel exposure system. Toxicol. Lett., 2015, 237（1）: 38-45.

[48]　Wichmann FA, Müller A, Busi LE, et al. Increased asthma and respiratory symptoms in children exposed to petrochemical pollution. J. Allergy Clin. Immunol., 2009, 123（3）: 632-638.

[49]　Tas U, Ogeturk M, Meydan S, et al. Hepatotoxic activity of toluene inhalation and protective role of melatonin. Toxicol. Ind. Health, 2011, 27（5）: 465-473.

[50]　Seeber A, Demes P, Kiesswetter E, et al. Changes of neurobehavioral and sensory functions due to toluene exposure below 50ppm? Environ. Toxicol. Pharmacol., 2005, 19（3）: 635-643.

[51]　Hong JY, Yu SY, Kim SY, et al. Association analysis of toluene exposure time with high-throughput mRNA expressions and methylation patterns using in vivo samples. Environ. Res., 2016, 146: 59-64.

[52]　Qiu H, Bai C-H, Chuang K-J, et al. Association of ambient non-methane hydrocarbons exposure with respiratory hospitalizations: A time series study in Taipei, Taiwan. Sci. Total Environ., 2020, 729: 139010.

[53]　Ye D, Klein M, Chang HH, et al. Estimating acute cardiorespiratory effects of ambient volatile organic compounds. Epidemiology, 2017, 28（2）: 197-206.

[54]　Ran JJ, Qiu H, Sun SZ, et al. Are ambient volatile organic compounds environmental stressors for heart failure? Environ. Pollut., 2018, 242: 1810-1816.

[55]　Ran J, Qiu H, Sun S, et al. Short-term effects of ambient benzene and TEX（toluene, ethylbenzene, and xylene combined）on cardiorespiratory mortality in Hong Kong. Environ. Int., 2018, 117: 91-98.

[56]　Ran J, Sun S, Yang A, et al. Effects of ambient benzene and toluene on emergency COPD hospitalizations: A time series study in Hong Kong. Sci. Total Environ., 2019, 657: 28-35.

[57]　Nielsen CJ, Herrmann H, Weller C. Atmospheric chemistry and environmental impact of the use of amines

in carbon capture and storage (CCS). Chem. Soc. Rev., 2012, 41 (19): 6684-6704.

[58] Silva PJ, Erupe ME, Price D, et al. Trimethylamine as precursor to secondary organic aerosol formation via nitrate radical reaction in the atmosphere. Environ. Sci. Technol., 2008, 42 (13): 4689-4696.

[59] Zhang W, Zhong J, Shi Q, et al. Mechanism for rapid conversion of amines to ammonium salts at the air-particle interface. J. Am. Chem. Soc., 2021, 143 (2): 1171-1178.

[60] Li G, Liao Y, Hu J, et al. Activation of NF-κB pathways mediating the inflammation and pulmonary diseases associated with atmospheric methylamine exposure. Environ. Pollut., 2019, 252: 1216-1224.

[61] 罗红军. 甲胺及其代谢产物甲醛在动物体内的药代动力学: 硕士学位论文. 汕头大学, 2006.

[62] Zhukov VY, Acute Exposure Guideline Level (AEGLs) for Trimethylamine (CAS). In Environmental Protection Agency: 2005.

[63] American IHA, "Trimethylamine", in the Workplace Environment Exposure Level Guide, 2005 Revision. In AIHA, Fairfax, VA: 2005.

[64] Kinney LA, Burgess BA, Chen HC, et al. Inhalation toxicology of trimethylamine. Inhal. Toxicol., 1990, 2 (1): 41-51.

[65] MAK, Trimethylamine[MAK Value Documentation, 2004]. In *The MAK-Collection for Occupational Health and Safety*, 2014; pp 1-14.

[66] Cashman JR. Human flavin-containing monooxygenase (form 3): polymorphisms and variations in chemical metabolism. Pharmacogenomics, 2002, 3 (3): 325-339.

[67] Cnop M, Foufelle F, Velloso LA. Endoplasmic reticulum stress, obesity and diabetes. Trends Mol. Med., 2011, 18 (1): 59-68.

[68] Fayad LM, Wang X, Blakeley JO, et al. Characterization of peripheral nerve sheath tumors with 3T proton MR spectroscopy. Am. J. Neuroradiol., 2013, 35 (5): 1035-1041.

[69] Pelliceiari A, Posar A, Cremonini MA, et al. Epilepsy and trimethylaminuria: A new case report and literature review. Brain Dev., 2011, 33 (7): 593-596.

[70] Tang WW, Wang Z, Kennedy DJ, et al. Gut microbiota-dependent trimethylamine n-oxide (TMAO) pathway contributes to both development of renal insufficiency and mortality risk in chronic kidney disease. Circ. Res., 2014, 116 (3): 448-455.

[71] Koeth RA, Wang Z, Levison BS, et al. Intestinal microbiota metabolism of l-carnitine, a nutrient in red meat, promotes atherosclerosis. Nat. Med., 2013, 19 (5): 576-585.

[72] Wang Z, Roberts AB, Buffa JA, et al. Non-lethal inhibition of gut microbial trimethylamine production for the treatment of atherosclerosis. Cell, 2015, 163 (7): 1585-1595.

[73] Bain MA, Fornasini G, Evans AM. Trimethylamine: Metabolic, pharmacokinetic and safety aspects. Curr. Drug Metab., 2005, 6 (3): 227-240.

[74] Guest I, Varma DR. Teratogenic and macromolecular synthesis inhibitory effects of trimethylamine on mouse embryos in culture. J. Toxicol. Environ. Health, 1992, 36 (1): 27-41.

[75] Qiu Z, Li G, An T. In vitro toxic synergistic effects of exogenous pollutants-trimethylamine and its metabolites on human respiratory tract cells. Sci. Total Environ., 2021, 783: 146915.

[76] Nowak A, Matusiak K, Borowski S, et al. Cytotoxicity of odorous compounds from poultry manure. Int. J. Environ. Res. Public Health, 2016, 13 (11): 1046.

[77] Nowak A, Bakuła T, Matusiak K, et al. Odorous compounds from poultry manure induce dna damage, nuclear changes, and decrease cell membrane integrity in chicken liver hepatocellular carcinoma cells. Int. J. Environ. Res. Public Health, 2017, 14 (8): 933.

[78] Gagnaire F, Azim S, Bonnet P, et al. Nasal irritation and pulmonary toxicity of aliphatic amines in mice. J. Appl. Toxicol., 1989, 9 (5): 301-304.

[79] Pinches M, Walker R. Determination of atmospheric contaminants using a continuous paper-tape personal monitor-i. analysis of aromatic amines. Ann. Occup. Hyg., 1980, 23 (4): 335-352.

[80] Sugimura T, Wakabayashi K, Nakagama H, et al. Heterocyclic amines: Mutagens/carcinogens produced during cooking of meat and fish. Cancer Sci., 2004, 95（4）: 290-299.

[81] MAK, Aniline[MAK Value Documentation, 2010b]. In *The MAK-Collection for Occupational Health and Safety*, 2012; pp 58-106.

[82] Pauluhn J. Concentration-dependence of aniline-induced methemoglobinemia in dogs: A derivation of an acute reference concentration. Toxicology, 2005, 214（1-2）: 140-150.

[83] Tu X, Xu M, Li J, et al. Enhancement of using combined packing materials on the removal of mixed sulfur compounds in a biotrickling filter and analysis of microbial communities. BMC Biotechnol., 2019, 19: 52.

[84] Yang K, Wang C, Xue S, et al. The identification, health risks and olfactory effects assessment of VOCs released from the wastewater storage tank in a pesticide plant. Ecotoxicol. Environ. Saf., 2019, 184: 109665.

[85] Meng J, Zhai ZX, Jing BY, et al. Characterization and health risk assessment of exposure to odorous pollutants emitted from industrial odor sources. Huanjing kexue, 2019, 40（9）: 3962-3972.

[86] Fang J, Xu X, Jiang L, et al. Preliminary results of toxicity studies in rats following low-dose and short-term exposure to methyl mercaptan. Toxicol. Rep., 2019, 6: 431-438.

[87] Jiang L, Fang J, Li K, et al. Lung tissue inflammatory response and pneumonocyte apoptosis of SD rats after a 30-day exposure in methyl mercaptan vapor. J. Air Waste Manag. Assoc., 2021, 71（5）: 540-552.

[88] Philipopoulos GP, Tat J, Chan A, et al. Methyl mercaptan gas: mechanisms of toxicity and demonstration of the effectiveness of cobinamide as an antidote in mice and rabbits. Clin. Toxicol., 2022, 60（5）: 615-622.

[89] 雷锦婷. 不同暴露模式下甲硫醇对人体呼吸道上皮细胞 16HBE 的毒性效应及代谢转化机制: 硕士学位论文. 广东工业大学, 2022.

[90] Hendry-Hofer TB, Ng PC, McGrath AM, et al. Intramuscular cobinamide as an antidote to methyl mercaptan poisoning. Inhal. Toxicol., 2021, 33（1）: 25-32.

[91] Tansy MF, Kendall FM, Fantasia J, et al. Acute and subchronic toxicity studies of rats exposed to vapors of methyl mercaptan and other reduced-sulfur compounds. J. Toxicol. Environ. Health, 1981, 8（1-2）: 71-88.

[92] Darrigade AS, Dendooven E, Aerts O. Contact allergy to fragrances and formaldehyde contributing to papulopustular rosacea. Contact Dermatitis, 2019, 81（5）: 395-397.

[93] Dales RE, Cakmak S, Leech J, et al. The association between personal care products and lung function. Ann. Epidemiol., 2013, 23（2）: 49-53.

[94] Golden R. Identifying an indoor air exposure limit for formaldehyde considering both irritation and cancer hazards. Crit. Rev. Toxicol., 2011, 41（8）: 672-721.

[95] Vitoux M-A, Kessal K, Baudouin C, et al. Formaldehyde gas exposure increases inflammation in an in vitro model of dry eye. Toxicol. Sci., 2018, 165（1）: 108-117.

[96] Claeson A-S, Andersson L. Symptoms from masked acrolein exposure suggest altered trigeminal reactivity in chemical intolerance. NeuroToxicology, 2017, 60: 92-98.

[97] Fasth IM, Ulrich NH, Johansen JD. Ten-year trends in contact allergy to formaldehyde and formaldehyde-releasers. Contact Dermatitis, 2018, 79（5）: 263-269.

[98] Valdes F, McNamara SA, Keri J. Allergic contact dermatitis from transient formaldehyde exposure in a traveler: are all backpacks created equal? Cureus, 2020, 12（12）: e12252.

[99] Bourgeois C, Blanc N, Cannot JC, et al. Towards a non-biased formaldehyde quantification in leather: new derivatization conditions before HPLC analysis of 2, 4-dinitrophenylhydrazine derivatives. Molecules, 2020, 25（23）: 5765.

[100] Aerts O, Dendooven E, Foubert K, et al. Surgical mask dermatitis caused by formaldehyde（releasers）during the COVID-19 pandemic. Contact Dermatitis, 2020, 83（2）: 172-173.

[101] Brar KK. A review of contact dermatitis. Ann. Allergy Asthma Immunol., 2021, 126（1）: 32-39.

[102] Fabani MP, Ravera MJA, Wunderlin DA. Markers of typical red wine varieties from the Valley of Tulum

(San Juan-Argentina) based on VOCs profile and chemometrics. Food Chem., 2013, 141 (2): 1055-1062.

[103] Guan J, Wang C, Gao K, et al. Measurements of volatile organic compounds in aircraft cabins. Part II: Target list, concentration levels and possible influencing factors. Build. Environ., 2014, 75: 170-175.

[104] Yin Y, He J, Pei J, et al. Influencing factors of carbonyl compounds and other VOCs in commercial airliner cabins: On-board investigation of 56 flights. Indoor Air, 2021, 31: 2084-2098.

[105] Ge X, Wexler AS, Clegg SL. Atmospheric amines-Part I. A review. Atmos. Environ., 2011, 45 (3): 524-546.

[106] MAK, Dimethylamine[MAK Value Documentation, 1996]. In *The MAK-Collection for Occupational Health and Safety*, 2012; pp 76-89.

[107] Kenyon S, Carmichael PL, Khalaque S, et al. The passage of trimethylamine across rat and human skin. Food Chem. Toxicol., 2004, 42 (10): 1619-1628.

[108] Nevigato T, Masci M, Casini I, et al. Trimethylamine as a freshness indicator for seafood stored in ice: analysis by gc-fid of four species caught in the tyrrhenian sea. Ital. J. Food Sci., 2018, 30 (3): 522-534.

[109] Freitas J, Silva P, Vaz-Pires P, et al. A systematic AQbD approach for optimization of the most influential experimental parameters on analysis of fish spoilage-related volatile amines. Foods, 2020, 9 (9): 1321.

[110] Baron J, Voigt JM. Localization, distribution, and induction of xenobiotic-metabolizing enzymes and aryl hydrocarbon hydroxylase activity within lung. Pharmacol. Therapeut., 1990, 47 (3): 419-445.

[111] Clouter A, Richards RJ. Extracellular biotransformation potential in mouse airways. Int. J. Biochem. Cell B., 1997, 29 (3): 521-527.

[112] Bhattacharyya S, Sinha K, Sil PC. Cytochrome P450s: mechanisms and biological implications in drug metabolism and its interaction with oxidative stress. Curr. Drug Metab., 2014, 15 (7): 719-742.

[113] Ding XX, Kaminsky LS. Human extrahepatic cytochromes P450: Function in xenobiotic metabolism and tissue-selective chemical toxicity in the respiratory and gastrointestinal tracts. Ann. Rev. Pharmacol. Toxicol., 2003, 43: 149-173.

[114] Zhang JY, Wang Y, Prakash C. Xenobiotic-metabolizing enzymes in human lung. Curr. Drug Metab., 2006, 7 (8): 939-948.

[115] Potente M, Fisslthaler B, Busse R, et al. 11, 12-epoxyeicosatrienoic acid-induced inhibition of FOXO factors promotes endothelial proliferation by down-regulating p27 (Kip1). J. Biol. Chem., 2003, 278 (32): 29619-29625.

[116] Yang L, Ni L, Duan QL, et al. CYP epoxygenase 2J2 prevents cardiac fibrosis by suppression of transmission of pro-inflammation from cardiomyocytes to macrophages. Prostaglandins Other Lipid Mediat., 2015, 116: 64-75.

[117] Serabjit-Singh CJ, Wolf CR, Philpot RM, et al. Cytochrome p-450: localization in rabbit lung. Science, 1980, 207 (4438): 1469-1470.

[118] Dowsley TF, Reid K, Petsikas D, et al. Cytochrome P-450-dependent bioactivation of 1, 1 -dichloroethylene to a reactive epoxide in human lung and liver microsomes. J. Pharmacol. Exp. Ther., 1999, 289 (2): 641-648.

[119] Kelly JD, Eaton DL, Guengerich FP, et al. Aflatoxin B1 activation in human lung. Toxicol. Appl. Pharmacol., 1997, 144 (1): 88-95.

[120] Stading R, Chu C, Couroucli X, et al. Molecular role of cytochrome P4501A enzymes in oxidative stress. Curr.Opin. Toxicol., 2020, 20-21: 77-84.

[121] Strolin Benedetti M, Whomsley R, Baltes E. Involvement of enzymes other than CYPs in the oxidative metabolism of xenobiotics. Expert Opin. Drug Metab. Toxicol., 2006, 2 (6): 895-921.

[122] Overby L, Nishio SJ, Lawton MP, et al. Cellular localization of flavin-containing monooxygenase in rabbit lung. Exp. Lung Res., 1992, 18 (1): 131-144.

[123] Gundert-Remy U, Bernauer U, Bloemeke B, et al. Extrahepatic metabolism at the body's internal-external interfaces. Drug Metab. Rev., 2014, 46 (3): 291-324.

[124] Pavek P, Dvorak Z. Xenobiotic-induced transcriptional regulation of xenobiotic metabolizing enzymes of

the cytochrome P450 superfamily in human extrahepatic tissues. Curr. Drug Metab., 2008, 9(2): 129-143.

[125] Schoneich C. Methionine oxidation by reactive oxygen species: reaction mechanisms and relevance to Alzheimer's disease. Biochim. Biophys. Acta-Proteins Proteom., 2005, 1703(2): 111-119.

[126] Winter SE, Lopez CA, Baeumler AJ. The dynamics of gut-associated microbial communities during inflammation. EMBO Rep., 2013, 14(4): 319-327.

[127] Wang Z, Klipfell E, Bennett BJ, et al. Gut flora metabolism of phosphatidylcholine promotes cardiovascular disease. Nature, 2011, 472(7341): 57-63.

[128] Kim SG, Bae HS, Lee ST. A novel denitrifying bacterial isolate that degrades trimethylamine both aerobically and anaerobically via two different pathways. Arch. Microbiol., 2001, 176(4): 271-277.

[129] Shi WW, Mersfelder J, Hille R. The interaction of trimethylamine dehydrogenase and electron-transferring flavoprotein. J. Biol. Chem., 2005, 280(21): 20239-20246.

[130] Zeisel SH, daCosta KA, LaMont JT. Mono-, di- and trimethylamine in human gastric fluid: potential substrates for nitrosodimethylamine formation. Carcinogenesis, 1988, 9(1): 179-181.

[131] Usunomena U, Joshua A, Okugbo O, et al. N-nitrosodimethylamine (NDMA), Liver Function Enzymes, Renal Function Parameters and Oxidative Stress Parameters: A Review. Brit. J. Pharmacol. Toxicol., 2012, 3(4): 165-176.

[132] George J, Rao KR, Stern R, et al. Dimethylnitrosamine-induced liver injury in rats: the early deposition of collagen. Toxicology, 2001, 156(2-3): 129-138.

[133] Guengerich FP, Kim DH, Iwasaki M. Role of human cytochrome P-450 IIE1 in the oxidation of many low molecular weight cancer suspects. Chem. Res. Toxicol., 1991, 4(2): 168-179.

[134] Bose A, Pritchett MA, Metcalf WW. Genetic analysis of the methanol- and methylamine-specific methyltransferase 2 genes of Methanosarcina acetivorans C2A. J. Bacteriol., 2008, 190(11): 4017-4026.

[135] Kröninger L, Gottschling J, Deppenmeier U. Growth characteristics of methanomassiliicoccus luminyensis and expression of methyltransferase encoding genes. Archaea, 2017, 2017: 2756573.

[136] Yang CC, Packman LC, Scrutton NS. The primary structure of Hyphomicrobium X dimethylamine dehydrogenase. Relationship to trimethylamine dehydrogenase and implications for substrate recognition. Eur. J. Biochem., 1995, 232(1): 264-271.

[137] Chistoserdova L. Modularity of methylotrophy, revisited. Environ. Microbiol., 2011, 13(10): 2603-2622.

[138] Lidbury IDEA, Murrell JC, Chen Y. Trimethylamine and trimethylamine N-oxide are supplementary energy sources for a marine heterotrophic bacterium: Implications for marine carbon and nitrogen cycling. Isme J., 2015, 9(3): 760-769.

[139] Kuhn CM, Schanberg SM. Metabolism of amphetamine after acute and chronic administration to the rat. J. Pharmacol. Exp. Ther., 1978, 207(2): 544-554.

[140] Lewander T. On the presence of p-hydroxynorephedrine in the rat brain and heart in relation to changes in catecholamine levels after administration of amphetamine. Acta Pharmacol. Toxicol., 1971, 29(1): 33-48.

[141] Beckett A, Al-Sarraj S. The mechanism of oxidation of amphetamine enantiomorphs by liver microsomal preparations from different species. J. Pharm. Pharmacol., 1972, 24(2): 174-176.

[142] Caldwell J. The metabolism of amphetamines in mammals. Drug Metab. Rev., 1976, 5(2): 219-280.

[143] Hucker H, Michniewicz B, Rhodes R. Phenylacetone oxime —An intermediate in the oxidative deamination of amphetamine. Biochem. Pharmacol., 1971, 20(8): 2123-2128.

[144] Matsumoto RM, Cho AK. Conversion of N-hydroxyamphetamine to phenylacetone oxime by rat liver microsomes. Biochem. Pharmacol., 1982, 31(1): 105-108.

[145] Crofts FG, Sutter TR, Strickland PT. Metabolism of 2-amino-1-methyl-6-phenylimidazo[4, 5-b] pyridine by human cytochrome P4501A1, P4501A2 and P4501B1. Carcinogenesis, 1998, 19(11): 1969-1973.

[146] Turesky RJ. Formation and biochemistry of carcinogenic heterocyclic aromatic amines in cooked meats. Toxicol. Lett., 2007, 168(3): 219-227.

[147]　Butler MA, Guengerich FP, Kadlubar FF. Metabolic oxidation of the carcinogens 4-aminobiphenyl and 4, 4′-methylenebis (2-chloroaniline) by human hepatic microsomes and by purified rat hepatic cytochrome P-450 monooxygenases. Cancer Res., 1989, 49(1): 25-31.

[148]　Canellakis ES, Tarver H. The metabolism of methyl mercaptan in the intact animal. Arch. Biochem. Biophys., 1953, 42(2): 446-455.

[149]　Lake BG, Price RJ, Walters DG, et al. Studies on the metabolism of the thiofurans furfuryl mercaptan and 2-methyl-3-furanthiol in rat liver. Food Chem. Toxicol., 2003, 41(12): 1761-1770.

[150]　Tangerman A. Measurement and biological significance of the volatile sulfur compounds hydrogen sulfide, methanethiol and dimethyl sulfide in various biological matrices. J. Chromatog. B, 2009, 877(28): 3366-3377.

第7章 挥发性有机物的扩散传输及其风险评估

挥发性有机物（VOCs）是环境中重要的可扩散传输污染物，主要由人为源和自然源排放。VOCs 污染物的重要来源之一是工业源，人们在工业生产过程中用到大量化学品，包括常用的化学原料、有机溶剂、稀释剂和清洗剂等，如苯、甲苯、苯乙烯、环己烷等，具有挥发性。据报道，工业园排放到大气的 VOCs，能够随着大气运动迁移扩散到几米甚至成百上千公里的区域[1]。学者们评估工业园周边人群的健康效应后发现，居住在工业园周边的居民患呼吸道疾病、哮喘、结膜炎和皮炎的风险增高 2~3 倍[2]。2020 年以来，许多省州政府实施了关于大气 VOCs 污染监测工作的方案，VOCs 成为"十四五"大气治理的 5 个重要指标之一。采用大气污染预报有利于大气污染情况的及时掌握，目前主要的方法包括现场监测、数值模型等。其中，现场监测准确可靠，能获得大气 VOCs 的浓度和组分等信息，但结果的重现性较差，常受不确定性因素的影响。人们也常采用数值模型预报污染物浓度变化等特征，由于其结果比较直观，且能够获得污染物大气扩散和稀释的基础数据，对 VOCs 空气迁移扩散机理的研究和控制能起到有利作用，因此，受到国内外的学者的广泛重视。

一般来说，不同的污染情境下，大气 VOCs 扩散问题也会不同，需要采用不同的模型方法来模拟大气 VOCs 的扩散。自 1970 年至今，美国环保局（USEPA）及相关机构开发了一系列的空气质量模型，并用于复杂情况的大气污染扩散的预报。20 世纪 70 年代主要以箱式模型、高斯扩散模型、拉格朗日模型为基础，开发了第一代空气质量模型，线性机制描述复杂的大气物理过程，代表的模型有CALPUFF、AERMOD 等。在 20 世纪 80 年代，科研人员引入了非线性反应机制和气象模块，形成了第二代空气质量模型，其中代表性的方法包括 UAM 等。到了 20 世纪 90 年代中后期，中尺度气象场与不同组分、相态之间相互反馈的第三代空气质量模型被推出，能够更客观地模拟空气污染物的迁移转化，代表模型是WRF-CHEM、CAMx 等。自 2000 年至 2020 年间，CMAQ 模型经历了 18 次版本更新，在算法和数值方法等部分进行了改变，精度不断提高。然而，当前的空气质量模型的相对尺度不足，在区域大气污染物模拟方面仍存在一定的不足。在宏观尺度下，工业源排放 VOCs 一般是连续的；在中尺度下，VOCs 浓度是离散的；相对于小尺度区域的 VOCs 浓度变化很大，采用分辨率大于 $1 km \times 1 km$ 的精细化VOCs 大气扩散模型预报方式，获得的浓度数据的可靠度有所提高。

提高预报模型的分辨率，是满足技术需求的主要方式之一。学者们认为，面对更严苛的 VOCs 管控和削减需求以及工业园园区内和园区周边居民的急性和慢性健康问题[3]，构建更小尺度的大气扩散模型，提高模型的时间和空间预报精度，有利于完善空气污染预报、监测，并为决策者制定污染控制政策[4]。因此，不断更新大气污染物扩散模型方法是时代发展的需要，将其应用在人群健康风险评估中，可以提高健康风险管理的信息化、智能化水平。目前，我国在国家层面尚未建立法规化的大气污染排放清单，部分原因是建立小尺度的污染预报模型存在困难。而且，中尺度气象模拟数据对于区域污染及健康评估的影响很大，需要加强地面观测资料的同化提高模拟准确度，预报工作的难度提高。近年，米-秒分辨率的大气扩散模型通过有限体积网格的划分，将研究重点放在点源排放 VOCs 的浓度定量化及分布可视化，成功的阐释 VOCs 小尺度区域扩散机理并预报了工业源排放 VOCs 污染物暴露风险，致力于市民享受到更为满意的清洁空气。然而，有关 VOCs 在小尺度城乡区域的大气扩散传输机理和健康风险评估的研究仍然是非常缺乏的。因此，本章节将从影响 VOCs 扩散传输的主要因素、VOCs 小尺度区域大气扩散模型构建以及 VOCs 扩散模型在人群健康风险评估的应用与意义三个小节进行介绍。

7.1　影响挥发性有机物扩散传输的主要因素

VOCs 的输送过程存在着多种传输机理，而每种机理都涉及驱动力。研究发现，不利的环境条件（如地理、气象条件等）容易引起地面 VOCs 的累积、扩散与冲淡稀释[5]，可能促使工业源排放的 VOCs 发生长距离迁移，造成工业园园区内和园区周边居民的急性和慢性健康问题[3]。因此，促进可持续工业园发展时，更需要掌握工业源排放 VOCs 在小尺度区域的大气扩散传输的作用机理，关注工业园排放 VOCs 对人体的健康风险与危害。

空气中 VOCs 的运动主要受到扩散（transport）、散布或弥散（dispersion）和沉降（deposition）作用的影响。通常，扩散是由时均风（如季风风速、风向等）引起的；散布主要受到局地空气对流速度不均的影响，停留时间短；而沉降过程则是包括降水、吹扫、沉沙的污染物沿下风向的移动，最终使得污染物降到地表。文献表明，大气 VOCs 扩散传输的主要影响因素包括风速、风向、大气湍流、大气稳定度[6]、逆温、相对湿度以及排放源[7]与地形特征等[8]。目前，有四种主流的机理研究方法，包括理论研究、数值模拟、风洞试验和外场监测验证。

理论研究主要是根据对污染物在中小尺度研究区域的大气扩散浓度等定量分析，将这些现象进行抽象化和简单化处理，提出均匀平稳湍流的限制，构造求解均匀、定常污染物扩散的扩散理论模型，尤其以高斯类模式的应用较为广泛。目前，基于现有的理论，找到适合的理论模式描述复杂条件下的 VOCs 大气扩散问题是一项难题。

数值模拟包括不同尺度的模型模拟方法。小尺度区域大气 VOCs 扩散模型的构建是当前研究的难点。计算流体力学（CFD）方法通常是基于计算核时数的数值计算，网格分辨率能够精细化到微米级，能够对包含有空气流动的城市巷道污染物，如大气 VOCs 迁移转化等相关过程的系统分析和图像显示。其基本思想可以总结为：输入初始时间、空间的连续场，如温度场、速度场、浓度场，通过求解一系列与场变量相关的代数方程组获得典型初始、边界条件下的场变量近似值。2019 年，Yuan 等建立了一种经过验证的多层城市巷道 CFD-GIS 模型方法，实现了高密度城市区域交通源污染物的模拟，获得了交通污染物垂直扩散速度等特征，为道路规划人员理解高密度城区污染物大气扩散提供了数据参考[9]。小尺度区域地形地貌特征及气象条件复杂，结合地理信息系统（GIS）技术，开展城市区域的细时间、空间分辨率数值模拟的优越性逐渐显现。

风洞试验是基于大气环境风洞的结合人工构造动态流场的大气扩散的实验模拟方法。将小尺度区域的地形模型放置于风洞测试段进行源排放模拟试验，能够定量测量源排放典型 VOCs 大气扩散特征参数动态。风洞试验测量方便，试验参数如风速、温湿度等容易定量控制，不易受外部环境条件的限制，试验结果直观真实，且运行费用不高。但是，风洞中地形模型为缩比例模型，洞壁对气流有干扰，拟自然条件与真实自然条件无法完全一致，与工业源排放 VOCs 在大气环境下的扩散存在差异。因此，所获得的试验数据需要进一步的外场监测校验。

外场监测是在真实的大气条件下进行的扩散特征参数验证的关键手段。外场监测过程主要包括大气 VOCs 排放监测、气象条件和地形地貌参数测量等，能克服数值模拟和风洞试验模拟方式上的不真实因素。但是，当面对人群健康风险评估问题时，需要提供更真实的近地面大气污染物浓度数据，外场监测面临着很大挑战。而且，外场试验能够观测到 VOCs 浓度时空特征，但存在采样方案不容易选定，测量结果不确定性高等问题。通常，通过改进外场采样的方案，如网格式采样法，能够克服不确定因素，可以验证大气 VOCs 污染和扩散结果的可靠性，但仍然需要更加科学合理的方案设计技术与新方法。例如，热解吸和气相色谱/质谱技术（GC/MS）用于外场监测，确定了工业园下风向 VOCs 的主要组分，表明小尺度区域的空气污染与工业园的生产过程有关，量化了主要的工业类型如铸造厂、印刷业等对工业园区及周边地区 VOCs 污染的贡献率[10]。

工业园是小尺度区域，工业园周边居民的居住密度常常很高，需要更高时空精度的 VOCs 大气扩散研究方法，以及扩散机理的研究。结合理论计算、数值模拟计算、风洞试验和外场试验是可行的方法之一。作为 VOCs 小尺度区域大气扩散模型研究的关键步骤，理论研究、数值模拟、风洞试验和外场监测能够相互补充，互相校验，相互促进，尤为可行。比如，Bi 等结合机器学习方法、数值模拟和地表空间外场监测的"组合式预报方法"，直观、生动地预报了 $PM_{2.5}$ 的浓度[11]，表明其在城市尺度近地面大气污染物浓度的定量模型预测中发挥了较好的作用。其中，数值模拟研究作为最直观、生动的数字图像化的方法之一，在本研究的大气 VOCs 浓度定量测定和职业工人、成人和儿童居民的健康风险评估中发挥了较大的作用。

7.2　VOCs 小尺度区域大气扩散模型的构建

　　VOCs 的小尺度区域大气扩散传输模型常常采用数值方法构建。以往，模拟排放、大气化学和大气物理过程，常常采用多尺度模型方法对不同的空气污染场景展开研究，需要源清单、模型参数、下垫面参数、数据集，如气象数据等。这其中，空气质量模型，如 Community Multi-scale Air Quality Modeling System（CMAQ）系统，可以输出过去、现在和未来的空气质量信息，常常被应用于大尺度区域的大气 VOCs 污染特征的研究。CMAQ 的构建过程主要需要两类条件输入：中尺度气象数据、影响空气质量的源排放速率。这些输入条件中，气象数据依赖 1 km × 1 km 分辨率的数值气象模型获得，如 Weather Research & Forecasting Model（WRF）；排放速率信息依赖稀疏矩阵排放清单处理系统（Sparse Matrix Operator Kernel Emissions, SMOKE）开源模型估计污染源位置和排放量。然而，CMAQ 在区域模拟过程中存在质量不守恒等缺陷，增大了模拟的误差[12]。目前，超过 50 个国家的上百个用户提供信息和数据，在帮助 CMAQ 模型开展评估和不断的改进模型功能。

　　国内的模型研究包括引自国际上典型的以扩散统计理论为出发点的 AERMOD 和 CALPUFF 空气质量扩散模型，在技术导则中以清单方式推荐，缺少我国小尺度区域的 VOCs 扩散模型体系。主要原因在于：

　　（1）基于大尺度、中尺度的气象模型数据与地面数据偏差大，缺乏城乡区域复合污染数据；

　　（2）污染物排放扩散等风向模型缺乏，仅仅采用美国国家环境保护局（USEPA）推荐模型的不确定性高；

　　（3）缺乏数据的更新和新模型的准入和应用；

　　（4）地面源数据格式多样化，难以标准化处理使用；

　　（5）模型持续开发和技术支持欠缺[13]。

　　文献报道，扩散模型的理论起源于 19 世纪，活跃于 20 世纪 60 年代。从 20 世纪 60 年代初到现在，扩散模型理论经历了基本模型时代、扩展模型时代和新模型时代。基本模型时代的研究主要集中在数学模型，用于拟合简单数学公式和时间序列经验数据，模型参数采用回归分析方法估计。扩展模型主要为基本模型，结构固定，不考虑环境变化。20 世纪 80 年代以来，新模型时代到来，模型方法不断改进，增加了环境因素影响方面的考虑，并利用反馈机制适应模型的行为，以优化模型更好地预测现实世界的现象[14]。

当前，随着我国区域发展战略、工业园区规划、环境管理体系新趋势的发展，小尺度区域大气污染传输不再适合仅采用单一模拟方式，如 CMAQ，而是可以建立如 CFD 方法、GIS 模型等的复合模型形式。CFD 的思想是把空间域和时间域连续的大气污染场用有限个离散点上的变量值关系的代数方程组代替，求解代数方程组获得场近似值的方法。目前常用的离散化方法包括有限差分法、有限元法和有限体积法，Fluent 主要是应用有限体积法进行流动仿真分析的主要代表。

7.2.1　计算域建模及网格划分

工业园排放 VOCs 的数值模拟工作中，常常需要考虑多点源排放对小尺度区域 VOCs 扩散特征的影响，了解典型地形、气象条件的工业源排放典型大气 VOCs 的浓度分布变化过程，是非常必要的。目前，三种基本的影响扩散模型建模的气象环境指标为季风风速、风向和相对湿度，而风速和大气相对湿度最容易被忽视。Fedosova 等通过结合风洞试验的模拟研究证实，风向对复杂结构的工业建筑群的平均空气动力学压力因子 C_p 的分布影响较大[15]。Xu 等采用大气扩散模型方法研究了风对源强、浓度分布、扩散距离和弥散时长的影响，发现由于风速的增加，移动源释放化学污染物的扩散距离和弥散时间下降 19%[16]。尽管众所周知，相对湿度影响 VOCs 的排放速率，大气烟雾箱实验证实大气相对湿度从 30% 增加到 70% 时，甲醛排放的衰减速率增加了一倍。而且，Markowicz 等指出，材料释放 VOCs 的研究经常在恒定的相对湿度（50%±5%）下进行，监测更关注 VOCs 释放种类和物体表面沉积率，不监测相对湿度变化下的室内空气 VOCs 的浓度常常是不符合真实场景的[17]。因此，模型方法需要考虑环境因素，定量考量重要环境因素，如大气相对湿度，对空气中 VOCs 扩散的浓度、距离、持续时长的影响，并实现结果的数字化输出。

本章节将通过介绍一个典型工业园排放甲苯大气扩散模型的案例，帮助理解大气扩散模型的计算机建模过程。本案例使用的计算机配置为 8 核 CPU 2.4 GHz 64 位处理器，4×128 GB 的内存，完整计算至 2000 s 大约需要 168 h。为了使读者在学习本章的过程中能够快速地了解模型过程，本章节分为建模、模拟过程、结果输出与验证步骤，本节首先介绍建模过程。

在城市管理中，电子沙盘提供了强大的三维交互地形的可视化环境。利用 Digital Elevation Modelling（DEM）数据与三维图像数据，可以生成电子沙盘，动态显示地理信息，并可以实现地形的任意尺寸放大及图像的自动浏览。

电子沙盘的制作步骤包括数据获取、数字高程模型建立和电子沙盘的形成三个过程。如图 7-1 所示，案例选取一典型工业园及周边居民区为研究对象构建区域的三维物理模型，模型被划分为工业园和工业园外。其中，工业园北侧和东侧的山地起伏度较高。图中所呈现的工业园及周边居民区、林区等的地形沙盘，能够生动显示出区域的地形地貌特征。

图 7-1　工业园小尺度区域地理模型的建立

模型粗糙度的合理设置，能够简化地表几何结构模型，实现建模的高效、可靠、可行。本案例中，工业园外的区域包括林区、水域和居民区等，区域编号及其粗糙度水平，详见表 7-1。

表 7-1　模型粗糙度的设置

z_0	区域编号	地表描述	粗糙度水平
0.7	1	工业园	3 Level（>0.40 m）
0.3	9	居民区	2 Level（0.10~0.40 m）
0.1	3	山地林区	2 Level（0.10~0.40 m）
0.03	6	庄稼、低矮灌木	1 Level（0.0002~0.10 m）
0.01	9	草地	1 Level（0.0002~0.10 m）
0.0001	13	水域、湖、池塘	0 Level（0~0.0002 m）

通过地理信息和现场地理数据测量，模型划定区域面积大约为 8520000 m²，工业园的面积约为 1530000 m²，工业园以外区域面积约为 6990000 m²（图 7-2）。

本案例中，工业园内设置了六个固定点源，分别代表三大类工业类型，化工过程工业（化工制药厂）、轻工业（电子电器厂）和机械工业（机械制造厂）。物理模型除了包括起伏地表结构的工业园和工业园外以外，还包括地表上空的大气，见图7-3，所需研究的近地面大气层高度与应用场景和研究目标有关，本案例选取距离最低海拔地表300米以内作为计算区域（深蓝色方框区域）。

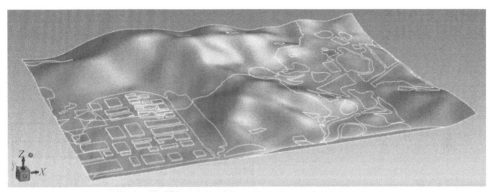

图 7-2　工业园小尺度区域的地表模型

图 7-3　工业园小尺度区域的三维物理模型

　　使用网格划分软件（如 ICEM 和 Gambit 等）对几何模型进行网格划分，这是模型工作的重要部分之一。本案例中，采用非结构化网格划分技术，分别对大气层、工业园等部分进行网格划分，对工业园建筑进行面网格局部加密，划分为四面体非结构化网格。图7-4 为双击打开 Gambit 快捷方式弹出的对话框，设置工作目录。

　　执行"File→Import→Parasolid"命令，弹出如图 7-5（a）所示对话框，单击 Browse…"。将上一步骤已经建立的拟研究区域的二维/三维几何模型引入模型软件，并检查模型的质量。

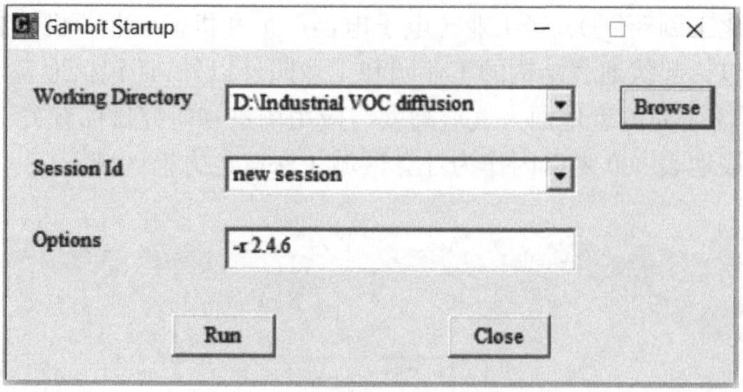

图 7-4　启动 Gambit

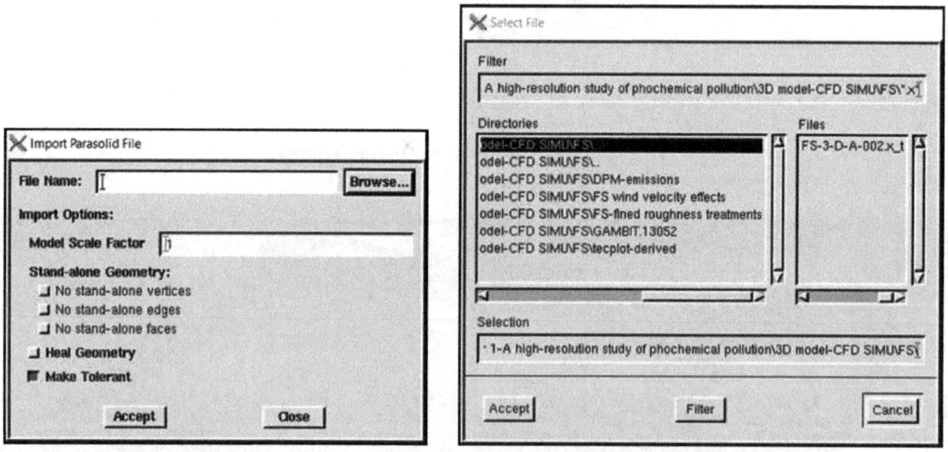

(a)

(b)

图 7-5　导入几何模型

执行"Operation→Mesh→Faces"命令，在 Faces 列表中选择地表和建筑物面，Elements 选项设置为"Tri"，Type 设置为"Pave"，Spacing 类型设置为"Internal size"，大小设置为 25，单击执行按钮完成面网格的划分，绘制好的面网格如图 7-6（a）所示。

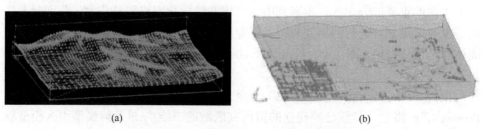

(a)　　　　　　　　　　　　　　　　　　(b)

图 7-6　划分小尺度区域地形面网格和体网格

执行"Operation→Mesh→Volume→Mesh Volumes"命令，在 Volumes 列表中选择"volume 1"，Elements 选项设置为"Tet/Hybrid"，Type 设置为"TGrid"，Spacing 类型设置为"Interval size"，大小设置为 50，其余保持默认，单击"Apply"按钮完成体网格的划分。绘制好的体网格如图 7-6(b)所示，检查网格质量合格后，网格划分步骤完成。

7.2.2　VOCs 扩散的数理模型

受驱动因素影响的扩散系统是最重要的非平衡系统之一，它是根据动力学而不是详细的平衡条件来构建的。也就是说，稳态扩散不能用 Gibbs-Boltzmann 统计力学来描述。面对真实的扩散情况，扩散过程的非稳态计算更加具有优势。非稳态扩散系统可以应用于各种现象的模型，如大分子细胞间运输，量子点中的电子，工业装置化学组分弥散等。其中，工业园 VOCs 气体的排放过程建模模拟是最关键的问题之一。事实上，VOCs 有三个基本的物理特征。首先，相应的熔点都低于室温。其次，在室温下，饱和蒸气压大于 70 Pa。此外，在大气压压力下，沸点在 50~260℃之间。文献报道，研究 VOCs 排放过程的数理模型有格子模型，包括简单排他过程（simple exclusion process, SEP），非对称简单排他过程（asymmetric simple exclusion process, ASEP），完全非对称简单排他过程（totally asymmetric simple exclusion process, TASEP），非完全非对称简单排他过程（partially asymmetric simple exclusion process, PASEP），Katz-Lebowitz-Spohn（KLS）一维模型等[18]。然而，随着工业技术的发展，工业源排放 VOCs 的组分越来越复杂，影响扩散的环境等因素也越来越多，常规单一的理论模型方法较难满足工业园区域的实际排放场景的需要，常常需要多数理模型及机理的耦合求解。2021 年，Wantz 等的研究中预测两相生物反应器（TPPB）排放 VOCs 系统效率的数学模型时，考虑了多重机理，包括传质和生物降解[19]，模型结果更加接近实验。

计算流体力学方法包括数学建模、数值模拟计算和计算技术等三方面，数值模拟涉及大量求解流动的主控方程。接下来，对模拟过程展开介绍。首先，通过双击 Fluent 启动界面(图 7-7)，设置工作目录和显示选项，单击菜单栏"Check..."按钮，检查网格质量，随后选择求解器，引入数理模型。

1. 大气湍流和多相流模型

基于流体力学仿真软件 ANSYS Fluent 中选用多相流模型、组分输运模型对大气甲苯扩散传输进行追踪，选用湍流模型，如标准 k-ε 两方程模型，求解流体控制方程。在主菜单中双击"Viscous"，选中 k-omega 选项，设置 SST k-omega Mode。见图 7-8，设置 Scale-Resolving Simulation Options 的 SBES model 和 WMLES S-omega

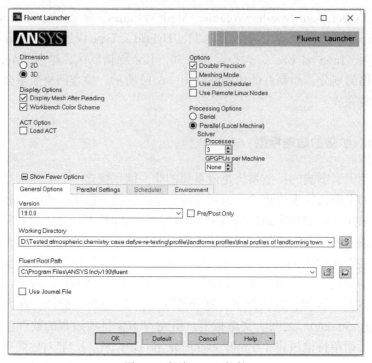

图 7-7　启动 Fluent 软件

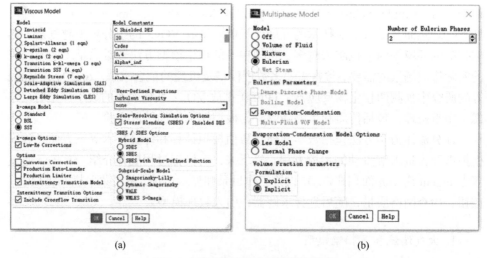

(a)　　　　　　　　　　　　　(b)

图 7-8　湍流模型和多相流模型设置

model，打开 k-omega option 的 Low-Re Corrections 和 Intermittency Transition Option 的 Include Cross-flow Transition 选项，其余设置保持默认，单击"OK"按钮完成设置。

同时，选用多相流模型。本案例中，采用在主菜单的"Models"页面，双击 Multiphase，在弹出的对话框中，选中 Eulerian 选项。将 Number of Eulerian Phase 设置为 2，打开 Evaporation Condensation Eulerian 参数，并打开能量方程。

2. 多组分输运及化学反应机理模型

然后，从 Fluent 界面的材料库里添加组分甲苯、水、氮气、氧气、二氧化碳等，编辑 phase-1（volatile-air）和 phase-2 的组成。如图 7-9 所示，单击菜单栏"Define→Models→Species（Species Transport）"，激活设置对话框选项，其余采用默认设置，点击 OK 按钮关闭对话框。如果涉及化学反应，可激活 Reactions 选项。

图 7-9　组分输运模型设置

紧接着，单击"Define Boundary Conditions"命令，设定工业点源排放 VOCs 的浓度和排放速率，并设定气象边界条件：季风风速、风向和大气相对湿度。执行求解设置、残差监测和初始化，开始计算机求解计算。随后，用 CFD 后处理软件，如 Tecplot，CFD-post，Matlab 等，实现数值模拟计算结果的输出。

7.2.3　VOCs 大气扩散模型验证与优化

大气扩散模型的验证与优化是非常有必要的，主要面临的挑战包括缺乏合适的高分辨率的测量数据等。对于易于在小尺度空间迁移转化的环境污染物尤其如此，比如，二氧化氮、VOCs。虽然高分辨率的空气质量模型可以预测污染物的浓度梯度，但缺乏验证浓度梯度的外场监测数据，监测点覆盖范围和采样的空间密度不足。Hooyberghs 等通过加大采样数据库的密度（250 km × 50 km 的高人口密度区，设置每平方公里 1.5 个采样数据点）进行了模型的验证和优化，通过"深度验证"，提高模型性能，表明了空气质量模型能够从细分辨率的外场监测中获益[20]。然而，工业园区常常位于距离居民区约 1 km 的区域，大尺度、中尺度外场采样数据带来了较高的不确定性。

通常，小尺度区域工业源排放 VOCs 大气扩散模型的实验验证主要有两类：一类是探索性的物理模型实验观察，如环境静态烟雾箱，环境边界层风洞，目的是以相似理论为基础验证多相流的流动规律；另一类是外场时空观测，目的在于预测实际工业园区域的污染物扩散情况，然而需要对大量的监测数据统计分析。

1. 边界层风洞中扩散的相似参数分析

在实验中，经常会用到模型试验的方法，但模型总是实物缩比例的，实验条件和工业园实际环境条件也可能完全相同。边界层风洞为了满足大气流动的相似性，除了规定几何相似以外，还要求流线和动力相似[21]。

● 几何相似应满足

$$\delta = \frac{L_s}{L_m} = 常数 \tag{7-1}$$

式中，δ 表示比率；L 表示长度；下标 s 表示实物数值，m 表示模型数值。

● 流线相似应满足

$$\delta = \frac{v_s}{v_m} = 常数 \tag{7-2}$$

式中，v 表示速度方向与大小等。

● 动力相似应满足

$$\delta = \frac{F_s}{F_m} = 常数 \tag{7-3}$$

式中，F 表示作用力，如重力、黏性力、表面张力等。

环境风洞的设计是合理遵循实验相似性准则，可以依据近地面风速和雷诺数（惯性力与黏性力比值）遵循相似性分布判定[22]。风洞的进风口设计，能提升传统风洞的单因素测试功能，实现了"拟自然风"风洞中大气污染物控制及时空观测功能。

如图 7-10 所示，是广东工业大学环境健康与污染控制研究院自主研发的一种回流循环式边界层风洞（CN201910419507.3, PCT/CN2020/091054），该环境风洞的测试段内布置了依据地理信息 3D 打印的地形模型。风洞可以对近地面区的大气边界层污染源连续、间歇排放及季风等自然风、逆温湿度等气象气候变化、人类活动影响下的大气流动、浓度场模拟，对大气污染物环境迁移和转化过程的可视化模型观测。风洞也可以用于人群风险暴露评估过程中的应用,特别是在环境迁移转化过程对人群健康影响评估的应用,实现对大气污染物扩散区域的危害进行定性定量测试与暴露评估,如人群健康风险评估、污染事件应急预警评估等。

图 7-10　回流循环式边界层风洞[23]

此外,风洞具有密封环流式设计,可以构建自然风(如调整风向、风速、风压,模拟风形态,如旋风、山谷风、环流等),节省建筑空间,适合于挥发性、半挥发性大气污染物的拟自然风迁移转化行为测试。合理设计的风洞可用于突发大气污染事件预警,开展不同地形条件下的局部区域的大气污染事件中暴露人群的风险暴露评估研究。

边界层风洞的测试段类似环境暴露箱,不同的是,其中放置的地形模型表面布置着工业点源,能够模拟风环境测定点源排放 VOCs 的扩散速度和浓度分布,预测实际工业园 VOCs 的扩散特征,并与 CFD 模拟结果对照。当在风洞实验中发现与数值模拟结果相近似的扩散特征后,还需要进一步展开外场观测实验,以考察 VOCs 扩散模型的数据真实可靠性。

2. 外场参数的测定

外场参数的测量是环境污染物监管的主要手段,实时测量是提高工业园 VOCs 浓度模型预测精度的有效方法。传统的环境污染物监测是为数据统计分析服务的,VOCs 扩散特征的外场监测点的选择建议考虑地形、气象、工业类型、居民居住区情况等因素,以确定 VOCs 的扩散轨迹和 VOCs 浓度分布特征。真实的 VOCs 扩散过程非常复杂,可以通过扩散模型表示。

通常,VOCs 大气扩散的场测量可以在定性和定量两种水平开展,能够提供化合物的结构和动力学特性,即化合物随流动空气的运动方式,通过测量扩散系数评估扩散模型的有效性。而且,外场监测中,三维风廓线和污染物时空浓度的测量非常有必要,可用于 VOCs 大气扩散模型的修正,以获得可靠的工业园 VOCs 扩散数据输出。

7.3　VOCs 大气扩散模型在人群暴露风险评估中的应用

人群健康风险评估（HRA）是对当前或未来暴露于化学污染物的人群健康效应的量化评估。HRA 分为四个步骤，包括危害识别、剂量-效应评估、暴露评估、风险特征识别。污染的环境行为、剂量-效应关系量化、暴露风险数学模型和风险特征化是 HRA 研究的重点。为了研究暴露条件下的人群健康风险，采用定量模型和不确定模型，USEPA 规定的人群健康风险评估模型的应用最多最广。这种模型虽然具有很多优点，然而由于模型算法等方面与中国实情差异较大，常存在偏差。构建针对我国人群的暴露模型，引入更多的国内人群数据用于风险评估是很重要的。USEPA 定义，暴露为污染物与人体的接触，暴露量的量化有三种方法。

（1）点接触测量：测量人体某点接触污染物的浓度以及接触时间进行计算。

（2）场景估算：分别评估暴露浓度和接触时间，随后组合数据。

（3）重构：根据暴露后内指示物（生物标志物、体重、排泄水平）重构剂量估计暴露量。

每种方法基于不同的数据，各有优缺点，各方法的结合可以提高 HRA 的可信度。

风险评估是基于已知数据进行科学推导的过程，包含很多不确定性[24]。近年来，我国学者已经开展了对典型 VOCs 暴露风险评估展开了大量有意义的研究[25]，但仍存在数据不足等问题[26]。激光粒子流场测试技术采用粒子图像测速法（particle image velocimetry, PIV）作为流场可视化测量的在线测量技术，一般可用于测量风洞中常规风速、光照环境中的目标空间内的空气流流场，具有非接触式，测试重现性强，准确快速等优势，但无法获得目标空间内的浓度场分布。高分辨率质子转移反应飞行时间质谱（PTR-TOF-MS）技术作为一种精确获取化合物分子量的在线质谱技术，推断化学结构式，定性能力强，广泛应用于大气 VOCs 特别是有机小分子的结构分析、成分鉴定、质量分析等环境科学领域，但鲜少探析目标空间内复杂流场作用下的大气 VOCs 迁移转化规律。采用 PIV 结合 PTR-TOF-MS 专利技术（CN110186639B），能够测量风洞中缩比例模型上源排放 VOCs 的暴露浓度梯度及其变化规律。大气 VOCs 扩散造成的区域污染物浓度时空分布差异可以引起不同的暴露风险，考虑到成年居民和儿童距离地面的呼吸高度不同，可能存在的暴露风险更加不同。

例如，由研究案例的结果可见（图 7-11），受近地面气象风风速的影响，工业园排放 VOCs 在距地面不同高度的扩散范围显著不同，特定居民区域学龄儿童的高暴露风险，亟须关注。迄今为止，综合考虑多种现场监测新技术的优势，将 VOCs

扩散模型用于小尺度局部区域大气-污染物场的时-空维度的定性、定量测量、模型及其健康风险的研究,尚少见公开报道。

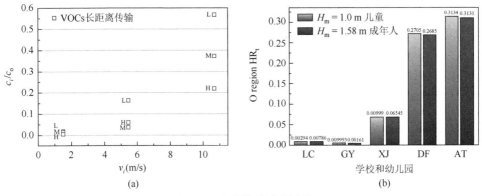

图 7-11 人群暴露风险评估

7.4 健康风险评估的意义

大气污染物在地球表面的环境迁移转化过程与人体健康息息相关。随着城镇化和工业化的推进,工业园企业高度集聚化现象明显。工业园企业排放有毒有害物质对人群健康[27]、自然生态环境及经济造成的威胁[28]。而且,我国的环境风险防范存在防控能力不足、环境风险评估不清等突出问题,加剧了区域环境风险问题[29],需要对小尺度区域环境污染物的浓度进行量化。

当前,迫切需要采用可靠的实验手段来解决复杂多因素,如地形、源排放、气候气象等影响下,大气污染物环境迁移和转化对人体健康影响的评估问题,能够掌握人群风险评估和环境风险空间时间分布格局,有助于全面反映环境风险[30]。例如,通过近地面边界层环境风洞试验了解大气污染物在不同风速、光照、源排放、地形条件等情况下污染物的扩散行为和时空演化规律,特别是在环境大气边界层风洞中高分辨率 TR-PIV 技术结合 PTR-TOF-MS 试验对大气污染物进行模型化扩散预测、管理控制、污染反演的意义十分重要。

自然风场下,模型模拟还被用于突发环境污染物事件预警和大气污染物暴露人体健康评估。例如,Arain 等开发了一种方法,将 38 个气象观测站风场数据纳入土地利用回归模型,用于对污染物的浓度进行估计,考察小幅度浓度变化对健康暴露的影响。研究表明,将人群暴露模型纳入健康研究之前,要对高人口密度和工业/商业区域天气预报模型模拟风场进行仔细的评估[31],这可能对健康风险的空间分布有重要影响,并可以应用于城市地区。通过构建小尺度区域 VOCs 大气扩散传输模型不仅仅能够为区域大气污染物的控制提供科学支撑,而且将其应用在健康风险评估研究，具有操作便捷、数据可视化功能强大、易用可靠等优点，对区域健康管理和环境风险防控具有较大意义。具体来说，小尺度区域大气 VOCs 扩散模型应用在健康风险评估的意义主要包括以下几个方面：

（1）工业源排放 VOCs 扩散机理的研究，对预测多样地形区域工业园内每家企业的环境风险，以及复杂气象条件的风险环境区划和污染控制具有重要意义。

（2）工业园排放 VOCs 扩散特征的研究，有助于政府管理者优化工业区选址布局，完善污染防控政策。

（3）经过风洞试验和外场监测验证的扩散模型，能够更精细预测小尺度区域 VOCs 大气扩散浓度时空分布，有助于工业园内职业工人、工业园周边居住区的成人居民和儿童暴露风险的准确评估，并能够为区域污染物减排和突发环境污染事件人群健康风险预警提供更可靠的数据支撑。

7.5 本章小结

（1）工业园排放 VOCs 大气扩散传输的影响因素主要包括气象因素、地形因素、排放因素。

（2）小尺度区域大气 VOCs 扩散模型构建包括四个关键步骤，包括理论研究、数值模拟、风洞试验和外场监测，互相补充。

（3）影响工业园排放 VOCs 大气扩散的关键气象指标包括风速、风向和大气相对湿度，风速和相对湿度容易被忽视，需要引入模型。

（4）基于环境边界层风洞的探索性观察 VOCs 扩散的模拟实验和外场观测是小尺度区域工业源排放 VOCs 大气扩散模型的简便易行的验证方法。

（5）USEPA 规定风险评估按照四步开展，VOCs 大气扩散的数学模型可引入更多数据支持健康风险研究。

（6）基于计算流体力学方法和地理信息技术，开展工业园排放 VOCs 扩散传输特征和机理研究，有助于政府管理者、城市规划主管部门优化工业园区的选址分布，为风险防控和管理措施的建立提供可靠科学依据。

（张 婷 李桂英 安太成）

参 考 文 献

[1] Watson AY BR, Kennedy D., Air Pollution, the Automobile, and Public Health. National Academies Press Washington（DC），1988.

[2] Al-Wahaibi A, Zeka A. Health impacts from living near a major industrial park in Oman. BMC Public Health, 2015, 15（1）: 524.

[3]　Zhang T, Li G, Yu Y, et al. Atmospheric diffusion profiles and health risks of typical VOC: Numerical modelling study. J. Clean. Prod., 2020, 275: 122982.

[4]　Chen WH, Chen ZB, Yuan CS, et al. Investigating the differences between receptor and dispersion modeling for concentration prediction and health risk assessment of volatile organic compounds from petrochemical industrial complexes. J. Environ. Manage., 2016, 166: 440-449.

[5]　Ancione G, Lisi R, Milazzo MF. Human health risk associated with emissions of volatile organic compounds due to the ship-loading of hydrocarbons in refineries. Atmos. Pollut. Res., 2021, 12(2): 432-442.

[6]　Shenfeld L. Meteorological aspects of air pollution control. Atmosphere, 1970, 8(1): 3-13.

[7]　尹凤. 大气污染物扩散的理论和试验研究. 硕士, 中国海洋大学, 2006.

[8]　Kim KH, Lee S-B, Woo D, et al. Influence of wind direction and speed on the transport of particle-bound PAHs in a roadway environment. Atmos. Pollut. Res., 2015, 6(6): 1024-1034.

[9]　Yuan C, Shan R, Zhang Y, et al. Multilayer urban canopy modelling and mapping for traffic pollutant dispersion at high density urban areas. Sci. Total Environ., 2019, 647: 255-267.

[10]　Liu Y, Xie Q, Li X, et al. Profile and source apportionment of volatile organic compounds from a complex industrial park. Environ. Sci.: Proce. Imp., 2019, 21(1): 9-18.

[11]　Bi J, Knowland KE, Keller CA, et al. Combining machine learning and numerical simulation for high-resolution PM2.5 concentration forecast. Environ. Sci. Technol., 2022, 56(3): 1544-1556.

[12]　王占山, 李晓倩, 王宗爽, 等. 空气质量模型 CMAQ 的国内外研究现状. 环境科学与技术, 2013, (S1): 386-391.

[13]　胡翠娟, 丁峰, 李时蓓, 等. 国内外环境空气质量模型法规化现状与对比研究. 环境工程, 2015, 33(1): 132-136.

[14]　Jaakkola H, Comparison and Analysis of Diffusion Models//Diffusion and Adoption of Information Technology: Proceedings of the first IFIP WG 8.6 working conference on the diffusion and adoption of information technology, Oslo, Norway, October 1995, Kautz, K.; Pries-Heje, J., Eds. Springer US: Boston, MA, 1996; pp 65-82.

[15]　Fedosova A, Kubenin A. Numerical simulation of wind effects on buildings and structures of complex geometry included in the industrial complex. Procedia Eng., 2016, 153: 920-925.

[16]　Xu A, Chang H, Zhao Y, et al. Dispersion simulation of odorous compounds from waste collection vehicles: Mobile point source simulation with ModOdor. Sci. Total Environ., 2020, 711: 135109.

[17]　Markowicz P, Larsson L. Influence of relative humidity on VOC concentrations in indoor air. Environ. Sci. Pollut. Res. Int., 2015, 22(8): 5772-5779.

[18]　Wang YQ, Zhou CF, Zhu ZA, et al. A macroscopic model for VOC emissions process complemented by real data. Modern Phys. Lett. B, 2018, 32(19): 1850209.

[19]　Wantz E, Kane A, Lhuissier M, et al. A mathematical model for VOCs removal in a treatment process coupling absorption and biodegradation. Chem. Eng. J., 2021, 423: 130106.

[20]　Hooyberghs H, De Craemer S, Lefebvre W, et al. Validation and optimization of the ATMO-Street air quality model chain by means of a large-scale citizen-science dataset. Atmos. Environ., 2022, 272: 118946.

[21]　Pasquill P. Aerodynamic characteristics of atmospheric boundary layers. J. Fluid Mech., 1972, 51(3): 622-623.

[22]　Shojaee S, Uzol O, Kurç Ö. Atmospheric boundary layer simulation in a short wind tunnel. Int. J. Environ. Sci., 2013, 11(1): 59-68.

[23]　安太成, 张婷, 李桂英, 等. 一种便捷小型的近地面大气边界层风洞及其在人群风险暴露评估中的应用. CN110333043B, 2021.

[24]　Dong Z, Liu Y, Duan L, et al. Uncertainties in human health risk assessment of environmental contaminants: A review and perspective. Environ. Int., 2015, 85: 120-132.

[25]　Yang Y, Luo H, Liu R, et al. The exposure risk of typical VOCs to the human beings via inhalation based on

the respiratory deposition rates by proton transfer reaction-time of flight-mass spectrometer. Ecotoxicol. Environ. Saf., 2020, 197: 110615.

[26] Liu G, Liu W, Cai Z, et al. Concentrations, profiles, and emission factors of unintentionally produced persistent organic pollutants in fly ash from coking processes. J. Hazard. Mater., 2013, 261: 421-426.

[27] He Z, Li G, Chen J, et al. Pollution characteristics and health risk assessment of volatile organic compounds emitted from different plastic solid waste recycling workshops. Environ. Int., 2015, 77: 85-94.

[28] Meng X, Zhang Y, Yu X, et al. Regional environmental risk assessment for the Nanjing Chemical Industry Park: an analysis based on information-diffusion theory. Stochastic Environ. Res. Risk Assess., 2014, 28: 2217-2233.

[29] 尚建程, 张孟瑶, 葛永慧, 等. 区域环境风险评估研究综述. 环境污染与防治, 2017, 39(4): 461.

[30] 邢永健, 孙茜, 王旭, 等. 突发环境风险评价方法探讨. 环境工程, 2016, 34(S1): 878-881.

[31] Arain MA, Blair R, Finkelstein N, et al. The use of wind fields in a land use regression model to predict air pollution concentrations for health exposure studies. Atmos. Environ., 2007, 41(16): 3453-3464.